湖南省“十二五”重点学科建设项目资助(应用化学)
国家大学生文化素质教育基地规划教材

化学、应用化学、材料科学与工程专业

大学生创新训练实验

主　编　周诗彪　陈远道　李　琳

参　编　(排名不分先后)

陈贞干　肖安国　黄小兵　张松柏
刘学文　沈广宇　杨基峰　申有名
左成钢　张向阳　靳俊玲　丁　祥
冯　辉

湘潭大学出版社

图书在版编目(CIP)数据

化学、应用化学、材料科学与工程专业大学生创新训练实验 / 周诗彪, 陈远道, 李琳主编. -- 湘潭 : 湘潭大学出版社, 2014.12

ISBN 978-7-81128-799-8

Ⅰ.①化… Ⅱ. ①周… ②陈… ③李… Ⅲ. ①化学—高等学校—教学参考资料②应用化学—高等学校—教学参考资料③材料科学—高等学校—教学参考资料 Ⅳ. ①O6②TB3

中国版本图书馆 CIP 数据核字 (2014) 第306101 号

责任编辑：丁立松
封面设计：胡　瑶
出版发行：湘潭大学出版社
社　　址：湖南省湘潭市 湘潭大学出版大楼
电话(传真)：0731-58298966 0731-58298960
邮　　编：411105
网　　址：http://press.xtu.edu.cn/
印　　刷：长沙瑞和印务有限公司
经　　销：湖南省新华书店
开　　本：787×1092 1/16
印　　张：14
字　　数：350 千字
版　　次：2014 年 12 月第 1 版　2015 年 2 月第 1 次印刷
书　　号：ISBN 978-7-81128-799-8
定　　价：32.00 元

前　言

创新是一个永恒的主题。创新是关乎一个国家、一个民族兴衰的根本。“用15年的时间使我国进入创新型国家行列”，这是进入新世纪后我国召开的科技大会上所发出的时代和民族的最强音。随着知识经济社会的发展与建立创新型国家对人才的需求，着力实行应用型创新人才的培养，已成为当今我国高等院校特别是新升的地方本科院校教学改革的重要内容和发展的必然选择。创新必须以实践为基础，在不断的实践中创新，在创新中不断地实践。如果高校不能尽快地融入国家创新体系和区域创新实践中去，其研究就会脱离实际，其成果就会被边缘化，所培养的人才就不能又快又好地满足社会发展需要。

化学化工行业既是我国国民经济的支柱行业，又是支撑新兴战略性产业的基础。我国的中长期科技发展纲要及各级“十二五”科技与产业发展规划，对化学化工类及相关行业的发展提出了明确目标，在其自主创新、产业布局、结构调整、节能减排、环境保护等诸多方面提出了具体要求，该行业作为国民经济支柱行业的地位不会动摇，其发展前景异常广阔。经济发展又需要大量的高级应用型创新人才，这既为高校发展带来了机遇，又给高校在人才培养上带来了挑战。帮助大学生建立创新意识，形成创新能力，是现代人才培养的一项重要内容。近几年来，我国大力倡导和推行了“产学研用”、“校企合作，产教融合”、“协同创新”、“转型发展”一系列新举措，这又为应用型创新人才的培养营造了良好的环境。

本实验教材是为了适应21世纪课程教学体系和课程内容改革的需要，特别是为了适应“专业转型”发展的需要，以我院多年来训练学生创新能力的教学实践项目和我院“校企合作，产教融合”、“协同创新”的实践项目为基础素材，参阅一些文献资料，专门为材料科学与工程、应用化学、化学专业学生创新训练而编写的参考教材。由于创新项目的不同，对创新实验内容的侧重与要求会有差异；在体现学科方向的同时，由于专业与实践的密切度不同，本创新训练实验对相关专业也存在着不均衡性。

本书适合作为高等学校材料科学与工程、应用化学、化学专业学生的创新训练教材，也可作为相关科学研究工作者的参考用书。

本书的出版得到了湖南省“十二五”重点建设学科——应用化学学科的资助，得到了湖南省材料科学与工程大学生创新训练中心项目的资助，也得到了湖南省教育厅教改项目(湘教通[2014]247号)“基于提高地方本科院校化学化工类应用型创新人才培养质量的研究与实践”、湖南省教育厅教研教改项目(湘教通[2014]223号)“构建协同创新机制，培养应用化学专业创新人才”、“地方高校化学专业创新型人才培养模式的研究与实践”的资助，同时，湘潭大学出版社对本书的出版也给予了鼎力支持，借此机会，对参与、支持和帮助本书编写、出版工作的单位及个人表示衷心的感谢！

由于编者水平有限，书中疏漏之处在所难免，恳请读者批评指正。

编　者

2014 年 12 月 25 日

目　录

实验 1　共混及共混材料性能研究

——粉末涂料制备、涂装及膜性能实验
（10 课时 适用于材料科学与工程专业）

一、相关知识

粉末涂料是 20 世纪中期发展起来的节省资源、节约能源、无溶剂挥发、无污染的涂料品种。粉末涂料及其静电涂装技术是继水溶性电泳涂料后，在涂料工业和涂装行业上的又一次技术革命。它与水性涂料、辐射固化涂料一起被誉为“绿色工业”产品，广泛地应用于各类车辆、电机仪表、建筑装饰、水利设施、轻工家电、娱乐及公用设施等行业。特别是近年来研究开发的辐射固化粉末涂料，由于其固化温度大大降低，因而其应用可扩展至木器、塑料制品、电子通讯等方面。

20 世纪 40 年代，具有优良耐化学药品性能的聚乙烯树脂的产量成倍增长，但由于聚乙烯很难溶解，所以开始研究火焰喷漆技术。1950 年聚乙烯火焰喷涂漆实验成功，并同时实验了散布法工艺，它是将树脂粉末均匀地撒在加热工件表面并使粉末受热熔融形成涂层的一种施工方法。在散布法的基础上，联邦德国 GRIESHEIMG 公司的 G Gemmer 在 1952 年发明了流化床熔敷工艺，当时应用的粉末涂料主要是以聚氯乙烯、聚乙烯、尼龙等热塑料树脂为主要成膜物品种即热塑性粉末涂料品种。1958 年美国授权了粉末涂料第一个专利。20 世纪 50 年代后期，热固性环氧粉末涂料开始生产，当时制粉工艺及设备尚在摸索阶段，粉末涂料只能应用于化学防腐和电绝缘方面。1964 年壳牌公司在对粉末涂料生产数年工艺技术研究后，推出了挤出法生产工艺，使粉末涂料生产开始真正走向工业化。

继粉末涂料流化床涂敷工艺后，1962 年法国 Sames 公司率先成功研制了静化粉末喷涂装置，实现了将粉末涂料涂布在不预先加热的工件上。粉末涂料静电喷涂设备出现和热固性环氧粉末涂料生产，大大加快了粉末涂料生产技术及其涂装技术的发展。1965 年联邦德国、英国、美国、日本等国相继出售成套静电喷涂设备。20 世纪 80 年代以来，粉末涂料在西欧、北美、日本等国以较快的速度发展，世界粉末涂料产销量平均每年以 15%左右的速度递增。

我国粉末涂料发展始于 1965 年，广州电器科学研究所研制成功绝缘聚环氧粉末涂料，并由常州绝缘材料厂生产，在电机转子、变压器铁芯上应用。1968 年上海无线电二四厂，采用低压聚乙烯粉末涂料静电喷涂仪器设备的外壳取得成功，拉开了粉末涂料在我国快速发展的序幕。20 世纪 70 年代中期，化工部涂料工业研究所研制了流平剂、防腐剂环氧粉末涂料、低温固化环氧粉末涂料、聚酯改性环氧粉末涂料等新品种，并在沈阳油漆厂、成都电器厂和江苏江都华阳化工厂进行了投产，使我国粉末涂料发展进入了新阶段。

进入20世纪80年代，一方面，我国粉末涂料及其涂装工艺经过十余年的摸索和实验；另一方面，随着我国的改革开放及经济的快速发展，政府及相关组织对粉末涂料行业高度关注和重视，不断引进、消化、吸收国外先进技术，因而我国的粉末涂料行业开始进入了飞速发展阶段。近30年来，我国粉末涂料生产与销售以年平均40%的递增速度增长，创造了世界粉末涂料发展的奇迹。以粉末涂料的生产量来看，我国1982年年生产量160吨左右，1983年300吨，1985年1 200吨，1988年9 000吨，1994年达3.3万吨，1998年达5.8万吨，2000年达7.2万吨，2010年达14万吨。1994年我国粉末涂料产量占世界粉末涂料产量的7%以上，超过粉末涂料生产大国日本，在亚洲已居第一，到2009年我国粉末涂料生产量超过意大利、美国，成为世界第一的粉末涂料产销大国。

粉末涂料的特点：是一种100%固体状涂料，不含任何溶剂，既无溶剂挥发，原料利用率高，节约能源和资源，又有利于保护环境；涂料施工周期短，工序较为简单，一般只需要工件预处理、喷涂、烘烤固化等3～4道工序，而传统的涂料涂装有喷底漆、刮腻子、水磨、喷中漆、喷面涂等十多道工序；涂层色泽鲜艳，坚固耐用。粉末涂料也存在如下缺点：一是换色困难，无论制粉或施工，换色清洗工作量较大，故小批量多色泽的粉末涂料生产效率低，施工不方便；二是粉末涂料不能室温成膜，均需烘烤，故应用范围受到限制。

粉末涂料可简要地分成如下几类：

按加热前后分子结构变化分为：热塑性粉末涂料和热固性粉末涂料；

按成膜树脂种类不同大致可分为：环氧型粉末涂料、环氧或聚酯混合型粉末涂料、聚酯型粉末涂料、丙烯酸型粉末涂料、聚氨酯型粉末涂料和聚烯烃类粉末涂料。

按成膜的膜厚度不同可分为：厚膜型粉末涂料和薄膜型粉末涂料。

按固化用能源方式不同可分为：传统红外加热固化粉末涂料、高能射线固化粉末涂料和超声波固化粉末涂料。

按使用性要求不同大致可分为：绝缘性粉末涂料、防腐性粉末涂料、普通装饰性粉末涂料和美术装饰性粉末涂料。

二、实验目的

1. 了解粉末涂料制作与施工工艺及设备；
2. 理解粉末涂料组成及配方原理；
3. 掌握涂料性能测试方法及所用仪器的使用与操作方法；
4. 研制性能较为优良的粉末涂料。

三、实验原理

1. 粉末涂料制作工艺过程

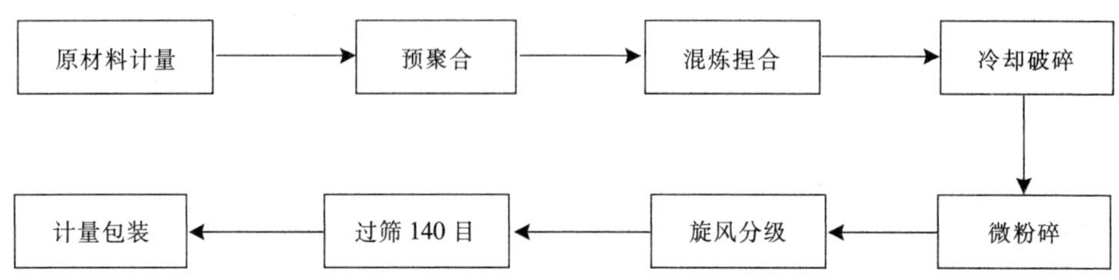

混炼捏合工段可用单螺挤出机，也可使用双螺杆挤出机。挤出机的控温一般采用三温段式，其温度高低可根据涂料配方及挤出机技术性能参数进行调整。

2. 粉末涂料配方组成

粉末涂料用的原材料主要分为三大类，即做成膜用的树脂与交联剂、颜填料、其他助剂。

成膜树脂可以是热塑性树脂如聚乙烯、聚丙烯、聚四氟乙烯等，也可以是热固性树脂如环氧树脂、聚酯树脂、丙烯酸树脂等，对于热固性树脂做成膜物需要相应的交联剂，如含羧基官能团树脂的交联剂可以是环氧类交联剂，也可用羟基类交联剂等。

颜料选用首先考虑色彩需要，此外还要考虑颜料的遮盖力、着色力、分散性、热稳定性及颜料的耐候性等。常用颜料分为无机颜料、有机颜料、金属颜料、荧光颜料、珠光颜料。另外还有体质颜料，也称为填充剂、填料等，这种颜料的着色力和遮盖力较小，是白色和无色的超细粉粒。它与着色颜料一起分散在粉末涂料中，用以提高粉末涂料的机械强度和其他保护性能，还能降低粉末涂料成本，常用的有沉淀硫酸钡、轻质碳酸钙、氧化锌、白炭黑、高岭土、石英粉、硅灰石等。粉末涂料中所用的助剂除交联剂外，还可能有固化促进剂、流平剂、消光剂、光稳定剂、增塑剂、美术型助剂、消泡剂、偶联剂、边缘覆盖剂、防结块剂等。

3. 粉末涂料涂装工艺

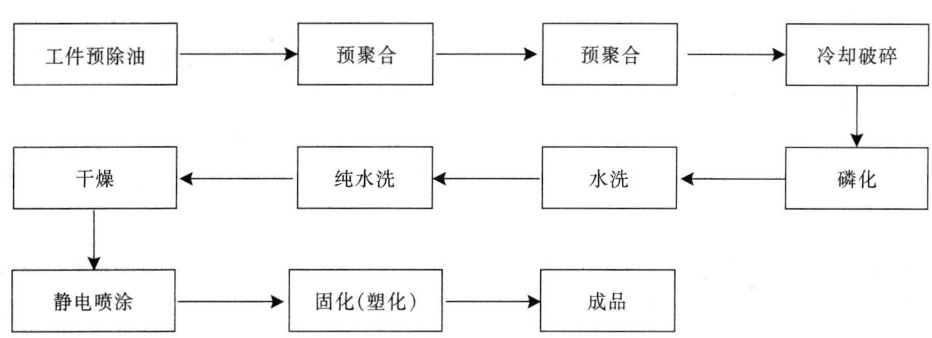

对于静电喷涂工艺如下：

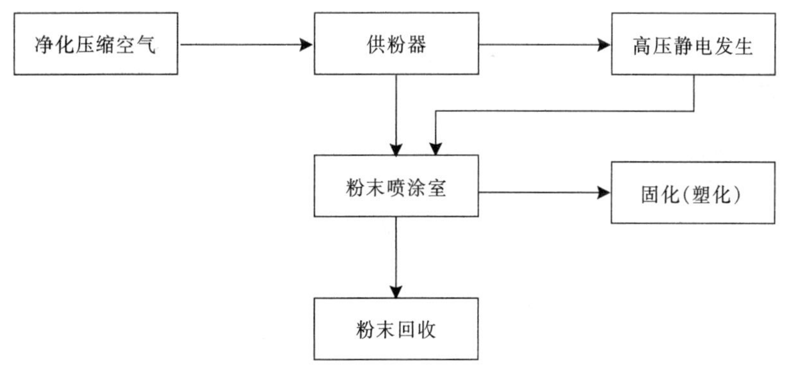

4. 粉末涂料及其涂膜的检测

粉末涂料成膜前的检测项目如下：

安息角、表观密度、流出性、粒度分布、软化时间、胶化时间、熔融流动性、倾斜流动性、挥发物含量、储存稳定性等项目测试。

涂膜性能测试项目如下：

冲击强度、附着力、硬度、柔韧性、拓突实验、涂膜光泽性、鲜映性、边角覆盖率、耐磨性、气孔性、耐水性、耐化学药品性、耐老化性能等项目测试。

四、实验器材

1. 主要原材料

聚酯树脂、环氧树脂、流平剂、氧化锌、碳酸钙、钛白粉、群青、马口铁片。

2. 主要设备

单螺杆挤出机、粗破碎机、微粉系统、静电喷涂系统、电烘箱。

3. 主要仪器

人工加速老化机、涂膜冲击器、附着力测定仪、光泽度测定仪、柔韧性测定仪、铅笔刻痕实验仪。

五、实验内容及步骤

1. 选料配料

设计 1 ~3 个涂料配方，按配方称料，将计量料预混合均匀。

2. 混炼挤出

按挤出机操作规程操作，升温至规定温度后，将上述预混合料加入挤出机中进行混炼挤出，冷却挤出料至室温后，进行粗破碎。

3. 微磨

将粗破碎的物料加入微粉磨内，微粉磨操作按其操作规程进行，收集 140 目的粉末涂料。

4. 喷涂与固化

将粉末涂料用静电喷涂系统喷涂到经前处理过的工件上，其操作按操作规程进行，喷涂好的工件于电烘箱内在一定温度下固化一定时间后取出。

5. 涂膜性能测试

将从烘箱内取出的样本，冷却至室温后进行冲击强度、柔韧性、附着力、硬度、光滑度等性能测试。

六、思考题

1. 常用的热固性、热塑性粉末涂料有哪些品种？
2. 如何提高涂膜的耐候性？
3. 粉末涂料为什么主要应用于金属工件的涂装？

（周诗彪供稿）

实验 2　不饱和聚酯树脂的合成

（8 课时 适用于材料科学与工程、应用化学专业）

一、相关知识

不饱和聚酯树脂是由二元不饱和酸、二元饱和酸的混合物与接近等物质量的二元醇或环氧化合物，经缩聚反应合成的线形低分子聚合物。由于分子内含有不饱和双键，可以在自由基引发剂的作用下与多官能度单体进行自由基聚合而形成体形结构。在工业中，多加入苯二乙烯单体，形成具有聚合活性的溶液，然后浸渍玻璃纤维等固化成玻璃纤维增强材料，俗称玻璃钢。不饱和聚酯树脂主要用来制造容器、浴缸、船舶、公用家具、玩具、娱乐设施等。

二、实验目的

1. 理解平衡缩聚反应的原理；
2. 掌握不同分子量的不饱和聚酯树脂制备方法及操作方法；
3. 了解不饱和聚酯树脂的应用；
4. 设计研究方案，合成性能良好的不饱和聚酯树脂。

三、实验原理

作不饱和聚酯树脂的二元酸主要有：顺丁烯二酸及其酐、反丁烯二酸、苯酐、对苯二甲酸、己二酸等，所用二元醇、三元醇主要有：乙二酸、1，2 一丙二醇、丙三醇、新戊二醇等。

例如，顺丁烯二酸酐与乙二醇反应：

$$\underset{\underset{O\!\!=\!C\diagdown_{O}\diagup C\!=\!O}{|\qquad\quad|}}{HC = CH} + HOCH_2CH_2OH \longrightarrow HO-\overset{\overset{C}{\|}}{C}-CH=CH-\overset{\overset{C}{\|}}{C}-O-CH_2CH_2OH$$

形成的羟基酸，可进一步进行缩聚反应：

$$2HO-\overset{\overset{C}{\|}}{C}-CH=CH-\overset{\overset{C}{\|}}{C}-O-CH_2CH_2OH \rightleftharpoons$$

$$HO-\overset{\overset{C}{\|}}{C}-CH=CH-\overset{\overset{C}{\|}}{C}-O-CH_2CH_2O-\overset{\overset{C}{\|}}{C}-CH=CH-\overset{\overset{C}{\|}}{C}-O-CH_2CH_2OH + H_2O$$

或者羟基酸与二元醇进行缩聚反应。

四、试剂与仪器

1. 主要试剂

顺丁烯二酸酐，AR；邻苯二甲酸酐，AR；1，2 一丙二醇，AR；二乙烯基苯，AR；对苯二酚，AR；醋酸锌，AR。

2. 主要仪器

250 mL 四口烧瓶 1 只，球形冷凝管 1 只，直形冷凝管 1 只，100 mL 油水分离器 1 只，蒸馏头 1 只，0 ~200 ℃、0 ~300 ℃温度计各 1 支，250 mL 试剂瓶 1 只，250 mL 锥形瓶 2 只，加热、控温、搅拌装置 1 套，抽空、充氮系统 1 套。

五、实验内容与要求

1. 设计和制备新型不饱和树脂，采用正交实验法或单因素条件实验法优化合成工艺条件；
2. 掌握不同分子量的不饱和树脂的制备方法；
3. 掌握不饱和树脂分子量和分子量分布的测试方法及其他测试表征方法。

六、合成参考

将干燥好的玻璃仪器按如图 1.1 所示装好，依次加入顺丁烯二酸酐 9.8 g、邻苯二甲酸酐 14.8 g、丙二醇 9.2 g、醋酸锌 0.3 g，加热升温，抽空、充氮气反复三次以上。在蒸馏头出口处接上直形冷凝管，并通冷却水。用 25 mL 已干燥称重的烧杯接收馏出水分。

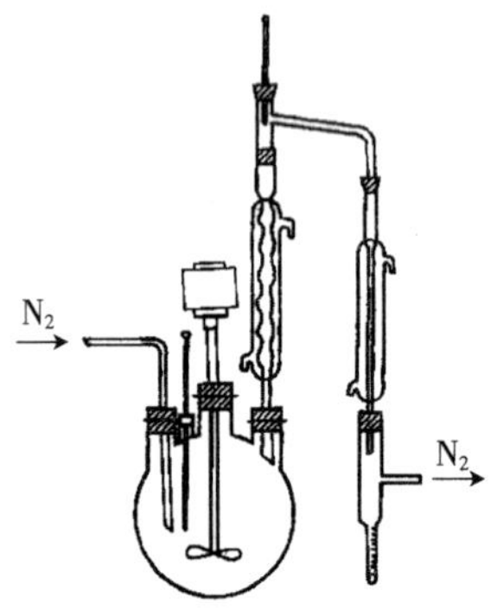

图 1.1　不饱和树脂合成装置

30 min 内升温至 120 ℃，充分搅拌，1.5 h 后升温至 160 ℃，保持此温度 30 min 后，取样测酸值。逐渐升温至 190～200 ℃，并维持此温度，控制蒸馏头温度在 102 ℃以下，每隔 1 h 测一次酸值。酸值小于 80 mgKOH/g 后，每 0.5 h 测一次酸值，直到酸值达到(40±2) mgKOH/g。停止加热，冷却物料至 170～180 ℃加入对苯二酚、石蜡，充分搅拌，直至溶解。待物料降温至 100 ℃时，将称量好的二乙烯基苯迅速倒入反应瓶内，要求加完物料后，系统内温度不超过 70 ℃，充分搅拌，使树脂冷却到 40 ℃以下，再取样测一次酸值。出料，包装。

七、分析与讨论

1. 称量馏出水，与理论出水量比较，估计反应程度。
2. 测定各步酸值，分析其测量目的、意义、作用。
3. 添加二乙烯基苯的作用是什么？

八、问题思考

1. 体系内充 N_2 与充 CO_2 有何不同？

2. 为什么要强调 102 ℃、70 ℃、40 ℃几个温度点？它们代表了什么意义？

九、注意事项

1. 称量应准确，否则会影响缩聚物分子量。

2. 顺丁烯二酸酐、苯酐等有毒，不要接触皮肤；且它们易于吸水，称量时要快，保证配比准确。

（周诗彪供稿）

实验 3　环氧树脂制备、固化反应与黏接强度测定

（8 课时 适用于材料科学与工程、应用化学专业）

一、相关知识

环氧树脂是热固性树脂中的一个主要品种，它是含有环氧基团的低聚物与固化剂反应形成的三维网状固化物。环氧树脂中以双酚型的产量最大，用途最广，它是由环氧氯丙烷与双酚缩聚而成，根据不同的原材料配比、不同的反应条件，可以制备不同软化点、不同相对分子质量的环氧树脂。

环氧树脂的抗化学腐蚀性和电学、力学性能良好，对许多不同的材料如金属、木材、纸张、陶瓷等有突出的黏结力，可在 90～130 ℃范围内使用，可作涂敷和结构材料使用，广泛地应用在家用电器、仪器仪表、航空航天、电子元件、汽车、船舶等方面，用作胶黏剂，有“万能胶”之称。

表征环氧树脂质量的一个重要指标为环氧值，表示每 100 g 环氧树脂中含环氧基的摩尔数。

环氧树脂在未固化前是线形结构，具有热塑性，通过与固化剂发生化学反应，形成网状结构才具有使用价值。环氧树脂固化剂种类有很多，其中最重要的是多元胺和酸酐两种类型。例如，使用乙二胺作固化剂，其用量为 G，$G=60/4\times E=15E$，60 为乙二胺的相对分子质量，4 为带有 4 个活泼氢，E 为环氧值。固化剂对最终树脂的各项性能影响很大，其用量必须加以控制。

二、实验目的

1. 了解环氧树脂的性能及使用方法；
2. 理解双酚 A 型环氧树脂反应原理；
3. 掌握环氧树脂制备操作方法及环氧值的测定方法。

三、实验原理

双酚 A 型环氧树脂是环氧氯丙烷与 2，2—二酚基丙烷（双酚 A）在氢氧化钠作用下聚合而得到。其反应式为：

$$(n+2)\ \underset{\diagdown O \diagup}{CH_2-CH}-CH_2Cl+(n+1)HO-\langle\bigcirc\rangle-\overset{CH_3}{\underset{CH_3}{\overset{|}{\underset{|}{C}}}}-\langle\bigcirc\rangle-OH \longrightarrow$$

$$\underset{\diagdown O \diagup}{CH_2CH}-CH_2\left[O-\langle\bigcirc\rangle-\overset{CH_3}{\underset{CH_3}{\overset{|}{\underset{|}{C}}}}-\langle\bigcirc\rangle-O-CH_2\underset{OH}{\underset{|}{CH}}-CH_2\right]_n O-\langle\bigcirc\rangle-\overset{CH_3}{\underset{CH_3}{\overset{|}{\underset{|}{C}}}}-\langle\bigcirc\rangle-O-CH_2\underset{\diagdown O \diagup}{CH-CH_2}$$

工业上将软化点低于 50 ℃(平均聚合度小于 2)的树脂称为低分子量树脂或软树脂;软化点在 50～95 ℃之间(平均聚合度在 2～5 之间)的树脂称为中等分子量树脂;软化点高于 100 ℃(平均聚合度大于 5)的树脂称为高分子量树脂。以乙二胺为固化剂,其固化机理如下:

$$H_2N\text{-}(CH_2)_2\text{-}NH_2 + \underset{\diagdown O \diagup}{CH_2\text{—}CH}\text{—}CH_2 \sim\sim\sim \longrightarrow$$

$$\begin{matrix} \sim\sim CH_2\text{—}\underset{}{\overset{OH}{\overset{|}{C}H}}\text{—}CH_2 \diagdown & & \diagup CH_2\text{—}\overset{OH}{\overset{|}{C}H}\text{—}CH_2\sim\sim \\ & N\text{-}(CH_2)_2\text{-}N & \\ \sim\sim CH_2\text{—}\overset{OH}{\overset{|}{C}H}\text{—}CH_2 \diagup & & \diagdown CH_2\text{—}\overset{OH}{\overset{|}{C}H}\text{—}CH_2\sim\sim \end{matrix}$$

四、试剂与仪器

1. 主要试剂

环氧氯丙烷、双酚 A、30%NaOH 溶液、甲苯、盐酸—丙酮溶液(将 2 mL 浓盐酸溶于 80 mL 丙酮中)、0.1 mol/L 氢氧化钠—乙醇标准溶液(邻苯二甲酸氢钾标定)、酚酞溶液、乙二胺。

2. 主要仪器

250 mL 三口烧瓶 1 个,电动搅拌器装置 1 套,回流冷凝管 1 只,滴液漏斗 1 只,分液漏斗 1 只,减压蒸馏装置 1 套,碱式滴定管 1 只,水浴加热装置 1 套。

五、实验任务与要求

1. 探索环氧树脂分子量的控制方法,优化合成工艺条件;
2. 探讨新型环氧树脂固化剂的设计与使用;
3. 对合成产物的黏接强度进行测试,对合成产物进行相关测评与表征。

六、实验参考步骤

1. 环氧树脂的合成

在装有搅拌器、回流冷凝管、滴液漏斗的三口烧瓶内,加入 11.4 g 双酚 A 和 12 mL 环氧氯丙烷,再将 20 mL30%氢氧化钠溶液置于滴液漏斗中。开动搅拌器,将水浴温度升至 60～65 ℃,待双酚 A 全部溶解成均匀溶液后,开始缓慢向三口烧瓶中滴加氢氧化钠溶液,约 1.5 h 滴完,此间保温 60～65 ℃。继续反应 30 min,反应结束后,加入 30 mL 甲苯及 15 mL 去离子水,搅拌均匀,趁热倒入分液漏斗中,静置分层,除去水层。

将上层树脂溶液倒回三口烧瓶中,进行减压蒸馏,除去甲苯和未反应的环氧氯丙烷,直到无馏出物为止,最后瓶内剩余物即为黄色透明的环氧树脂。

2. 环氧值的测定

相对分子质量较低的环氧树脂用盐酸—丙酮法测定环氧值,体系中的盐酸可与环氧基团反应,使其开环,过量的盐酸用氢氧化钠—乙醇溶液进行滴定。

准确称量 1 g 左右的树脂(m),置于锥形瓶中,用移液管加入 25 mL 新配置的盐酸—丙酮溶液,盖好瓶塞,摇动使树脂完全溶解,放置 1 h,加酚酞指示剂,用 0.1 mol/L 标准氢氧化钠—乙醇溶液进行测定(消耗体积 V_2)。做平行及空白实验(消耗体积 V_1),由下式计算环氧值(E),单位是 mol/100 g 树脂:

$$E=\frac{(V_1-V_2)N}{m}\times 100\%$$

3. 环氧树脂黏结性实验

取两块铝片及两块橡胶片，洗净、干燥。

用硅油纸称取环氧树脂 4 g，加入 0.25～0.3 g 乙二胺(以实测环氧值计算的乙二胺用量为准)，用刀充分搅匀后，取少量分别涂于铝片、橡胶片的一端，并括均匀(0.1～0.2 mm)，再将另一铝片、橡胶片分别贴上，用夹子固定，室温放置一周后，测环氧树脂胶的剪切强度。

七、分析与讨论

1. 计算环氧值，并测出剪切强度。
2. 试分析环氧树脂为何具有优良的黏接性能。

八、问题思考

1. 在环氧树脂的合成中，若 NaOH 的用量不足，将对产物有什么影响？
2. 若用其他碱代替 NaOH 后，对产物有何影响？
3. 在聚合之后加入去离子水并进行分液的目的是什么？
4. 环氧树脂的固化剂有哪些种类？其选择依据是什么？

九、注意事项

1. 预聚物反应完毕要趁热倒入分液漏斗，分液需要充分静置，并注意及时排气。

2. 测定环氧值时，滴定开始要慢些，环氧氯丙烷开环反应是放热的，反应液温度会升高。相对分子质量较高的环氧树脂的环氧值用盐酸一吡啶法滴定。

3. 注意观察各步反应体系色状情况。

(周诗彪供稿)

实验4　纯丙乳胶的研制

（8课时 适用于材料科学与工程专业）

一、相关知识

纯丙乳胶是甲基丙烯酸甲酯、丙烯酸丁酯以及丙烯酸等进行乳液聚合得到的多元共聚乳液的简称。纯丙乳胶一般呈乳白色，具有良好的附着性、成膜性、黏结性、耐候性、耐溶剂性、耐水性以及良好的透明度、光泽度。其制备方法有无皂乳液聚合、细乳液聚合、微乳液聚合、种子乳液聚合、超浓乳液聚合、辐射乳液聚合等。

丙烯酸酯类乳液可以用作织物整理剂、织物上浆剂、织物涂层剂以及无纺布黏合剂等，可赋予织物良好的柔软性、耐水性和黏结性等。若加入阻燃剂如三氧化二锑、氯化铵等还可以使织物具有阻燃性；而加入含氟单体或者有机硅单体，则能制得防水防油的织物整理剂；而加入阳离子乳化剂，则可赋予织物防霉性；此外还可以通过加入其他添加剂，赋予织物耐腐蚀、耐化学性、抗静电性等特殊性能。

纯丙乳液作为目前比较常用的一种壁画保护材料，已经广泛用于国内外的壁画保护。例如，1982年Shenhav等人在约旦耶利哥用纯丙乳液对一座公元1世纪的犹太族墓中的壁画进行了加固保护；1988年Hanna等人在对大英博物馆馆藏的一幅中国15世纪的壁画进行保护时，同样使用了纯丙乳液；敦煌研究院在保护莫高窟、新疆、西藏等地古代壁画中使用的就是一种名为ZB—SE—3A的纯丙乳液。

水性防火涂料是以乳液为主要的成膜物质，以水为分散介质的新型防火涂料，除了具有油性防火涂料的性能外，还拥有低VOC、无空气污染、安全无毒、施工工具易用水清洗等油性防火涂料无法匹敌的优点。相较于苯丙、硅丙乳液制备的涂料发泡度高，隔热性能优异，其熔融软化温度与阻燃体系(P—C—N)匹配性也较好，因此，纯丙乳胶常用来做防火涂料，也是最通用的内外墙涂料品种之一。

丙烯酸酯类乳液所具有的良好的附着性、黏结性及耐候性等特点，使得其在胶黏剂领域也有非常重要的应用，它既可以单独作为胶黏剂来使用，又可以通过加入增稠剂、交联剂、增塑剂、固化剂等助剂制备出性能各异的胶黏剂。在丙烯酸酯乳液共聚时，引入一些特殊单体，能够改善乳液胶黏剂的某些性能：例如，引入苯乙烯单体，可以提高乳液胶黏剂的耐水性、硬度和强度；引入丙烯腈可以提高乳液胶黏剂的耐油性和黏接强度；引入羧基、环氧基、羟基、酰胺基等交联单体能提高乳液胶黏剂的耐热性、耐溶剂性和黏接强度。目前，丙烯酸酯类乳液主要用于制备压敏胶、速黏胶黏剂、热封胶、迟效胶黏剂等，可以用来黏接木材、纸张、塑料、橡胶等材料。

丙烯酸酯类乳液涂料在建筑涂料以及胶黏剂中已得到广泛应用，而要用于对硬度、光泽、透明度等要求较高的木器漆领域还有一定的差距。乳胶粒的大小和分布是影响聚合物乳液性能的重要指标。纳米级粒子乳液即微乳液成膜性能好，其可在保证成膜性能的同时赋予本身较高的硬度；而形成的胶膜致密、光洁爽滑、光泽性好、透明度高。因而其在追求原色的木器涂料市场具有相当广泛的应用前景。吴跃焕等人利用滴加种子单体的普通乳液聚合工艺，合成出了ω(乳化剂)＝12％、ω(聚合物)＞50％、粒径 35.6 nm、多分散性 0.133、半透明、微蓝、稳定的木器涂料用纯丙微乳液，其优异的胶膜光泽度、耐水性以及物理机械性能都能满足高档木器漆的要求。

此外，丙烯酸酯类乳液还可在造纸领域中用作纸张涂层剂、纸张浸渍剂、纸张表面施胶剂、纸塑复膜胶，在印刷、医药、汽车工业、皮革工业等方面丙烯酸酯类乳液也起着举足轻重的作用。

丙烯酸酯类乳液作为一种用途广泛的工业材料，随着时代的发展，以及人们对其性能的要求不断提高，为了更好地提高其使用性能，扩大其应用范围，研究人员对丙烯酸酯类乳液通过引入共聚单体改性，以制备出满足人们需要的高性能的乳胶。常用于丙烯酸酯类乳液改性的方法如下：

(1) 有机硅改性

有机硅改性丙烯酸酯乳液又简称为硅丙乳液，其被广泛地用作外墙涂料。有机硅树脂结构中含有键能更大的 Si—O 键，其键能远远大于 C—C 键能和 C—O 键能，因此其具有良好的耐热性、耐臭氧、耐紫外光老化性，稳定性好，再加上聚硅氧烷分子体积大，内聚能密度低，使它拥有较优异的耐沾污性和耐高低温性及良好的透气性等优点。将有机硅单体引入到丙烯酸酯的主链和侧链上得到有机硅改性的丙烯酸酯乳液，兼具二者优点，极大地改善了乳液的性能，作为外墙涂料具有广阔的应用前景和发展空间。例如，以 SDS、OP－10 为乳化剂、过硫酸钾和亚硫酸氢钠作为氧化还原引发体系进行了有机硅改性丙烯酸酯乳液的聚合研究，其结果表明有机硅后加工艺得到的乳液性能优于有机硅先加工艺得到的乳液，并且改性后得到的乳液在耐水性方面优于纯丙乳胶。侯峰等人以八甲基环四硅氧烷、甲基丙烯酸甲酯、丙烯酸正丁酯、丙烯酸作为原料，采用预乳化连续滴加法制得了有机硅丙烯酸酯乳液。

(2) 纳米二氧化硅改性

将甲基丙烯酸羟乙酯(HEMA)与硅酸四乙酯经酯交换制得的二甲基丙烯酰氧基硅酸二乙酯与丙烯酸酯进行乳液聚合，制得了不同硅酸酯用量的稳定聚丙烯酸酯/纳米二氧化硅复合乳液，并合成出储存稳定性达 6 个月以上的聚丙烯酸酯/纳米二氧化硅复合乳液，所得的这种乳液的玻璃化温度及热稳定得到显著提高，溶解性能降低。杨冬玲等人以过硫酸铵$+NH_3 \cdot H_2O$作为引发体系，通过静电作用成功制成纳米 SiO_2/聚丙烯酸酯复合乳液。与纯丙乳液的性能相比，纳米复合乳液的耐水性、耐热性、耐钙离子性、力学性能都有不同程度的提高。例如，吸水性能下降 30.96％，断裂伸长率提高 83.3％；紫外线照射 500 h 后，纯丙胶膜的拉伸强度和断裂伸长率下降 22.34％和 26.67％，而纳米复合乳液仅拉伸强度下降 5.54％，断裂伸长率并未下降。

(3) 苯乙烯改性

苯乙烯一丙烯酸酯共聚物乳液(简称苯丙乳液)是利用苯乙烯部分或全部代替纯丙烯酸酯系乳液中的甲基丙烯酸甲酯(MMA)的一种共聚物乳液。由于纯丙烯酸酯聚合物分子链中含有极性的酯基，其耐水性能较差，乳胶膜吸水后较易发白，而且在一定条件下酯基还会分解而影响产品的性能。另外，丙烯酸酯聚合物尤其是线性聚合物容易高温发黏，耐沾污性能下降，低温变脆，韧性变差，即所谓“低脆高黏”，其耐热性也比较差，高温下容易发黄。苯乙烯与甲基丙烯酸甲酯的均聚物Tg相近，采用苯乙烯替代部分甲基丙烯酸甲酯，在丙烯酸酯的共聚物中引入苯乙烯链段，苯乙烯的弱极性将提高涂膜的耐水性、耐碱性；而大苯环的引入使得涂膜的硬度、抗污性和抗粉化性得到很大提高。此外，苯乙烯的引入还使成本大为降低。例如，以丙烯酸丁酯、甲基丙烯酸甲酯、苯乙烯、丙烯酸－2－羟乙酯、丙烯酸作为反应单体，将十二烷基硫酸钠与聚乙二醇辛基苯基醚按质量比2∶1组成复合乳化剂，过硫酸钾作为引发剂，采用乳液聚合法，制备了苯乙烯改性丙烯酸酯乳液型压敏胶。

(4) 环氧树脂改性

丙烯酸酯树脂拥有良好的光稳定性和耐候性以及良好的耐水、耐碱、耐酸、透明性好等性能，且生产成本低廉，因此常被用于水性涂料的基料。但是丙烯酸酯共聚物乳液也存在着耐化学品、溶剂性能差及耐磨和力学性能不佳等缺点，而且现在许多应用场所对其综合性能提出了更高的要求，而环氧树脂分子结构中所含有的独特的环氧基、羟基、醚键等活性基团和极性基团，因而拥有优异的机械性能、电绝缘性能、黏接性、耐水性、耐热性、耐化学品性及力学性能，通过利用环氧树脂对丙烯酸酯共聚乳液进行改性，能提高乳胶膜的耐水、耐溶剂以及力学等性能，能够满足人们对胶黏剂的一些要求。例如，通过原位乳液聚合法以及物理共混法分别制备了环氧树脂改性丙烯酸酯共聚物复合乳液，使得乳胶膜的耐水、耐甲苯溶剂性能以及力学性能得到了提高，通过对环氧树脂的用量以及不同改性方法的研究发现当物理共混法的环氧树脂用量为15%，而原位乳液聚合法的环氧树脂用量为10%，得到的复合乳液和乳胶膜的综合性能比较好。裴世红等人利用预乳化乳液聚合工艺，利用$L_{25}(5^6)$正交实验制备出稳定的环氧改性丙烯酸酯乳液。

(5) 聚氨酯改性

塑/塑复膜胶主要用于镀铝膜、PET、OPP、CPP、尼龙膜等塑料薄膜的复合。将两层或者两层以上的薄膜材料通过胶黏剂复合加工到一起，从而使其成为一种新的包装材料——复合软包装材料。复合软包装主要用于食品、医药、化妆品、洗涤用品等产品的包装。水性丙烯酸酯胶黏剂拥有耐候、抗氧化、耐老化、制备工艺简单等很多的优点，但仍存在高温发黏、低温发脆的缺点，而聚氨酯乳液则拥有优良的耐低温性、弹性和耐磨性，但存在不易达到很高的固含量而成本较高等缺点，将两者进行物理共混改性，可以使乳液的综合性能得到明显提高。

例如，以低聚物多元醇、异佛尔酮二异氰酸酯、二羟甲基丙酸、甲基丙烯酸β－羟乙酯、三羟甲基丙烷等为原料分别合成了直链型和具有一定支化度的水性聚氨酯(WPU)，并以合成的WPU作为大分子型反应性乳化剂，再辅以少量的乳化剂DNS－86和丙烯酸酯单体热引发聚合，合成出聚氨酯－丙烯酸酯乳液(PUA)。经过测试发现：与直链型相比，经过支链型PU改性后的成膜物拉伸强度可以高达23.3 MPa，黏合剂的皂洗牢度等级可达到4级，干摩擦牢度可达到4级，湿摩擦牢度可达到3级。又如，通过种子乳液聚合和单体预乳化工艺合成了一种塑/塑聚氨酯改性丙烯酸酯乳液复膜胶，且通过对不同聚氨酯加入工艺、丙烯酸酯单体类型、配比、乳化剂体系等合成的产品的测试得到当聚氨酯占乳液总量为2%、软硬单体质量比为1.5、乳化剂用量1.5%～2.0%时，所得复膜胶性能较佳。

(6) 有机氟改性

近年来，有研究通过加入含氟基团来改变丙烯酸酯共聚物的结构，氟原子拥有最小的原子半径以及最大的电负性，因而使得C－F键的键能非常大，含氟聚合物分子呈棒状碳碳键，在分子水平上较易收敛，且氟原子在聚合物成膜过程中，会发生分子重排现象，氟原子将排布在树脂表面，从而显著降低涂料的表面能。与有机硅和丙烯酸酯类化合物相比较，含氟聚合物在憎水、憎油、耐摩擦、耐洗、防污、耐腐蚀性方面都有着无法比拟的优势，其既保持了丙烯酸酯共聚物原有的优点，又赋予了耐久、耐热以及耐沾污性等特点。例如，林义等人合成出了甲基丙烯酸1,1,5 一三氢全氟戊酯(OFPMA)－丙烯酸丁酯(BA)－甲基丙烯酸甲酯(MMA)三元共聚乳液，并对乳液的稳定性、乳胶膜的耐溶剂性能进行了研究，用接触角法研究了共聚物膜表面的性质。结果显示，在加入含氟丙烯酸酯单体进行共聚合反应后，得到的共聚物膜的表面自由能与不含氟共聚物膜比较有着明显的降低。

二、实验目的

1. 设计并合成性能优异的纯丙乳液；
2. 掌握乳液聚合的半连续法制备工艺；
3. 了解乳液聚合的特点以及各组分的作用；
4. 了解乳液稳定性的特点和影响因素；
5. 掌握乳液稳定性的测定方法及相关操作。

三、实验原理

本实验以甲基丙烯酸甲酯(MMA)、丙烯酸酯(BA)进行共聚合分子设计。通常将甲基丙烯酸甲酯视为硬单体，而丙烯酸丁酯视为软单体，通过调控软硬单体的配比，达到对乳液性能调控的目的。根据分组实验，可以设定共聚物的 T_g 在－55～100 ℃范围内的某一温度。

$$\frac{1}{T_g}=\frac{W_1}{T_{g1}}+\frac{W_2}{T_{g2}}+\cdots+\frac{W_i}{T_{gi}}$$

上式中，T_{gi} 为共聚物中某单体的均聚物玻璃化温度，W_i 为共聚物中某单体的质量分数，T_g 为共聚物的玻璃化温度。

聚甲基丙烯酸甲酯的玻璃化温度为 101 ℃，聚丙烯酸丁酯的玻璃化温度为－55 ℃。

聚合物乳液承受外界因素对其破坏的能力称为聚合物乳液的稳定性。其大小主要受如下 5 种作用的支配：

静电力：带有同性电荷的乳胶粒相互排斥而使乳胶粒稳定；带有异性电荷的乳胶粒相互吸引而导致凝聚。

空间障碍：在乳胶粒表面上吸附和接枝的大分子链的几何型成为乳胶粒之间发生聚结的障碍而使乳液稳定。

溶剂化作用：溶于介质中的大分子可以吸附或接枝在乳胶粒表面上，形成有一定厚度的溶剂化层，阻碍乳胶粒接过而发生聚结。

亲和力：乳胶粒间的亲和力通常为范德华力，与构成乳胶粒的大分子的极性及密度有关。胶粒是许多大分子的聚集体，胶粒间的引力是胶粒中所有分子引力的总和。

界面张力：乳胶粒很小，和介质间的相界面积很大，故有巨大的界面能，它是离子聚结的推动力。界面张力越大，乳液越不稳定。

总之，聚合物乳液的影响因素很多，主要有电解质作用、机械力作用、放置时间、表面活性剂、冻结和融化的影响等。而考察聚合物乳液的稳定性应该包括两个方面，除了聚合物乳液对环境因素的稳定之外，还包括聚合过程的稳定性，而聚合过程的稳定性是通过配方和工艺的调整来保证的。在乳液聚合过程中，胶乳的稳定性随时会发生变化，并时刻伴随着聚合过程。聚合过程并不是一定形成凝胶而结块，聚合在某种程度上是减小比表面积使粒子趋于稳定的过程，但如果这种聚合无法在一个粒径范围内停下来，就会形成凝胶。如何避免凝胶的产生对乳液聚合稳定是至关重要的。在聚合过程中，各种聚合反应条件都会影响其稳定性，其中包括单体的比例、单体在水中的溶解度、乳化剂的类型和用量、交联单体的种类和用量、聚合反应温度、酸碱性、电解质浓度和体系中的杂质、加料方式(聚合工艺)、搅拌器类型及搅拌强度等。

在其他条件相对一致的情况下，本实验还设计考察了非离子型乳化剂对共聚乳液的影响。

四、试剂与仪器

1. 主要试剂

单体：甲基丙烯酸甲酯，经减压蒸馏提纯。

丙烯酸丁酯，经减压无蒸馏提纯。

引发剂：过硫酸铵，经重结晶。

乳化剂：十二烷基硫酸钠，CP级；DP－10，CP级；OP－10，CP级。

破乳剂：20％的三氯化铝水溶液。

阻聚剂：对苯二酚，CP级。

其他：0.2％的氯化钙水溶液。

2. 主要仪器

250 mL四口烧瓶1只，20 mL容量瓶1只，电动搅拌器装置1套，水浴加热装置1套，0～100 ℃温度计1支，冷凝管1只，滴液漏斗1只，称量瓶5只，吸液管1支，分析天平1台，50 mL、100 mL、500 mL烧杯管各1个，激光粒度仪1台，电位仪1台，试管5支，100 mL试剂瓶6个，旋转黏度计1台，离心机1台，玻璃板多片，抽空系统1套，充氮装置1套，10 mL移液管1个。

五、实验分组配方设计参考表

表4.1　实验分组配方设计参考表

甲基丙烯酸甲酯/g	丙烯酸丁酯/g	十二烷基硫酸钠/g	OP－10/g

六、实验参考步骤

1. 纯丙乳液合成

准确称取0.4 g过硫酸铵于20 mL容量瓶中，加入去离子水定容，备用。在装有搅拌器、冷凝管、滴液漏斗、温度计的250 mL四口烧瓶中，加入60 mL去离子水及配方量的乳化剂，开动搅拌，使乳化剂逐渐溶解。抽空、充氮反复进行三次后，加入 5 mL 的混合单体，搅拌 5 min，使其充分乳化。用移液管加入 6 mL 已配好的引发剂溶液，将水浴升温至 80℃，保持温度在 80～85 ℃下反应。滴加完毕，加入 2 mL 引发剂，再反应 2 h，即可停止反应。待冷却后，量取 50 mL 乳液于试剂瓶中，留作乳液性能测定，其余加入破乳剂，快速搅拌使其均匀凝聚。比较各组配方乳液破乳现象的差别。过滤，再用去离子水洗涤两次，过滤后烘干。

2. 聚合反应时间——转化率曲线测绘

从水浴温度为 80 ℃开始，按下述操作测定体系固含量：在干净的空称量瓶中加入 1 滴质量分数为 1%的对苯二酚水溶液，在分析天平上称重(m_1)，每隔 30 min(滴加时不取样)，取出 1～2 g 乳液至称量瓶中，再次称重(m_2)，放入烘箱内 100 ℃烘干后，称重(m_3)，计算出固含量 S：

$$S=[(m_3-m_1)/(m_2-m_1)]\times 100\%$$

通过每次测定的固含量与理论固含量计算反应单体转化率，并绘制反应时间—转化率曲线。

3. 乳液性能测定

乳胶粒 ζ 电位及粒径测定：

样品稀释至 0.002%(体积分数)左右，利用激光粒度仪与电位仪，测量 25 ℃下湿态乳胶粒的粒径和 ζ 电位，并对各设计配方乳液进行比较。

黏度测定：

按 GB2794—1981 标准方法用 NDJ－1 型旋转黏度计测定乳液黏度，每样重复测定三次取平均值，比较各设计配方乳液的黏度值。

乳液耐离子稳定性的测定：

在试管中加入 5 mL 乳液，分别将 1 mL 配制好的 0.2%(质量分数)的氯化钙水溶液加入试管中混合，观察乳液是否有沉淀、分层等不稳定现象，并对各设计配方乳液进行比较。

乳液放置稳定性的测定：

在试剂瓶中倒入约 10 mL 乳液，于 50 ℃烘箱内恒温放置 1～4 周，观察乳液是否有沉淀、分层等不稳定现象，并对各设计配方乳液进行比较。

离心稳定性：

取少量(约 5 mL)乳液以 4 000 r/min 离心，每隔 5 min 观察乳液是否有分层或沉淀现象，并对各设计配方乳液进行比较。

冻融稳定性：

按 GB/T9755－1995 标准方法测试乳液的冻融稳定性。即在(－5±1) ℃下放置 18 h，再于室温放置 6 h 解冻，观察乳液是否发生分层、破乳、沉淀等不稳定变化，重复上述操作 3 次，若乳液没有不稳定变化，则乳液的冻融稳定性好。

乳液成膜性能观测：

将乳液滴在玻璃板上，让其充分流平后置于 50 ℃烘箱内成膜，观察膜的完整性、透明性、撕拉膜的强度、弹性等，并对各设计配方乳液进行比较。

七、分析与讨论

1. 根据设计的配方，计算各配方共聚物的玻璃化转变温度 T_g，并与实测的玻璃化温度 T_g 比较，说明存在差异的原因。

2. 比较各设计配方共聚合反应的时间—转化率曲线，分析其结果差异的原因。

八、问题思考

1. 根据共聚物干燥的手感硬度，分析共聚物玻璃化温度的影响因素。
2. 乳液固含量、乳胶粒粒径或乳液黏度如何影响乳液稳定性？试根据测定情况说明。
3. 怎样提高乳液的稳定性？
4. 作为苯丙乳液，用苯乙烯代替甲基丙烯酸甲酯有什么优缺点？

九、注意事项

1. 乳化剂、引发剂都是影响乳液聚合的重要因素，需要用分析天平准确称量。

2. 注意先加入引发剂再升高温度，且单体的滴加速度不宜过快。

3. 乳化剂溶解过程中，搅拌速度不要太快，避免产生大量泡沫，必须使乳化剂充分溶解至体系完全透明后才能加入单体。单体加入后，搅拌速度适当加快，使单体充分乳化后，才能加入引发剂，若乳化得不好，反应过程容易结块。

4. 破乳剂三氯化铝溶液加入后，要立即用玻璃棒搅拌，否则凝聚不均匀，容易聚结成硬块。

5. 在耐离子稳定性测定中，倒倾顺序对稳定性是有影响的，实验中可以根据情况配制不同浓度的氯化钙水溶液进行测定。

附录1　纯丙乳胶的测试表征

一、乳液基本性能的测试

1. 固含量及转化率

一般通过重量分析法测定固含量以及转化率：以2%对苯二酚溶液作为阻聚剂，取一定质量的乳液倒入到已知质量的培养皿中，然后将其置于烘箱中，在105 ℃下干燥至前后两次的重量差小于0.001 g为止，每个试样平行测定两次取平均值。

按式(1)计算乳液的固含量：Solid content(wt%)＝100×$(W_2-W_1)/(W_1-W_0)$。

按式(2)计算乳液的转化率：Conversion(wt%)＝100×Solid content(wt%)×W_3/W_4。

以上两式中：W_0——培养皿的质量，g；

W_1——聚合物乳液的质量，g；

W_2——干燥后乳液和培养皿的总质量，g；

W_3——投料的质量，g；

W_4——投料中挥发组分的质量，g；

2. 黏度

参照GB/T2794－1995在25 ℃下测试，使用NXS－11A型旋转黏度计，测量系统选用A转子，乳液用量以刚好浸没转子为准，转子速度由0挡缓慢转到15挡(剪切速率为0～966.1 s^{-1})，每挡稳定1 min后读数，当被测物料黏度很小时，其流变性接近于牛顿流体，测得的是绝对黏度；当黏度较大时，视为非牛顿流体，用旋转黏度计可以测出其流变特性和表观黏度。

按式(3)计算：$\eta = \tau / D_s = Ka$ 。

式中：η——黏度，Pa·s^{-1}；

τ——剪切应力，Pa；

D_s——剪切速率，s^{-1}；

K——仪器常数，Pa·s/格，通过选定仪器的系统和转速挡查表得到；

a——读数刻度，格。

3. 乳胶粒子的形态、大小及粒径分布测定

用英国Malvern Zetasizer 3000型动态光散射分析仪测定粒子大小及粒径分布，乳液用去离子水稀释至0.1%左右直接放入样品盒内测量，平均粒径和粒径分布由该仪器测量。粒子的形态用日本JEOL－JEM－100SX型透射电镜(TEM)观察，取一滴待测试样，加入到2 mL质量分数为0.2%的磷钨酸水溶液中，搅拌均匀后取一滴于铜网上，晾干后在透射电子显微镜上观察摄像。

4. 测定乳液的羧基分布

在 DDSJ－308A 型电导率仪监测下采用电导滴定法测定乳液体系的羧基分布。取一定量乳液样品，用去离子水稀释到固含量为 1.5%左右，取 50 mL 稀释乳液于小烧杯中，在磁力搅拌下用过量 NaOH(0.095 2 mol/L)溶液调节体系的 pH 值至 11 左右，然后用 HCl 溶液(0.027 3 mol/L)对乳液进行反滴定，滴加速度为 0.5 mL/min，同时每分钟记录一次电导值和所消耗的 HCl 溶液体积数，直至体系的 pH 值大约为 2。以电导值对消耗的 HCl 溶液体积数作曲线，根据曲线拐点的坐标求得乳胶粒子表面键和的、包埋在乳胶粒子内部的以及分布在水相中的羧基含量。

5. 表面张力

体系的表面张力采用 JZHY－180 型界面张力仪测定，测定温度为 20～25 ℃，测定时，测量杯先用待测溶液冲洗几次，然后用移液管从大量待测溶液的中部吸取部分待测液于测量杯中。将此测量杯放在仪器的平台上，升起平台至铂金圆环浸入测试溶液的中部，再慢慢地降低平台，同时调节连接铂金圆环的臂上的拉力，使臂上的平衡指针与反射镜上的红线重合。继续小心缓慢地放低平台，并不断调节臂上的拉力，使铂金圆环上、下二力始终保持平衡。当铂金圆环刚露出液面时，在圆环与液面之间会形成液膜，当拉力增大到一定程度时，液膜破裂，读出此时刻度盘上的读数，即为该测试溶液测得的表面张力值。

6. 红外光谱分析

将纯丙乳液稀释成 10%的水乳液后，缓慢倒入放置在水平桌面上的培养皿中，液面为培养皿深度的 1/3，室温下待溶剂挥发成膜，养护 1 周后用手术刀将膜揭下备用。

红外光谱的工作参数：背景扫描 16 s，样品扫描 1 min，波长范围 650～4 500 cm^{-1}，分辨率优于 0.4 cm^{-1}，选择附件 ATR，单晶金属锗。

由如附图 1.1 所示可知，3 030 cm^{-1}是脂肪酸中不饱和或者芳环上碳—氢键的伸缩振动吸收峰，2 956 cm^{-1}是甲基伸缩振动吸收峰，2 930 cm^{-1}和 2 860 cm^{-1}处分别是亚甲基不对称和对称伸缩振动吸收峰，1 725 cm^{-1}是羰基伸缩振动吸收峰，1 600 cm^{-1}、1 550 cm^{-1}、1 490 cm^{-1}是芳环碳骨架伸缩振动吸收峰，其中 1 550 cm^{-1}峰较弱，可能与芳环上含有取代基有关。1 450 cm^{-1}是亚甲基振动吸收峰，1 255 cm^{-1}、1 160 cm^{-1}是丙烯酸酯结构中连氧碳振动吸收峰，760 cm^{-1}、700 cm^{-1}是芳环(苯乙烯)单取代的吸收峰。综上所述，该纯丙乳液具备了典型的丙烯酸树脂的红外光谱特征，但该聚合物中应含有芳环(苯乙烯)的结构片段。

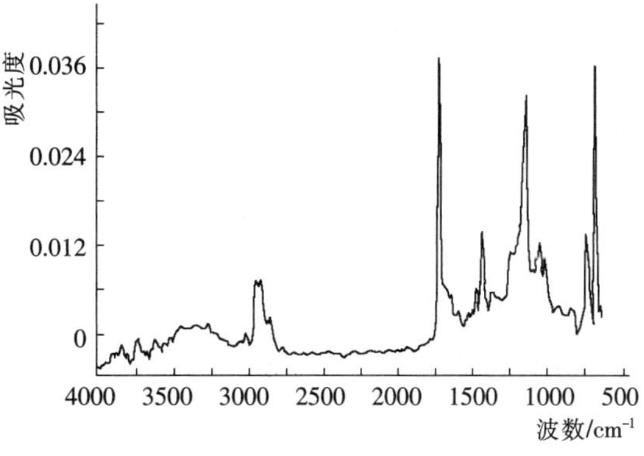

附图 1.1　纯丙乳液(成膜)的红外光谱

7. 凝胶渗透色谱分析

泵：Waters 1515 Isocratic HPLC Pump；检测器：Waters 2414 Refractive Index Detector；色谱柱：Styragel HT3，Styragel HT4，StyragelHT5 三根色谱柱串联；流动相：四氢呋喃(THF)；柱温：35 ℃；流速：1.0 mL/min；进样体积：50 μL；样品浓度：4 mg/mL。

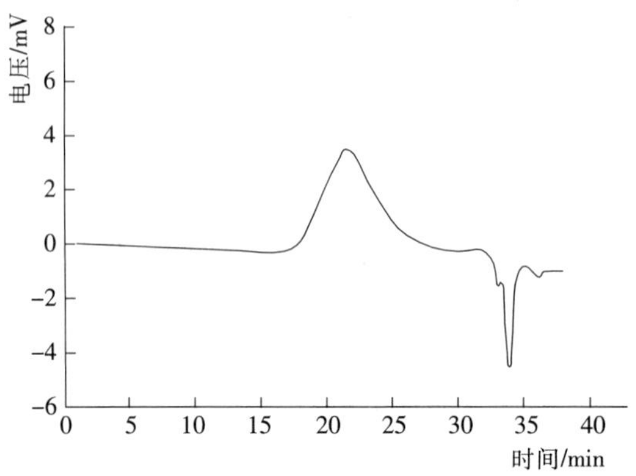

附图 1.2　纯丙乳液的凝胶渗透色谱图

从如附图 1.2 所示的峰型可知，乳液的相对分子质量分布较为均匀，峰型过渡平滑，相对分子质量分布比较均一，并且根据谱图分析可以知道，乳液的 M_n=38.819，M_w=90.796，D=2.34。

8. DSC 分析

温度范围：−50 ℃并保持 5 min，升温速率 10 ℃/min，到 120 ℃并保持 5 min，N_2吹扫速率 50 mL/min。由如附图 1.3 所示可以看出，在−50～120 ℃的升温范围内，乳液(成膜)的 DSC 曲线只有一个玻璃化温度，为 T_g=28.24 ℃，这说明乳液是由单一的树脂构成，没有混合其他类型的树脂。

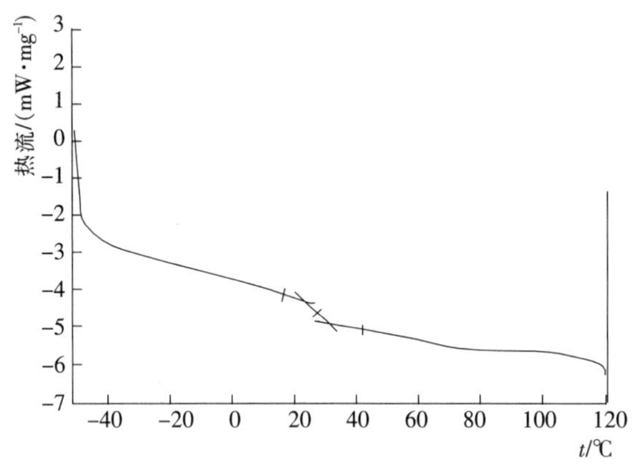

附图 1.3　纯丙乳液的 DSC 曲线

二、乳液稳定性的测试

1. 机械稳定性

以 4 000 r/min 的速度离心分离 30 min，观察是否出现漂油、聚结、分层等现象。

2. 热稳定性

加热至 40 ℃,并保持 20 min,然后冷却到室温,循环 5 次,观察是否有漂油、聚结、分层等现象。

3. 冻融稳定性

样品在−10 ℃冰箱中放置 4 h,室温放置 2 h,循环 5 次,以不破乳、不过度增稠为好。

4. 电解质稳定性

配制 0.5%的 Ca^{2+} 水溶液,以 m(Ca^{2+} 水溶液)∶m(乳液)=4∶1 比例混合,静置 48 h 后观察是否有漂油、聚结、分层等现象。

5. 稀释稳定性

取一定量乳液将其稀释至不挥发物的含量为 3%,用量筒量取 100 mL 该稀释液,盖上铝箔后在 25 ℃下放置 72 h,观察是否有分层现象、底部是否有沉淀或粗粒子,若有,记下上层澄清液容积和底部沉淀物容积。

实验结果计算:稀释稳定性由式(4)、式(5)计算出的上层澄清液容积比和底部沉降物的容积比表示,计算结果取小数点后两位。

式(4): $U(\%)=A/100\times100\%$。

式(5): $P(\%)=B/100\times100\%$。

式中:A——上层澄清液容积,mL;

B——沉淀部分容积,mL;

U——上层澄清液容积比,%;

P——沉淀部分容积比,%;

三、乳胶膜性能的测试

1. 乳胶的室温成膜性

将乳胶用毛刷涂在洁净的石棉板上,置于阴凉处,观察乳胶能否在 24 h 内室温固化。

2. 耐水性实验

参照 GB1733−93 的方法,取约 3 g 的乳液涂于玻璃板上,制成约 0.5 mm 厚的薄膜,于常温下干燥 7 d 后揭下,将样品膜剪成 2 cm×2 cm 见方的小块,称重后放入 23~25 ℃的去离子水中浸泡,按一定的时间间隔取出,用滤纸吸去表面水,然后称湿重,根据湿重和干重计算薄膜的吸水率。

式(6):吸水率$=(G_1-G_0)/G_0\times100\%$

式(6)中:G_0为未吸水时试样重,G_1为吸水后试样重。

3. 透光率

取一定量乳液滴在石英片上,使其自然铺满石英片,在室温下干燥,用 UV−2300 型紫外可见分光光度计测量其透光率,测试波长范围为 200~800 nm。

4. 耐酸碱性

在各样品膜上剪取两块 1 g 左右的乳胶膜,于分析天平上准确称重,分别置于 1%HCl 溶液和 1%NaOH 溶液中,于室温下浸泡 48 h 后,取出并用滤纸迅速吸干表面水分,再次称重。溶胀比按式(7)计算:

式(7):Swelling ratio(wt%)$=(W_2-W_1)/W_1\times100\%$。

式中：W_1——浸泡前乳胶膜质量，g；

W_2——浸泡后乳胶膜质量，g。

5. 冲击强度

按照GB1732－93的方法，采用天津材料实验机厂QCJ型涂膜冲击实验仪测定。测试条件除另有规定外，应在23±2 ℃和相对湿度50%±5%的条件下进行测试，将涂漆试板漆膜朝上平放在铁贴上，试板受冲击部分距边缘不少于15 mm，每个冲击点的边缘相距不得少于15 mm。重锤借控制装置固定在滑筒的某一高度（其高度由产品标准规定或商定），按压控制钮，重锤即自由地落于冲头上，提起重锤，取出试板。记录重锤落于试板上的高度。同一试板进行三次冲击实验。试板的检查用4倍放大镜观察，判断漆膜有无裂纹、皱纹及剥落等现象。

6. 拉伸强度

参照GB1731－79的方法，在英国Testometric M500－25KNG型拉力机上测试，拉伸速度20 mm/min，拉伸载荷250 N，测定温度25 ℃。

7. 热稳定性

将乳胶膜剪成粉末状，准确称取10～15 mg置于氧化铝坩埚内，在氮气氛围下，采用DETLASERIES TGA7型热重分析仪（PERKIN－ELMER Co，USA）测定乳胶膜的热稳定性。N_2流量为20 mL/min，升温速率为20 ℃/min，升温范围为20～600 ℃。

当前全球涂料面临的挑战是既要遵循更严格的VOC限制条例同时又要保持涂料的高性能，因此对乳液聚合技术进行开发，制备出具有高性价比的涂料用乳液很有必要。其中细乳液聚合和辐射乳液聚合表现出极大的发展潜力。通过比较不同乳液聚合方式制备的丙烯酸酯乳液，研究新一代水性丙烯酸酯乳液产品体系在抗黏接性、耐热性、硬度以及其他重要性能方面的优点势在必行。

附录 2　参考文献

1. 陈立军，张心亚，黄洪等. 纯丙乳液研究进展[J]. 中国胶粘剂，2005，14(9)：34—38.

2. 马金，吴润泽，王桂银. 纯丙乳胶防火涂料稳定性影响因素的研究[J]. 现代涂料与涂装，2011，14(11)：17－19.

3. 刘积灵，张玉坤，董薇. 水性纯丙乳液及外墙涂料的研究[J]. 吉林化工学院学报，2003，20(2)：10－12.

4. 黄增芳，谢增，马军现等. 丙烯酸酯乳液聚合及其在胶黏剂中的应用研究进展[J]. 中国胶粘剂，2010，19(1)：53－57.

5. 赵璐，闫展，赵振河. 聚丙烯酸酯无皂乳液的合成及应用[J]. 西安工程大学学报，2011，25(1)：159－162.

6. 韩君，沈跃，侯仁阳等. 丙烯酸酯无皂乳液的研制[J]. 化学与黏合，2012，34(1)：80－82.

7. 麻明友. 偶氮二异丁基盐酸脒引发甲基丙烯酸甲酯微球的无皂乳液聚合[J]. 材料科学与工程学报，2006，24(6)：871－873.

8. Wang C C，Kuo J，Chen C. Polymerization of styrene initiated by a novel initiator sodium formaldehyde sulfoxylate and sodium lauryl sulfate[J]. European Polymer Journal，2000，36(5)：965－974.

9. K J O′Callaghan，A J Paine，A Rudin. Mixed initiator approach to the surfactant－free semicontinuous emulsion polymerization of large MMA/BA particles. Journal of Applied Polymer Science，1995，58(11)：2 047－2 055.

10. 郭玉，徐伟箭，刘秀娟. 无皂乳液聚合合成单分散纯丙乳液[J]. 中国涂料，2008，23(8)：20－22.

11. 廖晓兰，张宝莲，魏冬青等. 苯乙烯磺酸钠用于硅丙无皂乳液聚合研究[J]. 涂料工业，2009，39(9)：38－42.

12. 芮英宇，戚文迎，吕霞等. 丙烯酸酯无皂乳液聚合体系的研究进展[J]. 化工科技，2011，19(5)：65－68.

13. J Ugelstad，M S El－Aasser，J W Vanderhoff，et al. Emulsion polymerization：initiation of polymerization in monomer droplets[J]. Polym Lett Ed，1973，11：503－513.

14. Alain Guyota，Katharina Landfesterb，F Joseph Schork，et al. Hybrid polymer latexes[J]. Prog Polym Sci，2007，2－5.

15. Schork F J，Luo Yingwu，Smulders W，et al. Miniemulsion polymerization [J]. Adv Polym Sci，2005，175：129－255.

16. Landfester K, Bechthold N, Tiarks F, et al. Formulation and stability mechanisms of polymerizable miniemulsions[J]. Macromolecules, 1999, 32:5 222—5 228.

17. 王月菊，刘杰，杨建军等. 细乳液聚合制备聚丙烯酸酯共聚细乳液的研究[R]. 研究报告及专论，2008，29(9)：1—4.

18. 杨婷婷，徐莹莹，程时远. 细乳液聚合制备阳离子型含氟烷基丙烯酸酯共聚物乳液[J]. 高分子学报，2009(4)：309—316.

19. 高秀云，任小翠，邹祥龙等. 细乳液聚合制备含氟丙烯酸酯三元共聚物及性能表征[J]. 皮革与化工，2013，30(1)：7—12.

20. 孔志祥，范念念，王晓莉等. 丙烯酸酯微乳液动力学研究[J]. 胶体与聚合物，2013，31(3)：106—108.

21. Landfester K. Recent developments in miniemulsions—formation and stability mechanisms[J]. Macromol Symp, 2000, 150:171—179.

22. 刘意，张力，刘敬芹等. 高固含量微乳液聚合的研究[J]. 精细化工，2002，19(12)：729—731.

23. 柯昌美，汪厚植. 微乳液聚合在制备聚合物纳米微粒中的研究[J]. 精细石油化工进展，2003，(6)：38—42.

24. 张郃，吴跃焕. 微乳液聚合法合成高固含量纯丙微乳液的途径[J]. 涂料工业，2006，36(11)：29—32.

25. 张翠梅. 微乳液聚合法合成高固含量纯丙微乳液的研究[J]. 化学建材，2007，(2)：13—16.

26. 柯昌美，汪厚植，邓威等. 微乳液共聚自交联印花黏合剂及其应用[J]. 印染，2004，4：9—12.

27. 石岩，王小妹. 丙烯酸酯微乳液聚合及其研究进展[J]. 中山大学研究生学刊(自然科学、医学版)，2005，26(3)：18—23.

28. 徐进进，虞鑫海，田太洲等. 反应性乳化剂的制备及其在纯丙乳液聚合中的应用[J]. 粘接，2013：53—58.

29. Grancio M R, Williams D J. Molecular weight development in constant—ratestyrene emulsion polymerization[J]. Journal of Polymer Science Part A—I: Polymer Chemistry, 1970, 8(10):2 733—2 745.

30. Okubo M, Yamada A, Matsumoto T. Estimation of morphology of composite polymer emulsion particles by soap titration method[J]. Journal of Polymer Science Part A: Polymer Chemistry, 1980, 16(2):3 219—3 228.

31. 曹同王，刘庆普，胡金生. 聚合物乳液合成原理、性能及应用[M]. 北京：化学工业出版社，2000.

32. Mohammed S, Daniels E S, Klein A. Seeded emulsion terpolymerization of dimetyl metaisoprop enylbenzy lisocyanate(TM Ⅰ) with acrylia monomers [J]. Journal of Applied Polymer Science, 1998, 67(4):685—694.

33. Chern Chorng Shyan, Linchi Huei, Chen Tseng Jung. Latex stability in semibatch surfactant—free seeded emulsion polymeriazation of butyl acrylate[J]. Polymer Journal, 1997, 29(3):249—254.

34. Omish Inzo,Shiiyama Eisuke,Sakura Iken,et al. Modification of polyvinyl chloride－vinyl acetate latex by seed polymerization of acraylic monomers[J]. Polymer International,1993,30(2):271－279.

35. Chang H S,Chen S A. Kinetics and mechanism of emulsifierfree emulsion polymerization Ⅱ styrene/water soluble comonomer system[J]. Journal Polymer Science:Polymer Chemistry,1988,26(4):1 207－1 229.

36. Tsaur S L,Fitch R M. Preparation and properties of polystyrene model colloids I preparation of surface Active monomer and nodel colloids derived there form[J]. Journal Colloid Interface Science,1987,115:450－462.

37. 吴跃焕,张翠梅,杨卓如. 普通法合成木器涂料用高固含量纯丙微乳液[J]. 化学建材,2004(5):22－24.

38. 吴跃焕,王雅娟. 种子乳液聚合法制备高固含量纯丙微乳液的机理分析[J]. 涂料工业,2009,39(8):1－7.

39. 金勇,宋威. 超浓乳液的定义和制备方法[J]. 西部皮革,2003,4:35－38.

40. Boutti S,Graillat C,McKenna T F. High solids content emulsion polymerization without intermediate seeds. Part Ⅰ Concentrated monomodal lattices[J]. Polymer,2005,46(4):1 189－1 210.

41. Ruckenstein E,Chen H H. Composite membranes prepared by concentrated emulsion polymerization and their use for pervaporation separation of water－acetic acidmixtures[J]. Journal of membrane science,1992,66(2－3):205－210.

42. Zhang H T,Chen L,Duan L L,et al. Thin layer copolymerization of methyl methacrylate and butyl acrylate in concentrated emulsion[J]. PolymerBulletin,2006,57(4):603－610.

43. Wu Z T,Zhang Z C. Poly(Methyl acrylate) and copolymer of acrylic acid and butyl acrylate prepared by γ－irradiation in the presence of 1,1－diphenylethene. Synthesis and application in emulsion polymer1zat1on[J]. Journal of Applied Polymer Science,2007,105(6):3 492－3 499.

44. 李丽华,张金生,代孟元. 微波辐射丙烯酸酯乳液聚合动力学研究[J]. 辽宁石油化工大学学报,2009,29(3):30－33.

45. 胡晓熙,陈文求,李小琴. 微波辐射甲基丙烯酸甲酯与丙烯酸丁酯的乳液共聚合[J]. 高分子材料科学与工程,2008,24(11):40－43.

46. 熊金钰. 抗菌性聚丙烯酸酯乳液的超声合成与表征[J]. 天津化工,2010,24(3):17－19.

47. 王燕芳,赵振河,张小丽. 无皂聚合涂料染色黏合剂的合成及应用[J]. 纺织高校基础科学学报,2009,22(4):532－536.

48. 刘德峥,苗郁. 种子乳液聚合法制备聚丙烯酸酯织物涂层剂[J]. 染料工业,2002,39(1):32－34.

49. 苏伯民,张化冰,蒋德强等. 壁画保护材料纯丙乳液的性能表征[J]. 涂料工业,2014,44(2):54－59.

50. Hanna Seamus,Lee Nicholas,Foster Geoffrey. Conservation today:papers presented at the UKIC 30th anniversary conference[C]. London: United Kingdom Institute for Conservation,1988:130－134.

51. 陈立军，张心亚，黄洪等. 纯丙乳胶研究进展[J]. 中国胶粘剂，2005，14(9)：34－38.

52. Shenhav Dodo，Biegelajzen David. Conservation of a wall－painting from a Jewish monumental tomb of the first century CE at Jericho[J]. The Israel Museum Journal，1982，1：75－78.

53. 许迁，温绍国，刘宏波等. 超低 VOC 涂料用纯丙乳胶制备及其共混研究[J]. 化工新型材料，2011，39(4)：62－64.

54. 许迁，温绍国，刘宏波等. 零“VOC”丙烯酸酯类涂料的研究进展[J]. 上海工程技术大学学报，2009，23(3)：282－286.

55. 陈立军，陈丽琼，张欣宇等. 环保型高耐沾污性纯丙乳胶漆的研制[J]. 新型建筑材料，2006，11：1－4.

56. 吴跃焕，张翠梅，杨卓如. 普通法合成木器涂料用高固含量纯丙微乳液[J]. 化学建材，2004，5：22－27.

57. 刘楠，梁亮，罗思远等. UV 固化水性聚氨酯丙烯酸酯木器涂料的研究[J]. 涂料工业，2013，43(8)：60－64.

58. 乔永洛，舒金兵，申亮. 高性能水性木器漆用 PUA 树脂的制备及漆膜性能研究[J]. 涂料工业，2013，43(4)：30－36.

59. 许飞，胡中，陈卫东等. 基于阳离子水性丙烯酸树脂的木器封闭底漆的研发[J]. 上海涂料，2012，50(9)：1－4.

60. 汪长春，包启宇. 丙烯酸酯涂料[M]. 北京：化学工业出版社，2005：1－3.

61. 徐小东，刘洪亮，商培等. 高光含氟外墙乳胶漆的研制[J]. 涂料工业，2011，41(1)：56－60.

62. 孙婷，吕生华，谢佼娟. 聚丙烯酸酯/烯基硅核壳结构皮革涂饰剂的制备和性能研究[J]. 西部皮革，2013，35(20)：19－24.

63. 沈一丁，费贵强，王海花等. 无皂硅丙胶乳表面施胶剂的制备及对纸张的增强作用[J]. 高分子材料科学与工程，2009，25(3)：100－106.

64. 钟金锋，付时雨，詹怀宇. 自交联性聚丙烯酸酯纸张增强剂的合成及应用研究[J]. 中华纸业，2009，30(10)：39－44.

65. 王沛喜，罗金平. 丙烯酸酯在建筑涂料开发中的应用[J]. 精细化工原料及中间体，2009，11：24－26.

66. 刘佳. 水性上光油用苯丙乳液的合成及性能研究[D]. 合肥工业大学硕士学位论文，2009.

67. 侯锋，王建明，王鸿晓. 有机硅改性丙烯酸酯的合成及应用[J]. 应用化工，2009，38(2)：236－239.

68. 李玉平，陈巧智，张润阳等. 互穿网络型纳米 SiO_2/聚丙烯酸酯复合乳液的研制及表征[J]. 湖南大学学报：自然科学版，2007，34(10)：70－73.

69. 郭俊晶，李树安，伏广龙. 有机硅改性丙烯酸树脂涂料的乳液制备及性能研究[J]. 甘肃科技，2007，23(11)：79－81.

70. 石正金，潘守伟. 一种高附着力丙烯酸酯密封胶的制备[J]. 中国建筑防水，2012(6)：11－13.

71. 李峥，徐祖顺，路国红. 聚丙烯酸酯乳液胶黏剂在建筑行业的应用[J]. 中国胶粘剂，2013，22(4)：52－55.

72. 陈泉良,李坤,宋歌等.有机硅改性丙烯酸酯乳液的研究进展[J].广东化工,2013,20(11):61－62.

73. 高磊,杨俊华.有机硅改性聚合物的新进展[J].化工新型材料,1999(4):15－17.

74. 张宝莲,于双武,魏冬青等.有机硅改性丙烯酸酯乳液的合成及其性能研究[J].涂料工业,2008,38(2):1－7.

75. 侯峰,王建明,王鸿晓.有机硅改性丙烯酸酯的合成及应用[J].应用化工,2009,38(2):236－239.

76. Ahmed Akelah,Abdelsamie Moet. J Appl pdym Sci:Appl Polym Sym,1994,55:153－172.

77. 周建华,张琳,陈超等.有机硅及纳米二氧化硅改性聚丙烯酸酯无皂乳液的合成和性能[J].精细化工,2010,27(5):480－485,490.

78. 李敬讳,夏宇正,石淑先等.原位水解法聚丙烯酸酯纳米二氧化硅复合乳液的性能研究[J].胶体与聚合物,2002,20(4):24－27.

79. 周建华,张琳,陈超.纳米二氧化硅改性硅丙无皂乳液稳定性影响因素研究[J].涂料工业,2010,40(7):37－41.

80. 申欣,王卫.纳米二氧化硅改性水性木器乳液的研究[J].化工新型材料,2005,33(4):39,59－60.

81. 李敬玮,夏宇正,石淑先等.原位水解法聚丙烯酸酯/纳米二氧化硅复合乳液的性能研究[J].胶体与聚合物,2002,20(4):24－27.

82. 杨冬玲,凌爱莲,白金泉等.纳米 SiO_2/聚丙烯酸酯复合乳液的合成和性能[J].化学与粘合,2005,27(4):214－217.

83. 彭二英,王平华,李凤妍等.苯丙乳液最低成膜温度的影响因素分析[J].上海涂料,2008,46(1):1.

84. 揭芳芳.核壳型苯丙微乳液的合成与性能研究[D].重庆:重庆大学化学化工学院,2007.

85. Jaromir Snuparek,Otakar quadrat,Jiri Horsky. Effect of styrene and methylmethacrylate comonomers in ethyl acrylate/methacrylic acid latex on particle alkali－swellability,film formation and thickening with associative thickeners[J]. Progress in Organic Coatings,2005(54):101.

86. 冯丽欣,刘方方.降低苯丙聚合物乳液最低成膜温度的途径[J].河北化工,2002(6):13.

87. 周诗彪,余彬,张维庆等.苯乙烯改性丙烯酸酯乳液压敏胶的研制[J].化工中间体,2008,2:7－10.

88. 黄璐,朱希,蔡再生.苯乙烯改性丙烯酸酯类乳液黏合剂的制备及热性能分析[J].印染助剂,2011,28(12):19－21.

89. 裴世红,陶洋,王丽丽等.丙烯酸酯乳液的改性研究与发展状况[J].化工新型材料,2011,39(7):8－9,34.

90. 胡国文.蓖麻油和环氧树脂改性水性聚氨酯——丙烯酸酯的合成与表征[J].精细化工,2011,28(8):812－817.

91. 王艺峰，蒋颜平，陈艳军. 环氧树脂改性丙烯酸酯共聚物复合乳液的合成及性能研究[J]. 化学建材，2009，25(6)：7－9.

92. 裴世红，陶洋，王丽丽等. 环氧改性丙烯酸酯乳液制备工艺的优化[J]. 新型建筑材料，2012.8：28－31.

93. 旷云香，赵京香. 聚氨酯复膜胶在高温蒸煮袋中的应用[J]. 塑料包装，2008，18(5)：42－44.

94. 蔡彦，阮家声，左向阳等. 高固含量低黏度耐蒸煮复膜胶的合成研究[J]. 粘接，2008(5)：17.

95. 李胜华，姜云刚，冯小平等. 塑/塑复合用水性复膜胶的研制[J]. 中国胶粘剂，2010，19(2)：42－44.

96. 张磊，李彬，孙学武等. 聚氨酯型反应性乳化剂改性丙烯酸酯的合成及应用[J]. 安徽化工，2011，37(5)：40－47.

97. 王玉春，陶莉俊，刘炳增. 聚氨酯改性丙烯酸酯水性塑/塑复膜胶的研制[R]. 研究报告及专论，2012.2：36－39.

98. 陈华林，刘白玲，罗荣. 丙烯酸酯乳液聚合的最新进展及其改性[J]. 西部皮革，2007，29(2)：18－22.

99. Takashi Takayanagi，Masaaki Yamabe. Progress of fluoropolymers on coating applications development of mineral spirit soluble polymer and aqueous dispersion[J]，Progress in Organic coatings，2000，40：185－190.

100. 陈美玲，徐丽敏，丁凡等. 有机氟改性丙烯酸树脂的合成及研究[J]. 化工新型材料，2010，38(10)：113－115.

101. 林义，余自力，徐彬. 含氟丙烯酸酯三元共聚乳液的制备及表征[J]. 高分子材料科学与工程，2005，21(5)：63－66.

102. Tanaka H，Kuwamura S，Yosino F. Manufacture and utilization of aqueous core shell fluoroploymer coating emulsion[P]. JP 0656944，1994.

（周诗彪供稿）

实验5　阳离子型聚丙烯酰胺絮凝剂制备实验设计

（7课时 适用于材料科学与工程专业）

一、相关知识

聚丙烯酰胺的酰胺基可与许多物质亲和，通过大分子上的电荷与粒子上的反电荷间的静电吸引作用，吸附形成氢键，在被吸附的粒子间形成“桥联”，使数个甚至数十个粒子连接在一起，生成絮团，加速粒子下沉。而在聚丙烯酰胺大分子链上引入离子基团做成阳离子型或阴离子型聚丙烯酰胺，可获得更佳的使用效果。

阴离子型聚丙烯酰胺由于具有良好的粒子絮体化性能，更宜于用在矿物悬浮物的沉降分离。阳离子型聚丙烯酰胺的相对分子质量通常比阴离子型或非离子型的相对分子质量低，其絮凝作用主要是通过电荷中和作用，即絮凝带负电荷的胶体，具有除浊、脱色等功能，适用于有机胶体含量高的废水，如染色、造纸、食品、水产品加工与发酵等处理。

二、实验目的

1. 进一步理解聚合反应原理。
2. 训练学生进行聚合配方、聚合反应条件等方面设计与确定的能力。
3. 提高相关聚合方法操作技能。

三、实验原理

阳离子型聚丙烯酰胺大多是通过丙烯酰胺与阳离子单体自由基共聚得到。常用的阳离子单体有：乙—丙烯酰氧基乙基三甲基氯化铵、N，N—二甲基丙烯酰氯乙基丁基溴化铵、二烯丙基二甲基氯化铵、苯胺盐酸盐、水溶性氨基树脂、硫脲盐酸盐、乙烯基吡啶盐等。

共聚物相对分子质量越大，阳离子含量较高，絮凝效果越好。提高相对分子质量的方法有调节引发剂、单体、链转移剂用量，控制反应温度及选择聚合方法等。设计丙烯酰胺—二烯丙基二甲基氯化铵共聚合实验方案；丙烯酰胺与二烯丙基二甲基氯化铵的竞聚率，$r_1=1.95$，$r_2=0.30$。

四、试剂与仪器

1. 主要试剂

单体：丙烯酰胺，聚合级；二烯丙基二甲基氯化铵，聚合级。引发剂：根据聚合方法选择相应的引发剂。

2. 主要仪器

根据设计选择工艺方法，选择相应仪器。

五、实验设计

1. 丙烯酰胺—二烯丙基二甲基氯化铵共聚物的自由基水溶液聚合目标产物

丙烯酰胺—二烯丙基二甲基氯化铵阳离子絮凝剂，聚合机理及聚合方法：自由基无规共聚，采用溶液聚合。

反应装置：500 mL 带搅拌、测温、加料孔的反应瓶，要求装料系数 60%～70%。

聚合配方：二烯丙基二甲基氯化铵含量 30%～35%(质量分数)，水/单体＝70～60/30～40(质量分数)，引发剂采用过硫酸铵，其用量为单体量的 0.03%～0.05%。

聚合工艺参数：反应温度 55～65 ℃，搅拌速率约 120 r/min，反应时间 3 h。

要求：根据提示设计出具体聚合配方；确定聚合装置及主要仪器，画出聚合装置简图；制定工艺流程，画出工艺流程框图；确定聚合工艺条件，给出具体操作步骤；计算转化率，并对实验结果、实验过程现象变化等进行分析讨论。

2. 丙烯酰胺—二烯丙基二甲基氯化铵共聚物的自由基反相乳液聚合

目标产物：丙烯酰胺—二烯丙基二甲基氯化铵阳离子絮凝剂。

聚合机理及聚合方法：自由基无规共聚，采用反相乳液聚合法。

反应装置：500 mL 带搅拌、测量、加料孔的反应瓶，装料系数 60%～70%。

聚合配方：二烯丙基二甲基氯化铵含量 30%～35%(质量分数)；有机溶剂/单体＝70～60/30～40(质量分数)，氯化剂为单体量的 0.10%～0.25%，还原剂为单体量的 0.01%～0.1%，乳化剂为单体量的 2%～3%。

聚合工艺参数：反应温度为 45～50 ℃，搅拌速率约 120 r/min，反应时间 3 h。

要求：根据上述配方提示，设计出具体的聚合配方；确定聚合装置及主要仪器，画出聚合装置简图；确定工艺流程，画出工艺流程框图；确定具体的聚合工艺条件，拟定具体的操作步骤；计算转化率，并对实验结果、实验过程现象变化等进行分析与讨论。

(周诗彪供稿)

实验 6　石膏基复合材料制备与应用研究

（12 课时 适用于材料科学与工程、应用化学专业）

一、相关知识

石膏胶凝材料是传统的三大胶凝材料之一，是一种多功能的气硬性胶凝材料，其原料可用天然石膏和工业副产物石膏。石膏材料相比之下凝结速度快，生产周期短，容易实现大规模化生产。其质量轻，防火，并具有一定的隔声、保温和呼吸功能，被公认为是一种生态、健康建材。在应用方面，许多国家已经将纸面石膏板大量用于室内非承重隔墙和吊顶，石膏纤维板、石膏刨花板、石膏砌块的用量也在增长，内墙、顶板抹灰和地面找平也比较普遍地采用粉刷石膏和自流平石膏。我国从 20 世纪 70 年代开始系统地研究开发石膏建筑材料，目前，纸面石膏板在公用建筑中已经得到广泛应用；装饰石膏板在中小城市应用较多。我国石膏储量世界第一，种类繁多，但是生产能力至少还有一半尚未发挥出来。另外，石膏是一种脆性材料，强度不高且其抗渗性、抗震性较差，这也限制了石膏的应用。因而，改善石膏材料的性能，拓宽其应用领域，具有十分重要意义。

高强度石膏粉是由二水石膏通过饱和蒸气介质或在某种盐类及其他物质的水溶液中进行热处理所获得的一种 α—半水石膏的变体。与水作用后进行的化学反应可用下式表示：

$$CaSO_4 \cdot 0.5H_2O + 1.5H_2O = CaSO_4 \cdot 2H_2O + 11.17 - 19.26\ kJ$$

这是一个放热反应，其凝结过程可分为水化和硬化两个过程。

聚乙烯醇(PVA)是一种高强高弹模合成纤维，具有良好的亲水性，水溶性很好，与水泥基体的黏接性能很好，邓宗才等人用 PVA 增强混凝土得到了很好的效果。PVA 不但可以有效地抑制混凝土早期的塑形裂缝，而且可以提高混凝土的韧性和抗冲击性能，同时改善混凝土的抗渗性、抗冻性、耐磨性能从而提高了混凝土的耐久性。将 PVA 应用在石膏基体上以改善石膏的性能，有关此方面的报道尚不多见。

白乳胶学名为聚醋酸乙烯酯乳液，它的黏接性能好，干燥快，防水性能好，是一种常用的黏合剂。沈新元将用白乳胶掺入水泥混凝土中，使混凝土更易成型，与普通混凝土相比，白乳胶改善混凝土抗渗强度、抗压强度、抗折强度、耐腐蚀性能等得到了提高和改善；另外，白乳胶也广泛用在木材加工上，是综合性能很好的黏合剂。

木屑或秸秆等天然植物纤维，在农业生产或加工的过程中，大部分被焚烧或者利用率很低，不仅浪费，而且还很污染环境。将它们作为轻质的填充料或者纤维增强材料用于石膏复合材料中，在许多的报道上可以见到。张显权等人探讨了以麦秸和石膏为原料制作石膏复合板的工艺。骆嘉言等人用石膏和木屑为原料，采用热压法制作石膏复合板，得到了强度较高的石膏复合板。

以高强石膏粉、PVA、白乳胶、木屑为原料制作的石膏基复合材料，充分利用了国内丰富的资源、农业剩余物以及廉价化工原料，不仅可以改善石膏的性能，而且将其利用在取代纸质烟花发射座和制作高强度板材上，也拓宽了石膏的应用领域，生产符合节能环保的要求，具有良好的应用前景。目前为止，也很少见到关于制作这种复合材料和其取代纸质烟花发射座制作流程的报道。

二、实验目的

1. 了解石膏改性的方法、途径；
2. 掌握石膏复合材料的制备方法及石膏复合材料的测试表征方法；
3. 设计并制备具有优良性能、可用作花炮发射架的专用石膏复合材料；
4. 探讨用石膏复合材料制备花炮发射架的工艺。

三、试剂与仪器

1. 药品

聚乙烯醇，分析纯，湖南湘中精细化学品厂；T－1 耐水快干乳胶，长沙宏达化工厂；高强度石膏粉，湖南临澧；凡士林，木屑等。

2. 仪器

电子天平，北京塞多利斯仪器系统有限公司；PTHW 型电热套，河南巩义市英欲予华仪器厂；电热恒温干燥箱，上海跃进医疗器械厂；JJ－1 电动调速定时搅拌器，中国江苏常州奥森电器有限公司；XJJ－50 简支梁冲击实验机，承德衡通实验检测仪器有限公司；氧化铝纱布，NO. 60(2＃)，中国镇江大鹏磨具有限公司；常用磨口玻璃仪器一套，长沙玻璃仪器厂；游标卡尺，一次性塑料杯，烧杯，量筒，玻璃棒，小刀等。

四、实验参考方法

1. 石膏模具的制作

利用高强度石膏粉与水调和，制作如图 6.1 所示的石膏模具；干燥后，用氧化铝砂布将其打磨至光滑，内部槽规格为 250 mm×13 mm×13 mm。以凡士林作为脱模剂，均匀地涂抹在石膏模具的内壁以及底部垫板上。

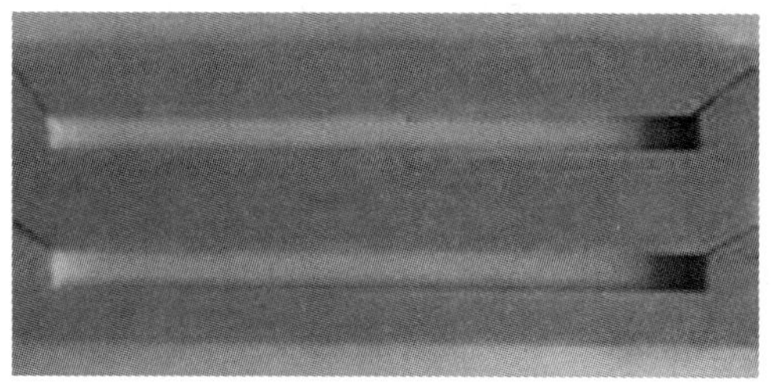

图 6.1　石膏模具的结构

2. 复合材料的制备

按照实验方案，各组分在规定的比例下成型，脱模后，试样均在室温条件下养护 5 d，然后在温度为 55 ℃的恒温箱中烘干至恒重。制备过程具体如下：

(1) 木屑处理。将锯木厂得到的木屑，经过粉碎机粉碎，过筛两次，选取20目左右的木屑；称取定量的木屑，冷水浸泡充分，纱布过滤，沥干，备用。

(2) PVA溶液的制备。称取一定量的PVA放入三颈瓶中，加入定量的水浸泡1 h左右；水浴加热至90 ℃左右，在搅拌的条件下保温1 h，至PVA全部溶解。

(3) 物料的混合。将溶解好的PVA溶液倒入烧杯中，用差量法称取一定量的白乳胶于烧杯中，趁热搅拌均匀，并将沥干的木屑加入其中，充分搅拌均匀。称取100 g高强度石膏粉，在搅拌的条件下加入烧杯中，记录时间为t_0，充分搅拌均匀。将所得的复合料迅速地浇注到模具槽内，用玻璃棒将其杆平，稍微振动，使其均匀地充满模具中，剩余的复合料全部倒入一次性杯中，振动，使其水平铺开，可得到复合料的体积V。

(4) 试样的干燥。根据杯中的复合料与杯壁的黏结情况，当杯壁与复合料之间可以剥离时，记录下时间t_1。将模具中的试样S和杯中的复合块P脱模后，在室温条件下保养5 d，再转入到恒温干燥箱中，在55 ℃条件下干燥5～6 h，至两次称重差不超过0.1 g。称量干燥后复合块P的质量M。

脱模时间：$t(\text{min})=t_1-t_0$，　质量密度：$r(\text{g/cm}^3)=M/V$

(5) 复合材料试样的处理及强度测试。用氧化铝砂布将干燥好的试样S的毛边以及毛刺打磨掉，得到规格为125 cm×13 cm×13 cm的试样，用XJJ－50简支梁冲击实验机测试其抗冲击性能，取平均值，得到其平均强度。

3. 正交实验方案、数据及处理结果

上述性能测试，每组试样S个数为3，实验结果取算术平均值。考虑到物料组分比对石膏复合材料的影响，采用正交表$L_{16}(4^4)$安排实验，实验方案和结果见表6.1，数据处理见表6.2，其中，表6.1为对照实验组数据。

4. 花炮发射座的制作工艺

传统组合烟花类花炮发射座的制作材料是纸和黄泥，通过将多层纸张粘贴、滚筒后形成纸筒，将纸筒底部填入黄泥，在纸筒的固定高度钻孔穿插连接引线，再将纸筒相互黏接成捆后制成多口花炮发射座。纸张的生产一方面要消耗大量的天然木材和水资源，另一方面生产过程中要产生大量废水，对环境造成严重污染；与此同时在花炮筒的制作过程中，需要进行大量的手工操作，生产效率较低，人为操作过多也会影响质量，从而带来花炮产品使用过程中的不安全性。利用石膏基复合材料制作烟花发射座，可以从根本上解决烟花生产过程中有造纸污染而产生的一系列污染问题，由于其制作简单，对提高烟花生产率、降低生产成本、保护环境、拓宽石膏应用领域等有着重大的意义。

选取S3、S8、S11、S16试样配比制作烟花座，选择一次成型和二次成型的制作流程，制作内径为25～32 mm、高度为150～220 mm、筒间间隔为3～7 mm的烟花发射架。

(1) 制作流程

一次成型流程：

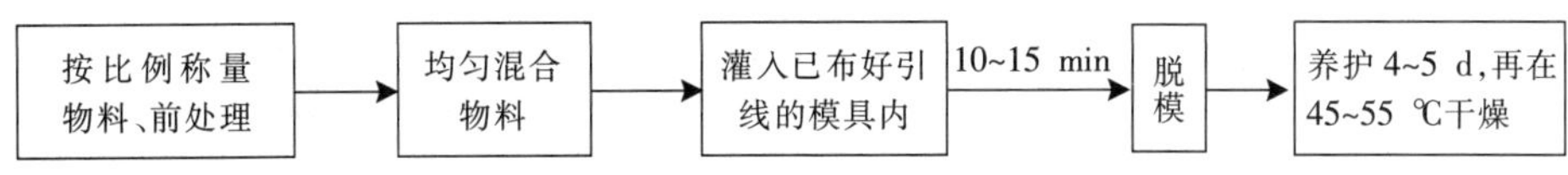

二次成型流程：

通筒的制作：

布线与加底：

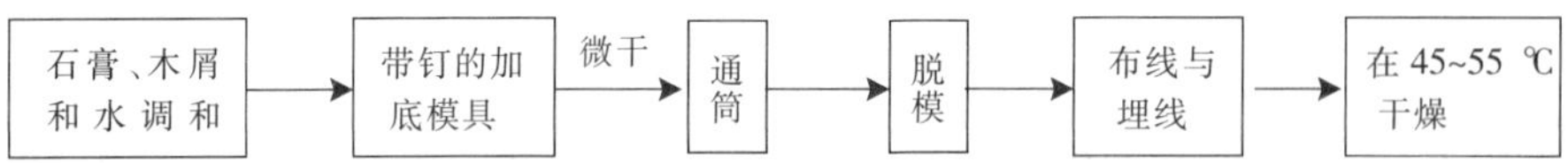

(2) 烟花发射座视图

烟花发射座视图，如图 6.2 所示。

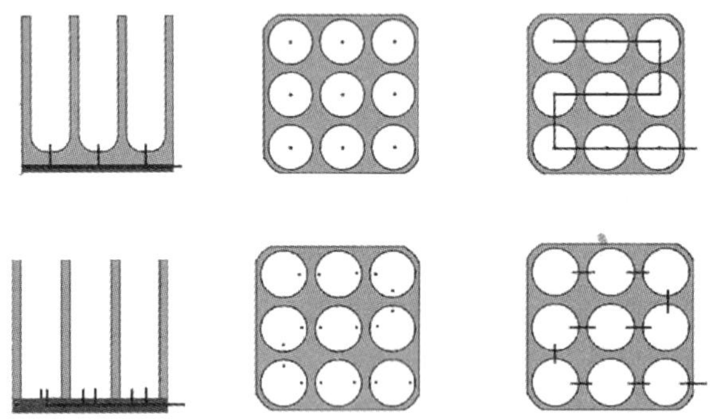

图 6.2　烟花发射座视图

注：上、下分别为两种不同的布线方式。

(3) 实物图

烟花发射座实物图，如图 6.3 所示。

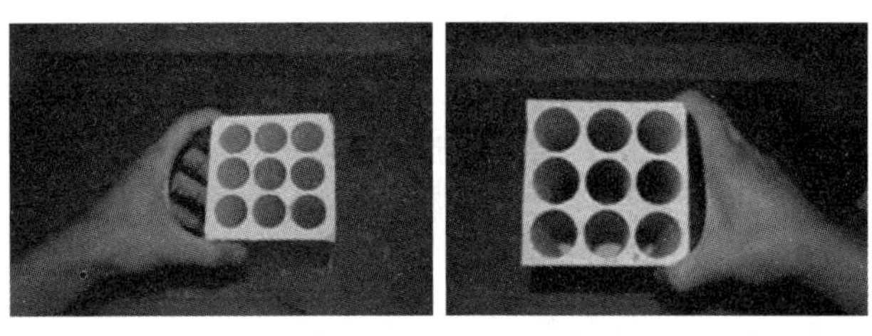

(a) 孔径为 25 mm 的烟花发射座　(b) 孔径为 32 mm 的烟花发射座

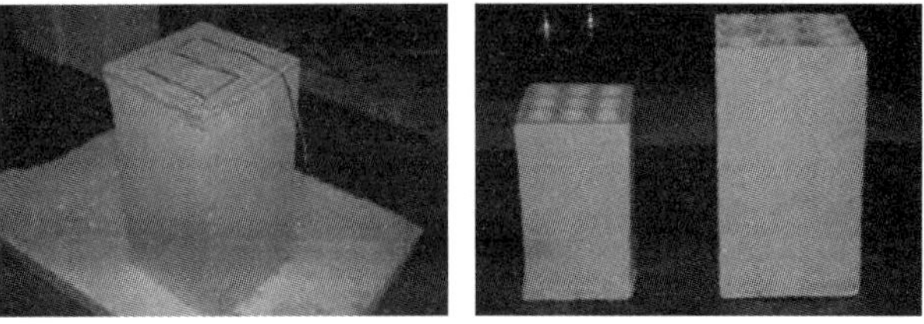

(c) 布线　(d) 粗成品

图 6.3　烟花发射座实物图

五、分析与讨论

1. 脱模时间的影响

脱模时间与初凝时间密切相关，是胶凝材料至关重要的一项性能指标，时间过短和过长都不利于实现工业生产，过短则不利于工业操作，过长则严重影响生产率。因此，研究各组分比对脱模时间的影响显得尤为重要。

表 6.1　正交实验设计表

试样编号	水平因素				脱模时间 (min)	密度 (g/cm^3)	平均强度 (J)
	水灰比 (%)	醇灰比 (%)	胶灰比 (%)	木灰比 (%)			
S1							
S2							
S3							
S4							
S5							
S6							
S7							
S8							
S9							
S10							
S11							
S12							
S13							
S14							
S15							
S16							

2. 质量密度的影响

木屑对复合材料的质量密度的影响最大，其次就是水的用量。由于 PVA 和白乳胶用量本来较小，对复合材料的质量密度影响不大。

(1) 木屑属于天然的轻质材料，在本实验中主要用轻质填充材料，故可以减少复合材料的质量密度，以降低运输过程中的成本。

(2) 水主要是在结晶过程中由于来不及扩散或者与 PVA 上的羟基有氢键作用，从而使水在石膏凝结过程中被包裹在石膏晶体内部，当加热干燥的时候，水分从内部蒸发，从而导致内部形成空隙，使复合材料的质量密度下降。

表 6.2 正交实验数据分析结果

水平因素		1	2	3	4	极差
脱模时间(min)	水灰比					
	醇灰比					
	胶灰比					
	木灰比					
质量密度(g/cm^3)	水灰比					
	醇灰比					
	胶灰比					
	木灰比					
平均强度(J)	水灰比					
	醇灰比					
	胶灰比					
	木灰比					

3. 平均强度的影响

强度是复合材料最主要的性能之一。由于受到实验条件的限制，本实验只对石膏基复合材料的抗冲击性能进行测试。

(1) 水对抗冲击强度的影响可能主要与复合材料中二水石膏的含量和空隙率有关。结晶过程中，二水石膏的含量又与半水石膏和水作用的程度有关，当水的含量低于理论用量时，二水石膏含量也会低于理论值，从而会导致强度的降低。当水的含量高于理论用量时，石膏结晶过程中就会有部分水分被包裹在石膏晶体中，干燥后导致空隙率增加，从而导致强度的下降。由于程度非常有限，所以对材料强度的影响不是很大。

(2) PVA 是含有羟基的高聚物，与水的亲和性能好，在石膏与水作用结晶过程中，其分子链可以穿梭在晶体中，起到纤维增强的作用；另外，在 55 ℃左右的温度下干燥时，表层的 PVA 可以形成一层高分子膜，起到增韧的效果，从而可以改善石膏的脆性，提高复合材料的抗冲击强度。

(3) 白乳胶作为一种不溶于水的胶黏剂，且与石膏的黏接性能较好，在石膏的结晶过程中，部分以胶团的形式包裹在晶体中，影响强度；部分与溶液分离沉积在底部，脱模干燥后形成致密的胶膜，提高石膏材料的耐水性，微弱地增强石膏的强度。

(4) 木屑对复合材料的性能影响非常复杂。浸润的木屑与石膏相互作用，石膏可以扩散到木屑的空隙中，在凝结的过程中，石膏作为无机胶凝剂，木屑作为石膏的整体被凝结在晶体的空隙中，与木屑纤维之间产生较强的交织力；在断裂的过程中，必须使木质短纤维拔出或者使其断裂，从而起到短纤维增强的效果，提高试样的抗冲击强度。当木灰比例较小的情况时，不会因为木屑的取向而产生较大的晶体缺陷，从而不会导致材料的强度大幅度降低，因此低含量的木屑基本上不会影响试样的强度。当木灰比较大时，木屑在石膏中不能很好地分散，是木屑在石膏凝结过程中以“微团”的形式存在，使试样存在较大的缺陷，从而导致试样的抗冲击强度降低。

附录3　参考文献

1. 陈燕，岳文海. 石膏建筑材料(第2版)[M]. 北京：中国建材工业出版社，2012.

2. 陈福广. 新型墙体材料手册(第2版)[M]. 北京：中国建筑工业出版社，2001.

3. 陈士英，邓平. 非木材植物纤维生产石膏刨花板的适应性[J]. 林产工业，1992，5(1)：36－42.

4. 周大勇，张显权，李小宇等. 纸面稻草/石膏复合板的应用性能研究[J]. 新型建筑材料，2010，37(1)：11－12.

5. 黎良元，石宗利. 石膏基复合材料性能影响因素的研究[J]. 新型建筑材料，2007(05)：1－3.

6. 李国忠，于衍真，王志等. 植物纤维增强石膏复合材料的微观结构研究[J]. 复合材料学报，1997，14(3)：72－76.

7. 骆嘉言，韩振华，邓玉和等. 石膏木屑板制作中工艺影响因子分析[J]. 南京林业大学学报，2008，32(5)：89－94.

8. 邓宗才，薛会青，李朋远. PVA纤维增强混凝土的弯曲韧性[J]. 南水北调与水利科技，2007，5(5)：139－141.

9. 张显权，韩景泉，周大勇等. 麦秸预处理方式对麦秸－无极胶凝复合材料的影响[J]. 东北林业大学学报，2010，38(2)：45－46，57.

10. 张显权，韩景泉，刘一星等. 麦秸/石膏复合材料的工艺研究[J]. 林产工业，2010，37(03)：26－30.

11. 沈新元. 白乳胶水泥混凝土路用性能研究[J]. 公路工程与运输，2008(05)：94－96.

12. 杜修力，田予东，李晓欣等. PVA纤维高强混凝土的力学性能实验研究[J]. 混凝土与水泥制品，2008(04)：46－49.

13. 郝爱平，周诗彪，陈贞干，陈勇等. 大口径石膏复合材料制作的组合烟花类花炮发射座. 中国专利，ZL200920065778.5，授权时间，2010.6.9.

14. 韩敏芳. 非金属矿物材料制备与工艺[M]. 北京：化学工业出版社，2004.

15. 王裕银，刘民荣，高子栋等. 碱处理对秸秆纤维石膏基复合材料力学性能的影响[J]. 新型墙材，2009(11)：38－40.

16. J M Hodgkinso. Mechanical Testing of Advanced Fibre Composites[M]，Woodhead Publishing Limited，2000.

17. Manjit Singh，Mridul Garg. Rearding action of various chemicals on setting and hardening characteristics of gypsum plaster at different PH[J]. Cement and Concrete Rersercher，1997，27(6)：947－950.

（周诗彪供稿）

实验 7　尼龙－6/纳米粒子复合材料制备及其性能研究

（10 课时 适用于材料科学与工程专业）

一、相关知识

尼龙－6（PA6）具有优良的综合性能，强度高于金属，且质量低于金属数倍，是一种应用广泛的工程材料。它具有良好的机械性能、耐热性、耐磨损性、耐化学性及自润滑性，且容易加工，摩擦系数低，广泛应用于汽车、电子电器、包装、机械、运动休闲及日用品领域。但 PA6 存在在干态和低温下冲击强度低、吸水率大等缺陷，从而影响了其制品尺寸稳定性和电性能，限制了它的应用范围。

随着科学技术的不断进步，各种应用领域尤其是汽车制造业、电子工业、航空工业等对工程材料性能的要求（如强度、热稳定性等）越来越高，PA6 自身的优点已远远不能满足要求，因此它的改性研究日益受到人们的重视。PA6 通常的改性多采用橡塑共混合化学扩链的方法，而近年来采用纳米粒子制备 PA6 纳米复合材料的研究十分活跃。原位聚合法、熔融共混法、溶液共混法是制备纳米复合材料常用的方法，而原位聚合法有利于制备性能更优异的纳米复合材料。

本实验旨在制备 PA6/纳米粒子复合材料，探讨不同纳米粒子对 PA6/纳米粒子复合材料性能的影响。

二、实验目的

1. 了解纳米粒子的特性及其应用；
2. 掌握纳米复合材料的制备方法及其测试表征方法；
3. 设计并制备具有优良性能的尼龙－6/纳米粒子复合材料。

三、试剂与仪器

1. 主要试剂

原料	级别	产地
己内酰胺	化学纯	国药集团化学试剂有限公司
浓硫酸	分析纯	株洲石英化玻有限公司
浓硝酸	分析纯	株洲石英化玻有限公司
氢氧化钠	分析纯	天津市风船化学试剂科技有限公司

续表

原料	级别	产地
己二酸	分析纯	天津市化学试剂公司
无水乙醇	分析纯	长沙安泰精细化工公司
甲酸	分析纯	天津韦斯实验用品有限公司
纳米二氧化硅	分析纯	浙江舟山明日纳米材料有限公司
纳米二氧化钛	工业级	浙江舟山明日纳米材料有限公司
多壁碳纳米管	工业级	深圳市比尔科技发展有限公司
硅烷偶联剂 KH－55 钛酸	工业级	北京市申胜硅烷偶联剂厂
酯偶联 TC－50	化学纯	安徽省泰昌化工有限公司

2. 仪器设备

仪器	产地
CL－4A 型磁力加热搅拌器	郑州长城科工贸有限公司
傅立叶变换红外光谱仪 Nicolet370 型	美国尼高力仪器公司
BS3005－O 电子天平	北京赛多利斯天平有限公司
YW－1 型远红外电热干燥箱	江苏省东台市电器厂
KQ5200B 超声波清洗机	昆山市超声仪器有限公司
循环水式真空泵	河南巩义市英峪豫华仪器厂
YL501 型超级恒温水浴器	上海跃进医疗器械厂
旋转蒸发仪 R－1001N	郑州长城科工贸有限公司
X－5(控温型)显微熔点测定仪	北京泰克仪器有限公司
微机控制电子万能实验机 XWW－20KN	承德衡通实验检测仪器有限公司
平板硫化机 XLB25－D	浙江双力集团湖州星力橡胶机械制造公司
数显显微测硬计 HVS－1000	上海研润光机科技有限公司

四、实验参考方法

1. 纳米材料的表面处理

纳米二氧化硅的表面处理：

取 10 g 纳米 SiO_2 粉体放入 100 mL 硅烷偶联剂处理液(无水乙醇/去离子水/硅烷偶联剂质量比 90/5/5)中，在 80 ℃下搅拌回流 8 h，获得纳米 SiO_2 颗粒的混合液，烘干研细。

纳米二氧化钛的表面处理：

取 10 g 纳米 TiO_2 粉体和 80 mL 浓度为 3%的钛酸酯偶联剂的乙醇溶液，振荡使之充分润湿。搅拌回流，将处理好的试样烘干研细。

碳纳米管的表面处理：

取 10 g 碳纳米管加入 80 mL 浓硫酸、20 mL 浓硝酸，磁力搅拌 30 min 后移入 50 ℃超声波中处理 30 min，反复进行两次，将酸化后的溶液倒入三口烧瓶中进行回流处理，在温度 80～90 ℃下回流 1 h，将溶液反复冲洗至中性，然后微孔过滤，将过滤后的碳纳米管干燥后再在真空烘箱中干燥 24 h。

2. PA6 纳米复合材料的制备

取 20 g 己内酰胺加入三口瓶中，按质量比 m(己内酰胺)∶m(浓硫酸)∶m(蒸馏水)∶m(己二酸)为 100∶5∶3∶2 的比例，依次加入三口瓶中。加热熔融，按一定比例取纳米 SiO_2 处理粉末(纳米 TiO_2 处理粉末、碳纳米管处理粉末)80 ℃下超声波振荡处理 30 min，再将总的混合液转入反应釜，通入氮气，开启搅拌，以大约 5 ℃/min 的升温速率升温到 230 ℃，反应 5 h 后出料，制得 PA6 纳米复合材料。试样中纳米 SiO_2(纳米 TiO_2、碳纳米管)的质量分数分别是 0%，1%，3%，5%。所有试样在 110 ℃下真空干燥以备测试表征使用。

3. 红外光谱测试

将处理过的纳米 SiO_2、纳米 TiO_2、碳纳米管、PA6 纳米复合材料在红外干燥箱内干燥，再分别与溴化钾按质量以 1∶100 的比例研磨，待研磨成极细的粉末之后压片。将压好的片进行红外表征测试，并进行红外谱图分析。

4. 软化温度测试

取少量的 PA6 纳米复合材料置于 X－5 型显微熔点测定仪的载玻片上，盖好盖玻片，置于显微镜下。调节显微镜的高度，以便找到清晰的图像。再开启热源，待测物开始软化，记录仪表上的温度，等到其完全熔化时记录温度值。

5. 拉伸强度测试

取纳米复合材料放于平板硫化机两铁板之间，将温度加到 210 ℃，压力调整到 18 MPa 开始压物块，待物块熔化后缓慢冷却。取出膜片，用剪刀剪成长 100 mm，宽 10 mm，厚 2 mm 的哑铃状薄片，将薄片夹在微机控制电子万能实验机上，测试拉伸强度。

6. 硬度测试

取形状较规则的纳米复合材料置于数显显微测硬计的载物台上并固定好，调整载物台的升降，直至目镜中能清晰成像。转动镜头使压头对准待测样，然后调节砝码使实验力 F 为 2.942 0 N，按启动键开始测试。测试完毕，转动镜头，使物镜对准纳米复合材料，从目镜中观察压痕。调节显微旋钮测得压痕的范围，得出维氏硬度 HV。

7. 电镜及 DSC 分析测试

按相关要求备样，并按相关规程测试分析。

五、研究内容及结果与讨论

1. 纳米粉末用量对软化温度的影响。
2. 纳米粉末用量对拉伸强度的影响。
3. 纳米粉末用量对硬度的影响。
4. 红外谱图分析。
5. 复合材料相态分析。

附录 4　参考文献

1. Daniel Crespy,Katharina Landfester. Anionic polymerization of ε－Caprolactam in miniemulsion:synthesis and characterization of polyamide－6 nanoparticles[J]. Macrom－olecules. 2005,38:6 882－6 887.

2. A Demicheli,S Russo,A Marianib. Synthesis and characterization of ε－caprolactam－L－phenylalanine copolymers[J]. Polymer,2000,41:1 481－1 486.

3. Laura Ricco,Orietta Monticelli,Saverio Russo,et al. Fast－Activated Anionic Polymerization of ε－caprolactam in suspension. Macromol[J]. Chem Phys,2002,203:1 436－1 444.

4. R Mateva,P Petrov,S Rousseva,et al. On the structure of poly－ε－caprolactams, obtained with bifunctional N－carbamyl derivatives of lactams[J]. European Polymer Journal,2000,36:813－821.

5. Laura Ricco,Saverio Russo,et al. Caprolactam－laurolactam copolymers:fast activated anionic synthesis, thermal properties and structural investigations[J]. Macromol. Chem Phys,2001,202:2 114－2 121.

6. 李兴田. 聚酰胺 6 纳米复合材料的新进展[J]. 化学工业与工程技术,2001,22(2):29－30.

7. 周志华,曾海林,高超等. 原位缩聚法制备碳纳米管/尼龙 11 复合材料[J]. 高分子学报,2008(2):188－191.

8. 李宏伟,高绪珊,童俨等. 原位聚合法制备尼龙 6/多壁碳纳米管复合材料及其结晶行为[J]. 现代化工,2006,2(26):105－108.

9. 贾志杰,王正元,徐才录. 原位聚合法制取碳纳米管/尼龙 6 复合材料[J]. 清华大学学报,2000,4(40):14－16.

10. Gao J B,Zhao B,Nikhail E Itkit. Chemical Engineering of the Single－Walled Carbon Nan tube Nylon－6 Interface[J]. J Am Chem Soc,2006,128(23):7 492－7 496.

11. 王国建,鲍磊,程思等. 尼龙 6/碳纳米管复合材料分散性与结晶性能的研究[J]. 工程塑料应用,2007,10(35):26－30.

12. 魏珊珊,张平,王霞瑜. 尼龙 6/纳米 SiO_2 复合材料力学性能研究[J]. 湘潭大学自然科学学报,2002,24(4):42－44.

13. 赵才贤,张平,袁军等. 尼龙 6/纳米 SiO_2 纳米复合材料的动态力学性能研究[J]. 湘潭大学自然科学学报,2005,27(1):106－111.

14. 黄丽丹,林志勇,钱浩. 尼龙 6/纳米复合材料研究进展[J]. 工程塑料应用,2005,33(2):64－66.

15. 李莹，于建，郭朝霞. 原位聚合法制备尼龙 6/纳米 SiO_2 复合材料研究[J]. 工程塑料应用，2002，30(9)：7－11.

16. 宋胜梅，曾瑞，谢惠定等. 纳米二氧化钛的特性及应用[J]. 化工时刊，2001，(5)：22－25.

17. 张梅，杨绪杰，陆路德等. 纳米 TiO_2——一种性能优良的光催化剂[J]. 化工新型材料，2000，28(4)：11－13.

（周诗彪供稿）

实验8　丙烯酰胺氧化—还原体系反相乳液聚合研究

（8课时 适用于材料科学与工程专业）

一、背景知识

聚丙烯酰胺(Polyacrylamide,PAM)是一类重要的水溶性高分子聚合物，它是丙烯酰胺均聚物和各种共聚物的统称，工业上将含有50.0%以上AM单体的聚合物通称为PAM。PAM产品主要有三大剂型：水溶性胶体、粉状和乳液，这些聚合物可以是均聚物，也可以是共聚物。PAM根据其官能团在水溶液中离解后所带电荷性质的不同可分为非离子型(NPAM)、阴离子型(HPAM)、阳离子型(CPAM)、两性离子型4大类。

PAM常温下为坚硬的透明固体，溶于水后呈清澈透明状，低毒，具有良好的热稳定性，具有优良的增稠、絮凝、沉降等功能，是现代水溶性合成高分子聚电解质中最重要的品种之一，广泛应用于石油开采、污水处理、造纸、矿产、医药、农业、纺织等国民经济的各个行业，享有"万能产品"、"百业助剂"之称，关于它的研究颇为深入。

人类最早使用的PAM是由Moureu等人在1893年首次制得的，我国则是起源于20世纪60年代初，在上海建成第一套PAM的工业装置。PAM及其衍生物都是通过丙烯酰胺聚合制成的均聚物或共聚物，具体方法主要有：水溶液聚合法、反相乳液聚合法、反相微乳液聚合法、辐射聚合法等。

反相乳液聚合(IEP)是将水溶性单体溶于水相，在搅拌作用下借助乳化剂分散于非极性液体中形成油包水型乳液而进行的聚合反应。自从1962年J W Vanderhoff首次报道丙烯酰胺的反相乳液聚合以来，国内外对这一领域的研究日渐活跃。20世纪80年代反相乳液聚合取得了很大发展，目前在欧美等发达国家其市场规模已占水溶性单体聚合物总产量的一半以上，发展速度相当快，而国内从20世纪70年代开始研究丙烯酰胺的反相乳液聚合工艺，取得了较大进展，但目前仍未大规模工业化生产，与国外生产水平存在明显差异。

IEP反应热易散去，聚合速率大，产物相对分子质量分布较窄，固含量高，且呈液体状的产品易实现自动化，产品后期干燥过程较容易，溶解速度快。反相乳液聚合作为一种新型的乳液聚合技术，它的基础性研究和应用性研究已取得了较大的进展，并成为乳液聚合的一个重要分支。

反相乳液聚合和常规乳液聚合一样，也是自由基聚合。但由于反相乳液聚合体系本身的复杂性，体系中的有机溶剂、乳化剂、引发剂、单体及其浓度，以及反应温度、引发方式、添加剂、投料顺序等都对其聚合机理有影响，反相乳液聚合与常规乳液聚合的聚合反应机理不是镜像关系，相关研究结果尚无定论。

现在普遍认为反相乳液聚合存在如下几种成核机理：一是胶束成核机理；二是单体液滴成核机理；三是胶束成核机理和单体液滴成核机理并存。但随着研究的进展，越来越多的人趋向于以单体液滴成核机理为主，而胶束成核机理为辅的这种成核机理。使用水溶性引发时，这种成核机理尤其突出。

由 Dimonie 等人研究结果来看：水溶性引发剂引发的反相乳液聚合，包含均相和异相成核过程，前者占主导地位。

建议本实验采用水溶性引发剂（APS－$NaHSO_3$），构建氧化－还原体系引发丙烯酰胺进行反相乳液聚合；采用单因素条件实验法、以转化率为目标考核指标进行探索研究；探讨乳化剂种类及浓度、引发剂浓度、单体浓度、反应时间等因素对反应转化率的影响，并对产物进行 IR、DTA 等方面的测试和表征，确定丙烯酰胺聚合的较佳工艺条件。

二、实验目的

1. 了解反相乳液聚合研究进展、应用等情况；
2. 掌握反相乳液聚合原理及其实施方法；
3. 熟悉并应用氧化－还原引发体系；
4. 研制具有优良性能的丙烯酰胺聚合物。

三、主要试剂和仪器

1. 主要试剂

Span－80	分析纯	成都市科龙化工试剂厂
OP－10	分析纯	天津市恒兴化学试剂制造有限公司
液状石蜡	化学纯	长沙湘科精细化工厂
丙烯酰胺	分析纯	天津市化学试剂研究所
过硫酸铵	分析纯	上海凌峰化学试剂有限公司
亚硫酸氢钠	分析纯	国药集团化学试剂有限公司
甲醇	色谱纯	天津市大茂化学试剂厂

2. 仪器设备

精密增力电动搅拌器（JJ－1）	常州国华电器有限公司
电子天平（BS3005－0）	北京赛多丽斯天平有限公司
电热恒温干燥箱	上海跃进医疗器械厂
红外分光光度计（TJ270－30）	天津市光学仪器厂
PTHW 型电热套	巩义市英峪予华仪器厂
差热分析仪（CRY－31P/32P）	天津市光学仪器厂
激光粒度仪及扫描电镜	日本进口

四、参考实验方法

1. 合成方法

称取一定量的有机溶剂于三口烧瓶中，加入适量乳化剂，搅拌半小时，使乳化剂和有机溶剂充分混溶。将单体丙烯酰胺溶解于适量的去离子水中配成一定浓度的单体水溶液，边搅拌边缓慢加入至三口烧瓶中，继续搅拌半小时，待得到稳定的乳液后，加入引发剂，于恒温水浴中，在指定温度下，恒温数小时。反应完毕后，边搅拌边用大量甲醇沉淀产物，再以甲醇（丙酮）多次洗涤沉淀，抽滤，于 50～60 ℃恒温干燥箱中干燥至恒重并计算转化率。

转化率＝试样干燥后质量/试样中 AM 质量×100%

2. 测试和表征

聚合物的红外光谱分析：

将纯化后的聚合物磨成粉末，和溴化钾粉末按照 1∶100（质量比）的比例混合，磨成细粉，再压制成半透明的薄片，用红外分光光度计进行红外光谱分析。

聚合物的差热分析：

将纯化后的干燥聚合物磨成粉末，取 8.0～10.0 mg，在气体氛围为 N_2、气流量为 120.0 mL/min 的条件下，以 10 ℃/min 的升温速度进行 DTA 测试。

粒度及相态分析：

按相关要求备样，按相关规程进行粒度及相态测试分析。

五、实验内容及结果与讨论

1. 复合乳化剂配比及其浓度对聚合转化率的影响。
2. 复合乳化剂配比对聚合转化率的影响。
3. 乳化剂浓度对聚合转化率的影响。
4. 引发剂浓度对聚合转化率的影响。
5. 单体浓度对聚合转化率的影响。
6. 油水质量比对聚合转化率的影响。
7. 进行相关分析测试和表征。

附录 5 参考文献

1. 方道斌,郭睿威,哈润华等.丙烯酰胺聚合物[M].北京:化学工业出版社,2006.

2. 曹同玉,刘庆普,胡金生.聚合物乳液合成原理性能及应用[M].北京:化学工业出版社,1997.

3. 张学佳,纪巍,康志军等.聚丙烯酰胺应用进展[J].化工中间体,2008,(5):34—39.

4. 魏鑫,钟宏.反相乳液聚合的研究进展[J].化学与生物工程,2007,24(12):12—14.

5. 陈运根,舒季钊.高分子量聚丙烯酰胺的制备[J].精细化工,1989,(6):25.

6. 王琨,周诗彪.丙烯酸—丙烯酰胺氧化还原体系的反相乳液聚合[J].化工中间体,2009,5(2):49—53.

7. 盘思伟.新型阳离子聚丙烯酰胺微粒的研究[J].石油化工,2000,29(10):760—763.

8. 王新龙,周环,张跃军.油溶性引发剂引发反相乳液聚合制备 P(DMDAAC/AM)及其性能[J].精细化工,2005,22(8):604—606.

9. 郑怀礼,王薇,蒋绍阶等.阳离子聚丙烯酰胺的反相乳液聚合[J].重庆大学学报(自然科学版),2011,34(7):96—101.

10. 易昌凤,周枝雄,徐祖顺.Starch—g—PAM 絮凝剂的反相乳液合成及应用研究[J].湖北大学学报(自然科学版),2006,28(2):173—176.

11. 吴建军,马喜平,郑锟等.反相乳液聚合合成 AM/DM—DAAC 阳离子共聚物[J].石油化工,2005,34(2):140—143.

12. 周诗彪,何明,郑清云等.丙烯酰胺/甲基丙烯酸反相乳液聚合工艺探讨[J],湖南文理学院学报(自然科学版),2009,21(1):11—15.

13. 袁洪海.聚丙烯酰胺生产工艺研究[D].上海:华东理工大学,1994.

14. 李朝艳,武玉民,王玉鹏等.二甲基二烯丙基氯化铵/丙烯酰胺共聚物反相乳液合成工艺研究[J].化学工业与工程技术,2004,25(5):20—23.

15. 李大刚,李云龙,张清海.聚丙烯酰胺的反相乳液聚合及其絮凝效果研究[J].化学工业与工程,2012,29(3):26—30.

16. Vanderhoff J W. The use of high—energy irradiation in an investigation of themechanism and kinetics of emulsion polymerization[J]. Adv ChcmSer,1962,50(154):265—286.

17. 刘戈.AM/AA 反相乳液聚合研究[D].杭州:浙江大学,1997.

18. 卢珍仙,马旭东.阳离子聚丙烯酰胺类絮凝剂的合成及应用进展[J].天津化工,2003,17(6):14—16.

19. 卢珍仙,吕延文.高相对分子质量阳离子聚丙烯酰胺的研究[J].浙江师范大学学报(自然科学版),2003,26(2):164—166.

20. 官建国，何平，谢洪泉. 丙烯酸反相乳液聚合的研究[J]. 化学研究，1994，23(8)：23－25.

21. Kim K V，et al. Pollimo，1982，6(3)：197－204.

22. J Hernandez－Barajas，D J Hunkeler. Polymer，1997，38(2)：437－447.

23. Baade W，Reicher K H，Polymerization of acrylamide in dispersion with paraffinic and aromatic liquids as oil phase[J]. Makromol chem：Rapid Commun，1986，7：235－241.

24. Dimonie，et al. Eur Polym J，1982，18：639－645.

25. 穆念秀，张爱莉. DMAPAM 阳离子聚丙烯酰胺合成工艺研究[J]. 科技资讯. 2011(12)：93－95.

26. 郑怀礼，王薇，蒋邵阶等. 阳离子聚丙烯酰胺的反相乳液聚合[J]. 重庆大学学报(自然科学版)，2011，34(7)：96－100.

（周诗彪供稿）

实验9　钌多吡啶配合物与DNA的相互作用的光谱研究

（6课时 适用于化学、应用化学专业）

一、相关知识

核酸是生物体的重要组成部分，它包含了生命体丰富的遗传信息，并参与这些信息在细胞内的表达，从而促成代谢过程并控制这一过程。由于核酸介入了生物的生成、发育和繁殖等正常生命活动，也与致癌等生命的异常情况密切相关，而这些进程能通过小分子或蛋白质与核酸位点专一的方式启动、调控和终止。因此，设计合成可与核酸相互作用，或能调节其功能的化学小分子是发现可用于生物物理和诊疗试剂的重要途径之一。而在很多方面，金属配合物都是研究核酸相互作用的理想化合物，特别是具有三维结构的配合物的研究越来越多。同时除了多种核酸结合模式外，金属配合物具有独特的化学活性，例如，它们能与核酸的碱基位点直接配位，也能与核酸发生氧化还原反应产生活性氧物种。而这种可结合核酸分子且能切割核酸分子的能力能够干扰细胞的转录和翻译过程，这也意味着这些系统也可以作为潜在的治疗试剂。最重要的一点是金属配合物显示了良好的光物理性质可用作诊疗和成像探针。

近年来，在小分子化合物与核酸的相互作用研究中，以八面体钌多吡啶类配合物的研究十分活跃，这是因为：① 其低自旋的 d^6 物种的动力学惰性、热力学稳定性；② 在可见光区具有强的金属到配体的荷移跃迁（MLCT）；③ 已经发现的钌多吡啶类配合物具有丰富的光化学和光物理信息；④ 钌配合物的抗肿瘤活性。这些特征使这类配合物在分子生物学、医学、生物无机化学等许多领域中具有重要的应用前景，特别是在其与 DNA 相互作用密切相关的方面，如 DNA 结构探针、DNA 分子光开关、DNA 介导的电子转移、DNA 足迹试剂、DNA 断裂试剂、抗癌药、拓扑异构酶抑制剂、端粒酶抑制剂等具有十分重要的应用，因此引起化学界、生物界、物理界和医学界的广泛注意，成为生物无机化学和生物物理化学在国际上十分活跃的前沿课题及多学科交叉的研究领域。Ru(Ⅱ)配合物与 DNA 的结合按化学键来划分主要有共价及非共价键结合两类，后者按作用力可分为氢键、范德华力、$\pi-\pi$ 堆积作用、疏水作用等弱相互作用。近年来钌配合物与核酸的相互作用又以非共价结合研究为热点，非共价结合是指静电作用、沟面结合、插入作用，常用的研究技术有光谱学方法、NMR 谱方法、流体力学方法、电化学方法、单晶 X 射线衍射、热力学方法和序列凝胶电泳等。

二、实验目的

1. 研究钌配合物与 DNA 的结合行为；

2. 掌握 DNA 纯度和浓度的紫外分光光度法测定；

3. 掌握紫外光谱和荧光光谱法测定钌配合物与 DNA 相互作用的原理和操作方法。

三、实验原理

1. DNA 浓度的确定

测量 260 nm 和 280 nm 的吸光值，发现 $A_{260}/A_{280}=1.8\sim1.9$，说明基本上不含蛋白质，不需要进一步处理。DNA 浓度以碱基对的摩尔浓度计，用紫外可见分光光度计测量 DNA 在 260 nm 的吸光度值 A_{260}，摩尔消光系数值为 6 600 M^{-1}。DNA 的浓度按下式计算：

$$[DNA]=K\cdot A_{260}/6\,600(M)$$

上式中 K 为稀释倍数。测量 DNA 吸光度时，如 DNA 浓度过高，可导致吸光度测量不准，一般应稀释到 A 在 0.5～1.0 之间较为合适。配制好的 DNA 溶液应置于冰箱中保存备用。

2. 紫外可见吸收光谱测定

紫外可见吸收光谱是研究小分子化合物与 DNA 相互作用的常用方法。由于八面体钌(Ⅱ)配合物具有丰富的与金属－配体荷移跃迁(MLCT)有关的电子吸收性质，配合物溶液在紫外和可见区有强烈的电子吸收峰，当往溶液中滴加 DNA 溶液时，配合物的电子吸收峰，尤其 MLCT(Metal－to－Ligand Charge Transfer)峰发生明显改变，因为 DNA 在可见区没有吸收，借此可判断配合物与 DNA 发生某种方式的结合。

当小分子以插入方式进入 DNA 双螺旋碱基对时，其吸收光谱表现出峰位的红移及减色效应。因为插入配体与 DNA 碱基对发生π电子堆积后，其π^*空轨道与碱基对的π电子轨道发生偶合，使配合物的π^*空轨道能级下降，从而导致配合物的 $d\rightarrow\pi^*$ 跃迁能减小，产生红移现象。同时，偶合后的π^*轨道因部分填充电子，使 $d\rightarrow\pi^*$ 跃迁几率减小，产生减色效应。为了定量比较配合物与 DNA 的结合强弱，通过吸收光谱滴定实验，以配合物在 MLCT 的吸光度的变化，按下列方程式分别算出配合物与 DNA 作用的结合常数 K。

$$(\varepsilon_a-\varepsilon_f)/(\varepsilon_b-\varepsilon_f)=(b-(b^2-2K^2C_t[DNA]/s)^{1/2})/2KC_t \qquad (1a)$$

$$b=1+KC_t+K[DNA]/2s \qquad (1b)$$

上式中，[DNA]代表 DNA 的浓度，ε_a、ε_f 和 ε_b 分别代表在各 DNA 浓度下的、游离的和与 DNA 结合饱和时配合物的摩尔吸光系数，C_t 代表配合物总浓度，s 为键合位点的大小，K 为拟合的结合常数。

3. 荧光光谱测定

荧光滴定法可用于研究配合物与 DNA 的相互作用。钌(Ⅱ)多吡啶配合物与 DNA 相互作用后，由于 DNA 保护配合物免受溶剂分子的淬灭，导致荧光增强。荧光增强幅度的大小，一般反映配合物与 DNA 作用的强弱，但不能作为配合物是否以插入方式与 DNA 结合的判据。根据发光强度的变化来初步判断其与 DNA 作用的强弱，也可通过下列公式定量计算配合物与 DNA 作用的结合常数，但不能作为配合物是否以插入方式结合的依据。

$$(I-I_0)/(I_f-I_0)=(b-(b^2-2K^2C_t[DNA]/s)^{1/2})/2KC_t \qquad (2a)$$

$$b=1+KC_t+K[DNA]/2s \qquad (2b)$$

上式中，[DNA]代表 DNA 的浓度，I、I_0 和 I_f 分别代表在各 DNA 浓度下的、游离的和与 DNA 结合饱和时配合物的荧光强度，C_t代表配合物总浓度，s 为键合位点的大小，K 为拟合的结合常数。

荧光淬灭光谱也是研究配合物与核酸相互作用的常用方法。常见的有 $K_4[Fe(CN)_6]$ 荧光淬灭法和 EB(溴化乙啶)竞争淬灭法。$[Fe(CN)_6]^{4-}$ 作为带高负电荷阴离子，很容易导致配合物阳离子荧光淬灭，比较淬灭剂在配合物结合 DNA 前后荧光淬灭程度的差异，可以了解配合物与 DNA 作用强弱。

EB(溴化乙啶)作为典型的荧光探针，也是典型的 DNA 插入剂。它本身在水溶液中荧光很弱，与 DNA 插入结合后荧光大幅增强。当配合物加入到 EB－DNA 的混合体系中，由于配合物与 EB 发生竞争结合，取代与 DNA 插入结合的 EB 分子，使荧光部分或全部荧光。因此通过配合物对 EB－DNA 的混合体系荧光的淬灭程度可以判断配合物与 DNA 的结合强弱和模式。

四、实验器材

1. 主要原材料

钌配合物、Tris、HCl、小牛胸腺 DNA、二甲亚砜、亚铁氰化钾、溴化乙啶、一次性手套。

2. 主要仪器

容量瓶(10 mL)、移液管、微量进样器、电子天平、紫外可见分光光度计、荧光光谱仪。

五、实验内容及步骤

1. 溶液配制

Tris－HCl 缓冲溶液：5 mM 的 Tris 和 50 mM 的 NaCl(pH＝7.4)缓冲液。

钌配合物溶液：200 μM，用 10%DMSO 和 Tris－HCl 缓冲溶液配制。

DNA 溶液：用 Tris－HCl 缓冲溶液配制。

2. DNA 浓度的确定

称取适量的小牛胸腺 DNA 溶于缓冲溶液中，抽滤，滤液按需要稀释至一定浓度。测量 260 nm 的吸光值，计算出 DNA 浓度。

3. 配合物与 DNA 相互作用的紫外吸光滴定

在紫外可见光谱仪中，在参比池中加入 3 mL 的缓冲液，在样品池中加入同样体积 20 μM 的配合物溶液，用微量加样器每次往参比池和样品池中分别加入相同体积的 DNA 储液，使 DNA 与配合物浓度比值(C_{DNA}/C_{Ru})按一定的比例递增，直至饱和，吸收峰不再减色。每次混合均匀约 5 min 后，在 200～800 nm 范围监测配合物的电子吸收光谱变化。根据结合常数公式，计算结合常数。

4. 配合物与 DNA 相互作用的稳态发光测定

配合物与 DNA 发光实验：配制钌配合物溶液(5 μM)，用微量加样器每次往样品池中加入相同体积的 DNA 储液，使 DNA 与配合物浓度比值(C_{DNA}/C_{Ru})按一定的比例递增，直至饱和。每次混合均匀约 5 min 后，在 500～750 nm 范围监测配合物的荧光光谱变化。用 450 nm 光源激发，记录发射峰位置和发光强度。

$[Fe(CN)_6]^{4-}$ 荧光淬灭实验：配制 5 μM Ru 溶液和 Ru＋DNA 溶液([Ru]＝5 μM，[DNA]/[Ru]＝40∶1)，$[Fe(CN)_6]^{4-}$ 在 0～1 mM 之间变化。分别测量有无 DNA 存在时配合物荧光被 $[Fe(CN)_6]^{4-}$ 淬灭的荧光光谱，记录荧光强度。以荧光强度比 I_0/I 对淬灭剂浓度作图。

EB 荧光淬灭实验：配制 EB—DNA 混合溶液([EB]=5 μM,[DNA]=100 μM),用微量加样器每次往样品池中加入相同体积的钌配合物溶液,直至荧光浓度不再下降为止,记录荧光强度。以荧光强度比$(I_0-I)/I$对配合物与 EB 浓度比[Ru]/[EB]作图。

六、思考题

1. 简述$[Fe(CN)_6]^{4-}$荧光淬灭实验的原理。

2. EB—DNA 荧光淬灭实验中 EB 的作用是什么,如何从该实验判断配合物与 DNA 的结合模式?

（刘学文供稿）

实验10　钌多吡啶配合物光断裂DNA研究

（6课时 适用于化学、应用化学专业）

一、相关知识

核酸的断裂与重组是分子生物学和基因工程的核心技术，其中对DNA、RNA定点断裂是该技术的关键。对能识别、损伤、断裂DNA的过渡金属配合物的研究是近年来生物无机化学的热点之一。但天然核酸酶识别序列短，仅为4～8个核苷酸，且断裂位点有限，这远远不能满足分子生物学与基因工程的需要。化学核酸酶是指在生理条件下借助氧化、光活化产生活性氧物种导致核酸骨架断裂，或水解方式断裂磷酸二酯键，显示出与天然核酸酶相同或相似生物活性的化合物。它除了克服传统的限制性内切酶识别序列短及专一性的限制外，还具有分子小、结构简单、易于提纯、成本低等优点，可用于基因分离、染色体图谱分析、大片段基因的序列分析以及DNA定位诱变、肿瘤基因治疗与新的化学疗法等领域。

钌配合物被广泛用于DNA断裂研究。其中，DNA断裂途径主要有三种：水解断裂、氧化断裂及光断裂。水解断裂通常要求配合物与DNA链结合，并且金属离子直接或间接与DNA磷酸骨架上的氧原子配位，从而促使磷酸二酯键水解并导致链断裂，它不会造成核糖环及碱基的损伤。氧化断裂是指以氧化作用攻击DNA的核糖环及碱基，产生各种氧化物，可引发DNA单链或双链断裂。DNA光断裂是指光能触发核酸酶的活性，化合物通过光反应产生多种氧化性物种，如超氧阴离子O_2^-、羟基自由基OH·、单线态氧$^1O_2$等。这些物质可以氧化DNA的鸟嘌呤碱基，从而使DNA发生断裂。

带电荷的物质在电场中的趋向运动称为电泳。核酸电泳是进行核酸研究的重要手段，是核酸探针、核酸扩增和序列分析等技术所不可或缺的组成部分。核酸电泳通常在琼脂糖凝胶或聚丙烯酰胺凝胶中进行，浓度不同的琼脂糖和聚丙烯酰胺可形成分子筛网孔大小不同的凝胶，可用于分离不同分子量的核酸片段。钌配合物光断裂产物片断和活性中间体可用琼脂糖凝胶电泳方法进行检测。琼脂糖是从海藻中提取出来的一种线状高聚物。将琼脂糖在所需缓冲液中加热熔化成清澈、透明的溶胶，然后倒入胶模中，凝固后将形成一种固体基质，其密度取决于琼脂糖的浓度。将凝胶置于电场中，在中性pH值下带电荷的核酸通过凝胶网孔向阳极迁移，迁移速率受到核酸的分子大小、构象、琼脂糖浓度、所加电压、电场、电泳缓冲液、嵌入染料的量等因素影响。在不同条件下电泳适当时间后，大小、构象不同的核酸片段将处在凝胶不同位置上，从而达到分离的目的。

二、实验目的

1. 研究钌配合物光断裂DNA的能力和断裂机理；

2. 掌握琼脂糖凝胶的制备和琼脂糖凝胶电泳方法；

3. 了解DNA断裂的途径及其可能的应用。

三、实验原理

1. 钌配合物光断裂DNA检测

钌配合物具有良好的光化学特性和氧化还原活性，经一定波长的光辐射能与氧分子发生作用形成活性氧物种，从而氧化断裂DNA。凝胶电泳是研究核酸和蛋白质等生物大分子的一项重要的实验技术，操作简便、快速、灵敏，是分离、鉴定和提纯核酸的首选方法。以琼脂糖凝胶为支持电解质的电泳技术，为DNA分子及其片段的分子量测定和DNA分子构象提供了一个重要手段。DNA分子在高于其等电点的pH缓冲溶液中带负电荷，在电场的作用下，DNA分子向正极移动。

断裂研究中采用的常为质粒DNA。质粒DNA一般有三种构型：第一种是共价闭环超螺旋DNA(Form Ⅰ)，它的结构比较紧密；第二种是开环缺刻DNA(Form Ⅱ)构型，当超螺旋DNA的一条链上出现一个缺刻时，就成为这种构型，此时超螺旋结构被松开，结构较松散；第三种是线形DNA(Form Ⅲ)，当超螺旋DNA的两条链在同一部位被切断时，DNA不能成环，完全开放成线状。三种构型的DNA分子量完全相同，但是由于立体构型的不同，它们在琼脂糖凝胶中的迁移率不同。超螺旋的Form Ⅰ由于结构紧密，通过凝胶向正极移动，走在最前面，其次是线形Form Ⅲ，而缺刻型Form Ⅱ由于结构松散，向正极移动受到抑制，走在最后面。在钌(Ⅱ)多吡啶配合物光断裂质粒DNA的凝胶电泳成像中，Form Ⅰ的条带愈弱，或对应于Form Ⅱ的条带愈强，说明配合物光断裂DNA的能力愈强；当配合物在一定条件下能充分断裂DNA时，可导致Form Ⅲ的条带出现。

2. 钌配合物光断裂DNA机理检测

在钌配合物的DNA光断裂反应中加入各种活性氧物种捕获剂，如羟基自由基OH·捕获剂DMSO和甘露醇、单线态氧$^1O_2$捕获剂叠氮化钠和组氨酸、超氧阴离子O_2^-捕获剂SOD，来确定参与DNA光断裂反应的活性物种。钌配合物在活性氧物种捕获剂存在下，DNA断裂受到抑制，这说明该活性氧物种可能是钌配合物DNA光断裂反应的活性物种，反之，则可排除其参与光断裂DNA的可能。因此，琼脂糖凝胶电泳也是检测DNA断裂反应中活性物种进而推断其机理的一种重要方法。

3. EB对DNA进行染色原理

溴化乙啶(EB)是一种荧光染料，由于其分子的平面结构，它可以嵌入核酸双链的配对的碱基之间，在紫外线激发下，发出红色荧光。EB—DNA复合物中的EB发出的荧光，比游离的凝胶中的EB本身发出的荧光强大10倍，因此大多数情况下不需要洗净背景就能清楚地观察到核酸的电泳带型。通常，在凝胶中加入终浓度为0.5 μg/mL的EB或将凝胶放入1 μg/mL的EB溶液中染色，可以在电泳过程中随时观察核酸的迁移情况，这种方法使用于一般性的核酸检测。

四、实验器材

1. 主要原材料

钌配合物、Tris、HCl、PBR322 DNA、二甲亚砜、溴化乙啶、一次性手套、琼脂糖、溴酚蓝、NaOH、甘油、硼酸、EDTA。

2. 主要仪器

容量瓶、移液管、电子天平、微量移液枪、电泳仪、微波炉、手提紫外照射仪、水平电泳槽、凝胶成像系统。

五、实验内容及步骤

1. 溶液配制

Tris—HCl 缓冲溶液的配制:含有 50 mM 的 Tris 和 18 mM 的 NaCl,用盐酸调节酸度使 pH=7.2,用于配制钌配合物溶液。

TBE 电泳缓冲溶液的配制:将 54 g 的 Tris、27.5 g 的 H_3BO_3 和 4.5 g 的 EDTA 溶解于 1 000 mL 蒸馏水中,配制成 5×TBE 的硼酸系统,使用时稀释 5 倍,最终浓度为 89 mM 的 Tris、89 mM 的 H_3BO_3 和 2 mM 的 EDTA(pH=8.3)。

溴酚蓝指示剂点样缓冲液:10 mL(甘油 5 mL,Tris2 缓冲溶液 5 mL,溴酚蓝 0.025 1 g,EDTA 为 0.186 g,pH=8.2)。

琼脂糖凝胶染色用 1 μg/mL 的 EB 溶液。

配合物溶液:Tris—HCl 缓冲溶液配制 200 μM 配合物溶液。

2. DNA 光断裂

首先用 Tris 缓冲液配置钌配合物溶液(200 μM,为了使样品溶解,可以加入不超过总体积 10%的 DMF)。在排列固定好的样品管里,依次用微量移液枪加入 1 μL 稀释 5 倍的 PBR322DNA 原液、不同浓度钌配合物溶液,再用 Tris 缓冲液把所有样品都补到 10 μL(另外要有一个 DNA 样品管空白)。在波长为 365 nm 的光波下光照 1 h 后,每个样品管里加溴酚蓝指示剂点样液 2 μL,上样,进行琼脂糖凝胶电泳。机理检测与之相似,钌配合物与 PBR322—DNA 混合溶液中加入各种活性氧物种捕获剂,然后光照 1 h,加溴酚蓝指示剂点样液,上样,进行琼脂糖凝胶电泳。

3. 琼脂糖凝胶电泳法检测 DNA 氧化断裂

(1) 选择合适的水平式电泳槽,调节电泳槽平面至水平。检查稳压电源与正负极的线路。选择孔径大小合适的点样梳子,垂直架在电泳胶模的一端,使点样梳子底部离电泳胶模底部的距离为 1.0 mm。

(2) 制备 0.9%琼脂糖凝胶,微波炉加热至琼脂糖融化均匀。

(3) 用吸管取少量琼脂糖凝胶溶液将电泳胶模四周密封好,防止浇灌琼脂糖凝胶板时发生渗透。待琼脂糖凝胶冷却至 60 ℃左右时,轻轻倒入电泳胶模中,琼脂糖凝胶的厚度在 3~5 mm。倒胶时要避免产生气泡,若有气泡可用吸管小心吸去。

(4) 琼脂糖凝胶凝固后,在室温放置 20 min,小心拔掉点样梳子和电泳胶模两端的挡板,保持点样孔的完好。

(5) 将电泳胶模放入电泳槽中,加入电泳缓冲液,使电泳缓冲液面高出琼脂糖凝胶表面 1~2 mm。如点样孔内有气泡,用吸管小心吸出,以免影响加样。

(6) 将上述反应液样品与 1/5 体积的溴酚蓝指示剂点样缓冲液混合。上样缓冲液不仅可以提高样品的密度,使样品均匀沉到样品孔内,还可以使样品带颜色,便于上样和估计电泳时间和判断电泳的位置。

(7) 用微量移液枪将样品小心加入加样孔内,记录样品点样秩序。

(8) 盖上电泳槽，开启电源开关，最高电压不超过 5 V/cm(100～150 V 恒压电泳)，使 DNA 从负极向正极移动。从电泳槽中取出凝胶，将凝胶置于 1 μg/mL 的溴化乙啶水溶液中，室温下振摇染色 30～45 min。回收染色液，自来水冲洗凝胶后，于紫外灯下观察。

(9) 电泳完毕后关闭电源，戴一次性塑料手套取出凝胶，尽可能将所有的电泳缓冲液淋干，在 254 nm 波长的透射紫外灯下观察拍照。

六、思考题

1. 溴化乙啶在 DNA 琼脂糖凝胶电泳中起什么作用？原理是什么？
2. DNA 断裂除了光断裂外还有哪些途径？
3. 实验中所用钌配合物为何能光照断裂 DNA？

（刘学文供稿）

实验 11　基于钌配合物与 CdTe 量子点体系识别 DNA 研究

（8 课时 适用于化学、应用化学专业）

一、相关知识

量子点(Quantum Dots)是半径小于或接近于激子玻尔半径的一种半导体纳米粒子，与传统的有机荧光染料分子相比，量子点具有宽的激发光谱、窄而对称的发射光谱、可精确调控的发射波长、高量子产率、良好的光稳定性、抗光漂白能力强等优点，是一类理想的荧光探针。用巯基小分子作稳定剂直接合成的量子点在分析应用中具有很大的优势。由于巯基小分子中含有羧基、氨基、羟基等功能性基团，使产物量子点也具有其功能，在用于生物探针时不需要进一步的亲水修饰，可以方便地与其他分子进行相互作用。

DNA 是生命体遗传信息的携带者和传递者，它不仅在生命的延续、生物物种遗传特性的保持和生长发育中起着重要的作用，而且与生物变异（如肿瘤、遗传病、代谢病等）密切相关。并且其特殊的结构使它们具有独特的生物学功能，有望成为新型药物、诊断试剂开发等的潜在靶点。钌(Ⅱ)多吡啶配合物具有丰富的光物理、光化学及电化学性质，可作为 DNA 结构和构象的探针。基于 CdTe 量子点和钌配合物体系检测 DNA，该方法不需要对量子点和 DNA 进行修饰或标记，实现了 DNA 的高灵敏及特异性检测。

二、实验目的

1. 掌握 TGA 修饰 CdTe 量子点的制备和表征；
2. 探讨量子点和钌配合物体系的最佳条件；
3. 研究量子点和钌配合物体系对 DNA 的识别能力。

三、实验原理

1. TGA 修饰 CdTe 量子点

量子点的紫外吸收峰的位置(λ)和量子点尺寸密切相关，可根据下面公式计算出量子点的尺寸和浓度。

$$D = (9.8127 \times 10^{-7})\lambda^3 - (1.7147 \times 10^{-3})\lambda^2 + 1.0064\lambda - 1.9484$$

$$C(\text{mol} \cdot \text{L}^{-1}) = A/[10043(D^{2.12})l]$$

2. 量子点和钌配合物体系检测 DNA

TGA 修饰的 CdTe 量子点带负电荷，而钌配合物带正电荷，它们之间通过静电吸引形成离子共轭体。中心钌(Ⅱ)d 轨道部分填充，具有高亲电性，可作为电子受体，接收通过快速光致电子转移的来自量子点的电子，从而阻止量子点空洞和电子的正常重组，导致量子点的荧光淬灭。当向该混合体系中加入 DNA 时，由于配合物与 DNA 之间存在强的亲和力，使配合物与 DNA 作用，从而使钌配合物脱离量子点表面，量子点荧光恢复。加入不同结构的 DNA 后，由于钌配合物与不同结构 DNA 的结合能力不同，从而量子点荧光恢复程度不一样，从而达到检测 DNA 的目的。

四、实验器材

1. 主要原材料

钌配合物、Tris、HCl、不同结构 DNA、二甲亚砜、K_2TeO_3、$NaBH_4$、TGA（巯基乙酸）、$CdCl_2$、NaOH、Ar。

2. 主要仪器

容量瓶（10 mL）、移液管、微量进样器、电子天平、紫外可见分光光度计、荧光光谱仪。

五、实验内容及步骤

1. TGA 修饰 CdTe 量子点的制备和表征

取适量 $CdCl_2 \cdot 2.5H_2O$ 和 18 mL 的 TGA 溶于 50 mL 水中；将 1 M 的 NaOH 溶液调节 pH 值至 9～10，通入氩气 30 min，在搅拌下加入含 K_2TeO_3 的 12 mg 的 25 mL 水溶液，再搅拌 5 min 后，加入 80 mg 的 $NaBH_4$，然后 96 ℃回流不同时间，得到不同尺寸、不同波长发射光的量子点。测量 TGA 修饰 CdTe 量子点溶液紫外可见光谱，根据量子点的吸收峰估算量子点的尺寸和浓度。

2. 量子点和钌配合物体系的优化

配制量子点溶液（100 nM），用微量加样器每次往样品池中加入相同体积的配合物溶液，直至量子点荧光不再下降为止。每次混合均匀约 5 min 后，在 450～700 nm 范围监测量子点的荧光光谱变化。用波长 365 nm 的光源激发，记录发射峰位置和发光强度。作出量子点荧光随钌配合物浓度变化的曲线图，确定合适的配合物浓度。

3. 量子点和钌配合物体系的 DNA 检测

采用上述确定的量子点和钌配合物体系，检测不同结构的 DNA。用微量加样器每次往样品池中加入相同体积的 DNA 溶液，直至量子点荧光基本不再增加为止。每次混合均匀约 10 min 后，在 450～700 nm 范围监测量子点的荧光光谱变化。用波长 365 nm 的光源激发，记录发射峰位置和发光强度。作出量子点荧光随 DNA 浓度变化的曲线图，确定检测限。

六、思考题

1. TGA 在实验中的作用是什么？
2. 简述钌配合物与 CdTe 量子点体系识别 DNA 的原理。

（刘学文供稿）

实验 12　新型环状双核二亚胺镍催化剂的合成与烯烃链行走聚合

（12 课时 适用于材料科学与工程专业）

一、相关知识

聚烯烃是合成树脂中产量最大、用途最广的高分子材料之一，具有性价比高、力学性能好、加工性能优良、化学性能稳定、电绝缘性能优异和可循环利用等特点，因而被广泛应用于工农业、医疗卫生、科学研究和日常生活的各个领域。聚烯烃主要包括线性和支化聚烯烃两大类。而支化聚烯烃具有良好的溶解性能、低的溶液和熔融黏度，在薄膜、涂料、生物和纳米材料方面有良好的应用前景。

由于聚合物支化度直接影响材料的物理性能，控制聚烯烃支化度是高分子合成研究的一个热点。Brookhart 等人发现利用 α—二亚胺镍，仅使用乙烯为单体，通过链行走聚合就可制备超支化聚乙烯。该类在常温下催化乙烯聚合，得到的聚合物的支化度高达 130 支链/1 000 碳，从而引发人们对 α—二亚胺镍催化剂的研究兴趣。为了满足不同需要，聚烯烃需要有不同支化度。控制聚烯烃的支化度主要通过设计催化剂配体的结构来实现，如采取在 α—二亚胺配体苯环上引入不同取代基，如异丙基、特丁基和环状芳烃等，由于取代基的空间位阻不同，使得催化剂的链行走能力也不同，从而能够得到不同支化度和支链性质的聚烯烃。另外也可以将催化剂的结构设计成环状或半环状结构，通过高的位阻效应，调节烯烃聚合过程中的链行走，也能控制聚合物的支化度和支链性质。本实验设计和合成新型环状双核亚胺镍催化剂，并研究这类催化剂的烯烃聚合催化性能，这类催化剂不但能控制聚烯烃的支化度和支链性质，而且因协同效应具有高活性。

二、实验目的

1. 掌握烯烃聚合原理；
2. 了解 α—二亚胺镍催化剂的合成方法；
3. 熟悉无水无氧操作；
4. 了解不同催化剂催化烯烃聚合性能。

三、实验原理

1. 系列新型环状双核二亚胺镍催化剂的合成研究

(1) 合成和表征系列环状双核二亚胺镍催化剂配体，研究反应时间和温度对所得产物的转化率和结构的影响；

(2) 合成和表征系列环状双核二亚胺镍催化剂，研究单体配比、反应时间和温度对所得产物转化率和结构的影响。

2. 环状双核二亚胺镍催化剂催化乙烯链行走聚合性能研究

(1) 在助催化剂的作用下，使用环状双核二亚胺镍催化剂催化乙烯链行走聚合，研究催化剂的结构、助催化剂的种类(甲基铝氧烷、三乙基铝、特丁基铝等)及用量、聚合温度、压力、时间对催化剂催化活性的影响规律。

(2) 利用 NMR、凝胶渗透色谱(GPC)、差示扫描量热法(DSC)对所得聚烯烃的支化度、支链性质(不同长度的支链)、分子量和分子量分布进行分析，考察催化剂的结构和聚合条件对聚烯烃微结构的影响规律。

3. 环状双核二亚胺镍催化剂催化乙烯链行走聚合中的协同效应研究

利用 UV 分析催化剂活性中心，研究所得聚合物的分子量、支化度、支链性质、链端基结构、催化剂的活性，推导聚合过程中环状双核二亚胺镍催化剂在聚合过程中两个活性中心之间的协同效应程度以及协同方式。

4. 聚烯烃的性能研究

由于不同结构的催化剂、不同聚合条件下制备的聚烯烃具有不同的支化度和支链性质，通过拉伸强度、冲击强度和熔融黏度测试，研究聚烯烃的支化度和支链性质对材料力学和加工性能的影响，为聚烯烃的应用提供数据参考。

四、实验器材

1. 试剂

化学试剂	规格	来源
氩气	99.9%	浙江气体厂
甲苯	分析纯	杭州化学试剂有限公司
金属钠	化学纯	华东师范大学化工厂
乙烯	聚合级	上海金山石化总厂
MAO	10%(*w*/*w*)甲苯溶液	Albemarle
氘代氯仿	D. 99.8%	北京市汗威士波谱公司分装
氘代邻二氯苯	D. 99.8%	北京市汗威士波谱公司分装
丁二酮	95%	杭州化学试剂有限公司
2,6－二异丙基苯胺	97%	百灵威
无水溴化镍	99.5%	Aldrich 公司
1,2－二甲氧基乙烷(DME)	99%	Aldrich 公司
原甲酸三乙酯	98%	Aldrich 公司
二乙基锌	10%甲苯溶液	Across
甲酸	分析纯	杭州化学试剂有限公司
乙醇	分析纯	杭州化学试剂有限公司

续表

化学试剂	规格	来源
氘代二氯甲烷	D. 99.8%	北京市汗威士波谱公司分装
无水乙醚	分析纯	杭州化学试剂有限公司
4 Å 分子筛	ϕ3～5 mm	中国医药(集团)上海化学试剂公司
去离子水	——	浙江大学高分子工程研究所
盐酸	36～38%	杭州化学试剂有限公司

2. 试剂处理

甲苯：依次用浓硫酸、去离子水、5%的碳酸氢钠水溶液及去离子水洗涤，然后用无水氯化钙浸泡后，以二苯甲酮作为指示剂，在金属钠的存在下加热回流至紫色后蒸馏出使用。无水乙醇：用干燥的 4 Å 分子筛浸泡过夜后使用。无水乙醚：在 CaH_2 存在下加热回流 5 h，蒸馏出使用。乙烯、氩气：经过除水、除氧净化柱后使用。

五、实验内容及步骤

1. 系列新型环状双核 α—二亚胺镍催化剂配体的合成

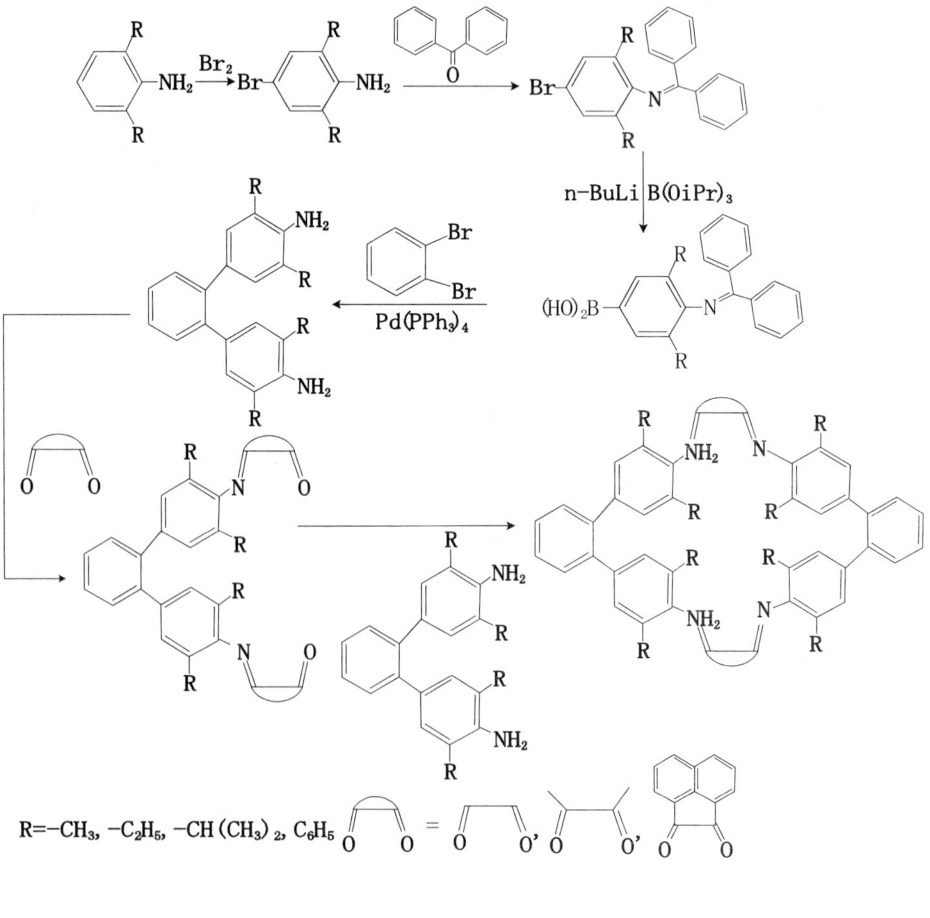

R=$-CH_3$, $-C_2H_5$, $-CH(CH_3)_2$, C_6H_5

2. 系列新型环状双核 α—二亚胺镍催化剂的合成

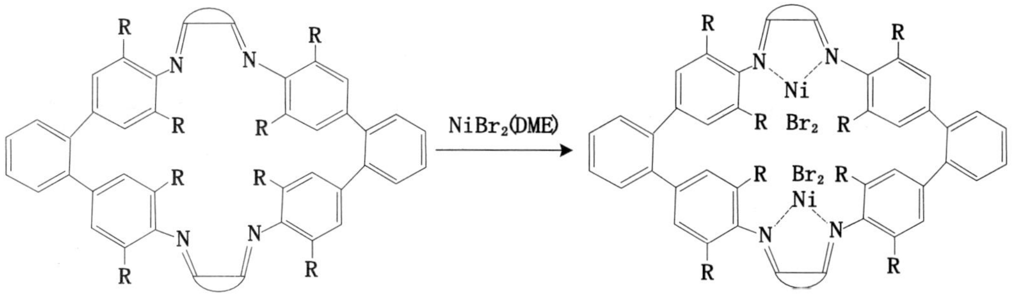

$NiBr_2(DME)$

3. 环状双核 α—二亚胺镍催化剂催化乙烯链行走聚合

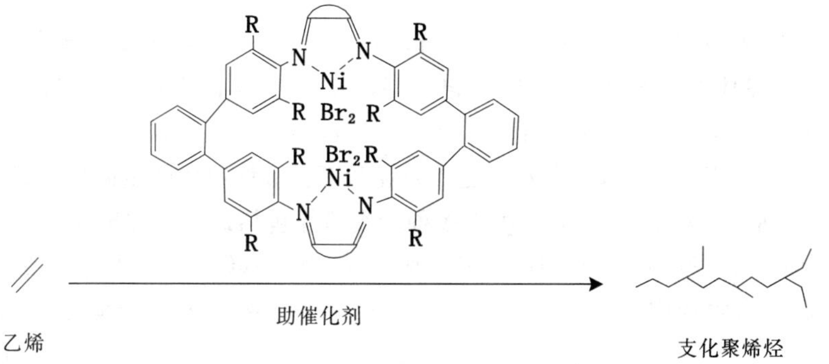

乙烯　助催化剂　支化聚烯烃

4. 聚烯烃的性能研究

不同催化剂和不同聚合条件合成的聚烯烃具有不同的支化度和支链性质，支化性质的不同进而影响聚合物的物理性能。通过拉伸强度、冲击强度和熔融黏度等性能的测试，为支化聚烯烃在薄膜、涂料、生物和纳米材料方面的应用提供数据参考。

六、实验结果与讨论

1. 催化剂的结构对催化烯烃聚合性能的影响；
2. 助催化剂对催化剂催化活性的影响；
3. 催化剂的合成最佳条件；
4. 聚合物的分子量与分子量分布。

七、思考题

1. 催化剂的结构与催化烯烃聚合性能的关系？
2. 温度对催化剂活性的影响？
3. 双核催化剂的协同聚合？

（肖安国供稿）

实验 13　Ziegler－Natta 催化剂苯乙烯配位的聚合

（10 课时 适用于材料科学与工程专业）

一、相关知识

引发剂是影响聚合物立构规整程度的关键因素，当然，溶剂和温度也有影响。目前，配位阴离子聚合的引发体系有下面 4 类：① Ziegler－Natta 引发体系，其数量最多，可用于 α－烯烃、二烯烃、环烯烃的定向聚合；② π—烯丙基镍（$\pi-C_3H_5NIX$），仅限用于共轭二烯烃聚合，不能使 x－烯烃聚合；③ 烷基锂类，可引发共轭二烯烃和部分极性单体的定向聚合；④ 茂金属引发剂，是很有发展前景的新型引发剂，可用于多种烯类单体包括氯乙烯的聚合。

最初的 Ziegler－Natta 引发剂由 Tid_4（或 Tid_3）和 $Al(C_2H_5)_3$ 组成，以后发展到由ⅣB－ⅧB 族过渡金属化合物和ⅠA－ⅢA 族金属有机化合物两大组分配合而成。ⅣB－ⅧB 族过渡金属（MT）化合物饰物 Ti、V、Mo、Zr、Cr 的氯（或溴、碘）化物 Mtd_n、氧氯化物 $MtOd_n$、乙酰丙酮物 $Mt(acac)_n$、戊二烯基（Cp）金属氯化物 Cp_2TiCl_2 等，这些组分主要用于 α－烯烃的配位聚合；$MoCl_5$ 和 MCl_6 组分专用于环烯烃的开环聚合；Co、Ni、Ru、Rh 等的卤化物或羟酸盐组分则主要用于二烯烃的定向聚合。ⅠA－ⅢA 族金属有机化合物如 AlR_3、LiR、MgR_2 等，式中 R 为烷基或环烷基，其中有机铝用得最多，如 $AlR_{3-n}Cl_nAlH_nR_{3-n}$，一般 $n=0\sim1$，最常用的有 $Al(C_2H_5)_3$、$Al(i-C_4H_9)_3$ 等。在以上两组分的基础上，为了提高活性和等规度，可以加入第三组分即添加给电子体以及负荷。

二、实验目的

1. 理解配位聚合的基本原理，了解单体浓度对聚合反应速度的影响规律。
2. 掌握用 Ziegler－Natta 催化体系使苯乙烯定向聚合的操作方法。

三、实验原理

Ziegler－Natta 催化剂催化苯乙烯定向聚合是按配位阴离子聚合机理进行的均相聚合反应。

四、试剂与仪器

1. 主要试剂

单体：苯乙烯，蒸馏，干燥过，40 mL；催化剂：$TiCL_4$，AR，0.09 mL；三乙基铝，AR，0.33 mL；溶剂：正庚烷，AR，0.5 mL；其他：甲醇、浓盐酸、丙酮适量。

2. 主要仪器

100 mL 四口烧瓶 1 只，恒压滴液漏斗 2 只，0～100 ℃温度计 1 支，电动搅拌器 1 台，1 mL、

5 mL、10 mL 刻度注射器及针头各 1 套，真空系统 1 套，氮气系统 1 套，冷浴装置 1 套，水浴装置 1 套，水浴加热装置 1 套。Ziegler－Natta 催化剂催化丁二烯定向聚合装置，如图 13.1 所示。

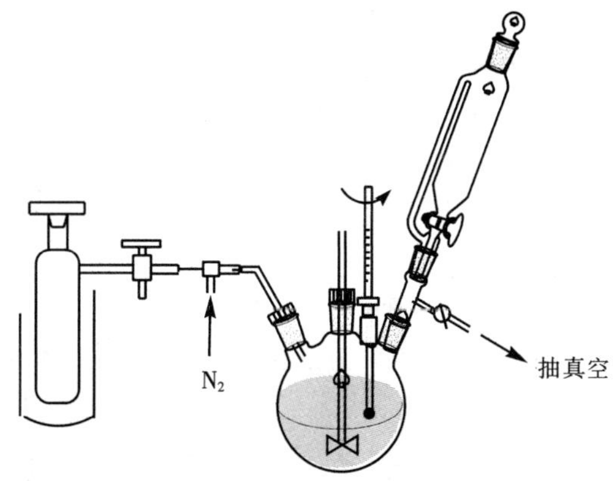

图 13.1　Ziegler-Natta 催化剂催化丁二烯定向聚合装置

五、实验步骤

在一个无水无氧处理过的 100 mL 四口烧瓶上，装上搅拌器、温度计、气体进出口管以及恒压滴液漏斗，抽空、充氮气反复三次以上。在向瓶中通氮气的条件下，用带刻度的注射器将 0.09 mL(0.082 mmol)的 $TiCl_4$ 注入烧瓶中，在搅拌情况下，用滴液漏斗在 20 min 内加入 0.33 mL(2.4 mmol)的三乙基铝和 0.5 mL 纯正庚烷的混合物。由于这两个催化剂组分的反应在开始时大量放热，所以必须用冷浴将混合物冷却至 0 ℃左右。为了避免烧瓶破裂而发生事故，冷浴不应用水，可以用如干冰—1,2 一二甲氧基乙烷混合物作冷浴。当所有的有机铝试剂加完以后，在室温下继续搅拌 30 min，然后用另一个滴液漏斗迅速加入 40 mL (0.35 mol)干燥过的苯乙烯，加快搅拌速度，并用油浴将反应混合物加热到 50 ℃，1 h 后，瓶内混合物逐渐度黏，最后度成凝胶状。

移去油浴，在强烈搅拌下在 10 min 内用滴液漏斗慢慢加入 5 mL 甲醇。加入甲醇必须小心，最重要的是必须保证迅速混合。催化剂被破坏后，在强烈搅拌下再迅速加入 35 mL 甲醇，这就使聚苯乙烯从凝胶状混合物呈细片状沉淀出来。再搅拌 10 min 后，将沉淀吸滤出来，并用甲醇洗涤。

若要除去所有的催化剂，可将聚合物放在 50 mL 甲醇和 0.5 mL 浓盐酸混合物中，以成瘀浆状搅拌 1 h，再经过滤和甲醇洗涤后，将聚合物在温度 60 ℃下真空干燥，称重，计算产率为 5%～30%。

为了与无定形部分分开，将干燥的聚合物放在含有 0.2 mL 浓盐酸的 50 mL 丙酮中搅拌 3 h，把剩下的不溶部分过滤出来，在温度 60 ℃下真空干燥，得到纯度为 85%～95%的可结晶聚苯乙烯。

在新蒸馏过的丙酮中回流 2 h，使不溶于丙酮的聚苯乙烯结晶完全。将混合物在室温下放置过夜，然后将聚合物过滤，并在 60 ℃下真空干燥，可结晶的全同聚苯乙烯的量为丙酮不溶部分的 95%～100%。

测定上述纯化了的聚苯乙烯结晶熔融范围、密度以及在苯中 20 ℃下的黏度值。

六、分析与讨论

1. 计算产率，测定立构规整度、密度、熔融温度及黏度。

2. 聚合用的玻璃仪器为何要反复进行抽排处理？其所用的原材料应如何处理？

3. 试举出另外三种单体进行 Ziegler－Natta 催化定向聚合反应，说明聚合工艺条件的差异。

七、问题思考

1. 如何提高苯乙烯定向聚合物的定向规整度？

2. 为什么体系加入少量甲醇需强烈搅拌，并且慢慢加入，而后加入大量甲醇而快速加入？

八、注意事项

催化剂两组分混合反应时是放热反应，必须通过冷浴将混合物冷却至 0 ℃，而且冷浴不能用水，反应过程中要保持无水及隔氧状态。

（肖安国供稿）

实验 14　苯乙烯的原子转移自由基聚合

（10 课时 适用于材料科学与工程专业）

一、相关知识

利用活性自由基聚合，通过分子设计能够合成出具有一定结构、一定组成以及特定性能的聚合物。近年来，活性自由基聚合发展非常迅速，目前是高分子化学中相当活跃的一个研究领域。活性自由基聚合技术主要包括原子转移自由基聚合(ATRP)、氮氧自由基调介聚合(NMP)、可逆加成—断裂链转移自由基聚合(RAFT)等。ATRP 中自由基聚合按照原子转移自由基加成反应的叠加机理实现大分子链的控制增长。聚合反应中发生卤素原子的可逆转移，即卤素原子从有机卤化物转移到低氧化价态的过渡金属络合物，再从高氧化价态的过渡金属卤化物转移到自由基的反复循环的原子转移过程。伴随着自由基(活性种)和大分子有机卤化物(休眠种)之间可逆的动态平衡反应，使聚合体系的自由基活性种维持在较低的浓度，减少了增长链自由基之间的不可逆双基终止副反应，使聚合反应得到有效控制。采用该技术可以合成分子量达 10^5、分子量分布很窄的聚合物，且聚合物的分子量可通过单体与引发剂的投料比进行设计。

二、实验目的

1. 掌握原子转移自由基聚合原理；
2. 掌握原子转移自由基聚合方法；
3. 了解原子转移自由基聚合适用的聚合单体；
4. 了解聚合物活性聚合方法。

三、实验原理

原子转移自由基聚合(ATRP)是一种新的活性聚合反应。与原子转移自由基加成反应一样，在原子转移自由基聚合中，两种不同的催化方法可形成碳—碳、碳—硫、碳—氮等键。一种是自由基催化，另一种是金属催化。

基于历史缘由，人们现在所说的原子转移自由基聚合就是金属催化的原子转移自由基聚合。正如其名称所指示，在原子转移自由基聚合中，自由基是聚合反应的活性种，而原子转移是活性聚合物链增长的关键基元反应和生成自由基活性种的路径。

1995 年，在美国卡内基梅隆大学 Krzysztof Matyjaszewski 教授实验室从事博士后研究期间，王锦山博士发现了原子转移自由基聚合。日本京都大学 Mitsuo Sawamoto 教授等人也在同期独立发表了称之为金属催化的活性自由基聚合。其实，Sawamoto 等人所述的本质上就是原子转移自由基聚合。在此基础上，十几年来 Matyjaszewski 教授和 Sawamoto 教授领导的梅隆研究组和京都研究组极大地发展和丰富了原子转移自由基聚合反应体系，取得了巨大的进展。ATRP 的聚合机理如下：

A. R-Cl + Cu(Ⅰ)Cl/ligand ⇌ R· + Cu(Ⅱ)Cl_2/ligand
↓M
B. P-Cl + Cu(Ⅰ)Cl/ligand ⇌ R· + Cu(Ⅱ)Cl_2/ligand
C. ↻M

四、实验器材

氯化亚铜的处理：使用前用 38%的冰醋酸浸泡、洗涤，静置后弃去上层清液，反复几次至上层液体无色、抽滤，用丙酮洗涤，50e 下真空干燥保存。苯乙烯的纯化：在 500 mL 分液漏斗中装入 250 mL 苯乙烯，每次用约 50 mL、浓度为 5%的 NaOH 水溶液洗涤数次，至无色后，再用蒸馏水洗涤至水层显中性。然后，加入适量的无水 Na_2SO_4，静置干燥。干燥后的苯乙烯进行减压蒸馏，收集 60e/5.33 kPa 馏分，放入冰箱中保存备用。

2,2—联二吡啶、A—溴代丙酸乙酯、甲醇及四氢呋喃，未处理，直接使用。

五、实验内容及步骤

250 mL 四口圆底烧瓶上安装冷凝管、温度计及氮气导入管。使用电热包加热，在高纯氮气气流下烘烤以除去反应瓶中的水分，保持 200e 以上，烘烤 1.5 h。冷却后，依次加入配体 2,2—联二吡啶、引发剂 A—溴代丙酸乙酯以及苯乙烯。用高纯氮气鼓泡置换 30 min，除去体系中存在的氧气。然后在氮气气流下，加入催化剂氯化亚铜。提升氮气导入管至反应液面以上，调低氮气气流量，同时保持体系正压。稍等 1～2 min 使氯化亚铜分散均匀，将反应瓶置于预先恒温的油浴中(110e)，开始聚合反应。观察体系颜色和黏度的变化。在不同的反应时间(间隔 60 min)用注射器取出约 2 mL 样品，再吸取 1 mL 四氢呋喃稀释，在烧杯中用 45 mL 甲醇沉淀聚合物。用布氏漏斗过滤，甲醇洗涤、抽干，聚合物 50e 下干燥 30 min 后称重。

转化率用重量法测定。聚合物的分子量和分子量分布用 Waters 凝胶渗透色谱仪测定，装配 1525 型梯度泵、717 自动进样器以及 2414 示差折光检测器，流动相为 THF。

六、实验结果与讨论

1. 聚合单体转化率；
2. 聚苯乙烯的分子量和分子量分布；
3. 聚合温度对聚合体系的影响；
4. 溶剂对聚合物分子量和分子量分布的影响。

七、思考题

1. 如何控制聚苯乙烯的分子量和分子量分布？
2. 原子转移自由基聚合适用的单体是哪些？
3. 哪些溶剂可以作为聚合体系溶剂使用？

（肖安国供稿）

实验 15　蔬菜生产基地重金属污染特征及风险评价

（6 课时 适用于化学、应用化学专业）

一、相关知识

随着我国城镇化快速发展，“三废”排放、农药与化肥不合理施用使农田土壤遭受不同程度的污染，尤其以重金属污染为代表。据统计，我国约 1/5 的农田土壤被各种污染物（重金属、有机污染物）侵害，其中重金属污染土壤占污染农田总面积的 30％～40％。虽然一些重金属为土壤中常见元素，但若超量存在，不仅严重影响作物生长，且可通过食物链对人体健康造成一定程度的危害。近年来，随着人们的食品安全和环保意识的加强和提高，蔬菜质量及其安全性越来越受到广泛关注。因此，对蔬菜基地土壤和蔬菜中重金属污染现状进行调查，对于保障城市蔬菜安全具有重要意义。

国内关于蔬菜基地的重金属污染情况进行了一系列报道，均表明蔬菜基地的土壤和蔬菜受到一定程度的重金属污染，但关于湘西北地区的蔬菜基地的重金属污染现状未见报道。因此，本实验以湘西北重要城市常德市郊区蔬菜基地为对象，通过采集土壤和蔬菜样品，测定其中重金属的含量，分析蔬菜基地土壤和蔬菜的重金属污染程度，评价蔬菜中重金属的人体健康风险，为保障常德市蔬菜基地的土壤和蔬菜安全提供科学的参考依据。

二、实验目的

1. 了解目前本地区蔬菜基地的重金属污染程度；
2. 掌握土壤和蔬菜重金属的提取和检测方法；
3. 掌握蔬菜和土壤中重金属风险评价方法。

三、实验原理

土壤和蔬菜中的重金属能以各种方式与土壤和蔬菜结合，若提取其中的重金属，必须破坏土壤结构和植物组织结构，尤其对于土壤样品。本实验拟采用高氯酸、盐酸、浓硝酸和过氧化氢等试剂，破坏组织结构，提取其中的重金属；同时结合原子吸收光谱法测定提取液中的重金属含量，结合体积换算成土壤和蔬菜中重金属含量；最后应用国内和国际通行的评价方法对土壤和蔬菜中重金属的风险进行评估。

四、实验器材

1. 药品与试剂

浓盐酸、浓硝酸、高氯酸、过氧化氢和去离子水。

2. 仪器

消解炉、原子吸收光谱仪。

五、实验内容及步骤

1. 样品的采集

选择具有代表性的蔬菜基地，以 Z 字形多点混合采摘时令蔬菜，采样为地上部分。同时采集蔬菜采样点周边 0～20 cm 的土壤，所有样品均用洁净的聚乙烯袋及时运回实验室进行处理。

2. 土壤中重金属的测定

采集的土壤样品放至阴凉处自然风干，剔除样品中的其他杂质后，利用研钵磨细，过 250 μm 筛后备用。土壤中重金属全量则利用美国环保局标准方法提取土壤样品中的重金属，即取代表性样品 1 g(干重)，重复加入硝酸和双氧水进行消化，最终采用火焰型原子吸收分光光度法测定。

3. 蔬菜中重金属的测定

称取烘干粉碎植物组织 2.0 g 至 100 mL 三角瓶中，加 10 mL 浓硝酸和 3 mL 高氯酸，摇匀，逐渐升温，使得溶液逐渐变稠，煮沸并维持一段时间，变为棕红色，冷却后再加入 5 mL 浓硝酸，浸湿灰分，加热消解，直至溶液透明无色；继续蒸发至溶液冒浓厚白烟，并出现粉红色或黄白色残渣为止；冷却，过滤，转入 50 mL 容量瓶，定容，采用火焰型原子吸收分光光度法测定。

4. 评价方法

土壤中重金属污染程度以《土壤环境质量标准》(GB15618－2008)中的二级标准(pH＜6.5)为参照进行评价，蔬菜中重金属污染程度参照国家食品卫生标准规定的限值，采用单因子污染指数和内梅罗综合污染指数计算。

居民经蔬菜摄入重金属量采用日人均摄入量(Daily Intake，DI)来计算，公式表达如下：

$$DI = F_{IR}C$$

上式中，F_{IR} 为消化食物的比例(参照文献值 345 g · 人$^{-1}$ · d^{-1})，C 为食物中重金属含量(mg · kg^{-1})。靶标危害系数法(THQ)是依据 USEPA(2000)提出的用于人体通过食物摄取重金属风险评估方法，按成人及儿童平均体重而建立。THQ 方法公式表达如下：

$$THQ = \frac{E_F E_D F_{IR} C}{R_{FD} W_{AB} T_A} = 10^{-3}$$

上式中，E_F 为接触频率(365 d · a^{-1})；E_D 为平均寿命(70 a)；F_{IR} 为消化食物的比率(345 g · 人$^{-1}$ · d^{-1})；C 为食物中重金属含量(mg · kg^{-1})；R_{FD} 为参比剂量(mg · kg^{-1} · d^{-1})，Cu、Cr、Ni、Zn 和 Pb 的参比剂量取值分别为 4×10^{-2}、1×10^{-3}、2×10^{-3}、3×10^{-3} 和 4×10^{-3}；W_{AB} 为人体的平均体重(成人 60 kg，小孩 32.7 kg)；T_A 为平均接触时间(25 550 d)。以上各数值均来自美国环保局文献。当 $THQ<1$ 为健康，认为人体负荷的重金属对人体健康造成的影响不明显。

六、思考题

1. 土壤和蔬菜中重金属常见的提取方法？
2. 蔬菜中重金属风险评价的方法？
3. 土壤中可提取态重金属的分析方法？

（杨基峰供稿）

实验 16　Fenton 试剂氧化降解抗生素环丙沙星

（6 课时 适用于化学、应用化学专业）

一、相关知识

制药行业排出的高浓度有机废水一般具有成分复杂、pH 值变化大、有机物难生物降解和污染性强等特点，长期以来一直是废水治理中的难题，目前国内外尚无可普遍推广的经济有效的方法。以好氧生物处理技术为主的废水处理工程，大多存在投资和处理成本高、废水实际处理率低等问题。芬顿试剂是以亚铁离子（Fe^{2+}）为催化剂、用过氧化氢（H_2O_2）进行化学氧化的废水处理方法，它能生成强氧化性的羟基自由基，在水溶液中与难降解有机物生成有机自由基使之结构破坏，最终氧化分解。主要反应大致如下：

$Fe^{2+}+H_2O_2=Fe^{3+}+OH^-+HO\cdot$

$Fe^{3+}+H_2O_2+OH^-=Fe^{2+}+H_2O+HO\cdot$

$Fe^{3+}+H_2O_2=Fe^{2+}+H^++HO_2$

$HO_2+H_2O_2=H_2O+O_2\uparrow+HO\cdot$

由上述反应可知，$OH\cdot$ 是氧化有机物的有效因子，而[Fe^{2+}]、[H_2O_2]、[OH^-]决定了 $OH\cdot$ 的产量，影响该系统的因素包括溶液 pH 值、反应温度、H_2O_2 投加量及投加方式、催化剂种类、催化剂与 H_2O_2 投加量之比等。鉴于以上，本实验拟对影响芬顿试剂氧化环丙沙星药物的因素进行考察，以获得最优条件。

二、实验目的

1. 掌握 Fenton 反应的机理；
2. 弄清影响 Fenton 试剂氧化环丙沙星的因素；
3. 初步弄清 Fenton 试剂氧化环丙沙星的机理。

三、实验原理

环丙沙星废水在 pH 值约为 2 的酸性溶液中，在芬顿试剂的作用下可发生降解生成小分子物质；同时环丙沙星在 280 nm 波长处有最大吸收，可用高效液相色谱法对其浓度进行测定。

四、实验器材

1. 药品与试剂

环丙沙星标样、$FeSO_4\cdot7H_2O$、高锰酸钾、草酸钠、甲醇、磷酸、双氧水和浓硫酸均为分析纯。

2. 主要仪器

高效液相色谱仪、pH 计、磁力搅拌器、电子天平。

五、实验内容及步骤

1. 药品配制

(1) 环丙沙星模拟废水。实验所用的环丙沙星废水自行配制。取 50 mg 环丙沙星，加入少量蒸馏水，再加 600 μL 磷酸让其充分溶解，转移到 1 L 的容量瓶中，配置成 50 mg/L 的模拟环丙沙星废水。

(2) 1∶3 硫酸的配置。取 50 mL、98%的浓硫酸，缓慢加入 150 mL 蒸馏水中，边加边用玻璃棒搅拌，待冷却后，转入试剂瓶中储存备用。

(3) 3 mol/L 氢氧化钠溶液的配置。称取 12 g 氢氧化钠于 250 mL 烧杯中，加入 100 mL 蒸馏水溶解，待溶液冷却后，转入试剂瓶中储存备用。

(4) 高锰酸钾溶液的配置：$c(1/5KMnO_4)=0.1$ mol/L。称取 3.2 g 高锰酸钾溶于 1 L 水中，在沸水浴上煮沸 2 h 左右，放置过夜，于棕色瓶中保存，使用前过滤。

(5) 高锰酸钾标准滴定溶液的配置：$c(1/5KMnO_4)=0.01$ mol/L。用移液管吸取 50 mL 上述高锰酸钾溶液于 500 mL 容量瓶中，用水稀释至刻度，摇匀。

(6) 草酸钠标准滴定溶液的配置：$c(1/2Na_2C_2O_4)=0.010\ 00$ mol/L。准确称取 0.067 00 g 草酸钠，准确至 0.002 g，用少量水溶解，移至 1 000 mL 容量瓶中，稀释至刻度，摇匀。转入试剂瓶中储存备用。

2. 环丙沙星的氧化降解

取一只 250 mL 烧杯，向其中加入 200 mL 环丙沙星模拟废水，加入一定量的硫酸亚铁和双氧水进行反应，反应一定时间后采用 1 mL、3 mol/L 的 NaOH 溶液使反应停止，采用液相测定环丙沙星的浓度，同时采用高锰酸钾氧化法测定反应液的 COD 变化。

在实验初始阶段，通过改变硫酸亚铁和双氧水的含量，确定反应的初始条件，然后考察不同因子如 pH、双氧水含量、硫酸亚铁含量和反应时间等对芬顿试剂氧化环丙沙星的影响。每一实验重复三次，并设空白对照。通过不同因子的变化探究其反应机理。

3. 测定方法

(1) 环丙沙星浓度测定。采用高效液相色谱法对环丙沙星浓度进行测定，流动相为 30%甲醇和 70%水，用紫外检测器于波长 270 nm 处测定环丙沙星的峰面积，通过外标法计算其含量。

(2) COD 的测定。测定原理：化学需氧量是指在规定的条件下，用氧化剂处理水样时，与消耗的氧化剂相当的氧的量。高锰酸钾在酸性中呈较强的氧化性，在一定条件下使水样中还原性物质氧化，高锰酸钾还原为锰离子。过量的高锰酸钾可通过草酸测得。

$$MnO_4^- + 8H^+ + 5e = Mn^{2+} + 4H_2O$$

$$2MnO_4^- + 5C_2O_4^{2-} + 16H^+ = 2Mn^{2+} + 10CO_2\uparrow + 8H_2O$$

六、思考题

1. 如何评价芬顿试剂氧化性能？
2. 环丙沙星氧化降解过程中的毒性变化如何评价？
3. 处理制药废水有哪些可行的方法？

（杨基峰供稿）

实验 17　基于电絮凝法处理电镀废水中铬的研究

（6 课时 适用于化学、应用化学专业）

一、相关知识

电絮凝包含电凝聚、电解氧化、氧化还原和电气浮等电化学处理过程的协同反应，使得它在各种废水处理中的应用越来越广泛，常用于含油废水、印刷废水、焦化废水中有机物的去除及含有有毒重金属废水的处理。近年来我国有色金属行业发展迅速，但在其冶炼过程中产生大量强酸性、高浓度的混合重金属冶金废水，而现阶段处理重金属废水的方法有化学沉淀法、生物法等。化学沉淀法可去除废水中的大部分重金属，但其对环境的 pH 要求较高且产生大量废渣，产生的废渣仍需进一步处理，药剂使用量大。生物法处理重金属废水成本较低，但前期微生物的驯化需花费大量时间，且菌种筛选较难。电絮凝将电化学、电氧化还原、电化学混凝和电化学气浮等几种技术结合，用其处理重金属废水不仅能完全去除重金属，且具有设备简单、操作简便、运行周期短、成本低等优点。

通过本实验，研究不同 pH、电流大小等条件对电絮凝处理废水中的低浓度铬的影响，获得电絮凝处理电镀废水（铬）的最佳操作条件。

二、实验目的

1. 了解电絮凝处理电镀废水的原理；
2. 弄清六价铬在电絮凝作用下的变化过程；
3. 明确电絮凝处理六价铬电镀废水的最佳工艺条件。

三、实验原理

本实验阴阳两极分别使用铁电极和石墨电极，铬在阴极上被絮凝出来，从而析出，以此来达到资源回收的目的。阴阳两极发生的电极反应如下：

阳极：$Fe \rightarrow Fe^{3+} + 3e^-$　　(1)

阴极：$2H_2O + 2e^- \rightarrow H_2\uparrow + 2OH^-$　　(2)

总反应：$2Fe + 6H_2O = 2Fe(OH)_3 + 3H_2\uparrow$　　(3)

本实验是在 $Fe(OH)_3$胶状的状态下絮凝铬离子的，以达到除去铬离子的目的。

四、实验器材

1. 药品与试剂

重铬酸钾、二苯碳酰二肼、氢氧化钠、磷酸、硫酸和丙酮均为分析纯。

2. 主要仪器

自制电解槽、电流表、离心机、立式电热恒温鼓风干燥箱、超声波清洗器、电子天平、可见分光光度仪、pH 计、数字电位差综合测试仪、双路直流稳压稳流电源、滑线式滑动变阻器。

五、实验内容及步骤

1. 铬的测定

(1) 标准铬溶液的配制

① 称取于 120 ℃干燥 2 h 的重铬酸钾($K_2Cr_2O_7$,优级纯)0.282 9 g,用水溶解后,移入 1 000 mL 容量瓶中,用水稀释至标线,摇匀。此溶液 1 mL 含 0.100 μg 六价铬。

② 取 5.00 mL 铬标准储备液置于 500 mL 的容量瓶中,用水稀释至标线,摇匀。此溶液 1 mL 含 1.00 μg 六价铬。使用当天配制此溶液。

③ 配置二苯碳酰二肼溶液:称取二苯碳酰二肼($C_{13}H_{14}N_4O$)0.2 g,溶于 50 mL 丙酮中,加水稀释至 100 mL,摇匀。储存于棕色瓶中,然后置于冰箱中。

(2) 标准曲线的绘制

① 取 7 支 50 mL 比色管,分别加入 0.00、1.00、2.00、4.00、6.00、8.00 和 10.0 mL 铬标准溶液,用水稀释至标线,加入 1+1 硫酸溶液 0.5 mL 和 1+1 磷酸溶液 0.5 mL,摇匀。加入 2 mL 显色剂溶液,摇匀。30 min 后于 540 nm 波长处,用 1 cm 比色皿,以水为参比,测定吸光度。

② 根据所得数据,以吸光度为纵坐标,相应六价铬含量为横坐标绘制铬溶液标准曲线。

2. 铬去除率的计算

通过标准曲线和线性关系式求出不同吸光度对应的铬含量,再通过下面的计算公式得出含铬离子的量,按下式计算去除率:

$$Cr(\%) = 1 - \frac{C \cdot V}{C_1 \cdot V_1} \times 100\%$$

式中:V_1——初取废液体积(L);

V——电解后废液体积(L);

C_1——初始废液浓度(mg/L);

C——从标准曲线上查得的铬浓度(mg/L)。

3. 不同因子对电絮凝效果的影响

将配置好的重金属液分别倒入电解槽,设定电源为直流电源,电极为 1 mm×85 mm×55 mm 的铁电极,另一电极为石墨电极,电极间设置一定距离,电流大小设定为一定值,电解时间设定一定时间间隔。通过以上实验,考察时间、板间距、电流大小和 pH 值对电絮凝处理效果的影响,获得最优条件。

六、思考题

1. 电絮凝处理废水的机理是什么?
2. 电絮凝处理废水过程中的主要影响因子有哪些?
3. 如何选择合适电极处理废水?

(杨基峰供稿)

实验 18　改性膨润土处理制药废水中的氨氮

（6 课时 适用于化学、应用化学专业）

一、相关知识

随着我国工业的快速发展，尤其是医药、化肥、农药和日用品等行业的发展，氨氮废水的污染越来越严重，许多河流、湖泊、海湾、水库等出现了严重的水体富营养化，导致鱼类等生物大量死亡，不仅如此，土壤也遭受非常严重的污染。

对于氨氮废水处理方法较多，如生物处理法、吹脱法、化学沉淀法、离子交换法。但它们都存在一定弊端，例如，生物脱氮工艺普遍存在对反应器温度和 pH 值要求较高，同时硝化类型不稳定，其短程硝化易向全程硝化转化等问题；吹脱法易产生二次污染，并且长时间运行可使设备结垢而堵塞，进而影响后续处理工艺的效果；而化学沉淀法经济成本高。针对以上问题，国内外学者对氨氮废水处理进行深入研究，吸附法在此条件下孕育而生。吸附法具有处理容量大、可有效吸附废水中的污染物、工艺简单、操作方便、处理效率高等优点，已成为一种有效处理氨氮废水的方法。目前常用的吸附剂为活性炭，虽然其具有较高的处理效率，但仍存在一些弊端，如价格昂贵、运行费用高、再生困难等。因此，寻求一种廉价的氨氮废水处理材料，以降低废水处理成本，提高处理效率，已成为污水处理中亟待解决的问题。

膨润土是以硅酸盐为主的矿物，其主要成分蒙脱石具有独特的晶体结构、较大的比表面积和孔容，拥有良好的交换性能和高比表面积，对离子具有较强的吸附能力。我国有丰富的膨润土资源，26 个省市（自治区）有膨润土矿床（点），且资源量达 75 亿吨以上，其中探明储量 23 亿吨，仅次于美国。大型以上矿床 12 个，储量达 18.6 亿吨，约占总储量的 80%以上。而且我国膨润土矿产质优量大，种类齐全，钙、钠基膨润土储量丰富，分布广泛，为膨润土的使用提供大量的资源。

鉴于以上原因，本研究拟对天然膨润土进行不同方式的改性处理，以期获得能够高效处理氨氮废水的改性产品。

二、实验目的

1. 了解氨氮废水处理的方法；
2. 掌握膨润土改性的方法；
3. 熟悉膨润土吸附氨氮的原理。

三、实验原理

采用不同方法分别制备钠基膨润土、铝柱撑膨润土和铁柱撑膨润土，以增大膨润土的比表面积；同时以上述三种膨润土为吸附剂，采用批平衡法研究氨氮的吸附等温线，考察不同因子对吸附效率的影响，从而确定最佳的改性吸附剂和吸附参数。

四、实验器材

1. 药品与试剂

氯化铵、氯化钠、十六烷基三甲基溴化铵、碘化钾、氢氧化钾、无水氯化铝、氯化铁、酒石酸钾钠和氯化汞等均为分析纯。

2. 主要仪器

离心机、超声波清洗器、快速混匀器、电热套、马弗炉、多功能振荡器、可见分光光度计等。

五、实验内容及步骤

1. 吸附实验

准确称取 1.0 g 原膨润土（或改性膨润土）5 份，分别置于 5 个 250 mL 烧杯中，分别加入 100 mg/L 的氨氮模拟废水 25 mL、35 mL、50 mL、100 mL、150 mL，混匀，振荡 30 min，过滤。对吸附后的废水经过滤，取 1 mL 水样分析。

2. 氨氮含量的测定

采用纳氏试剂比色法（GB7479－87），在碱性条件下以酒石酸钾钠为掩蔽剂，碘化汞钾与铵离子形成黄棕色的络合物，用分光光度计测定氨氮的吸光度，根据所作标准曲线方程求出废水中氨氮剩余浓度。

3. 膨润土的改性

（1）钠基膨润土

称取 20 g 原膨润土于烧杯中，加入 200 mL 质量分数为 1%的氯化钠溶液，用玻璃棒搅拌均匀，充分混匀，静置浸泡 8 h，离心，70 ℃烘干，研磨过 100 目筛，备用。

（2）CTMAB 有机膨润土

称取 25 g 原膨润土于烧杯中，加入 250 mL 已溶解 5 g 的 CTMAB 溶液，在 65 ℃条件下振荡 4 h，静置一夜，离心分离，经二次水洗涤振荡，离心分离，反复洗涤数次，直至上清液中无 Br^-（用 $AgNO_3$ 溶液鉴定），离心后在 70 ℃烘干，研磨过 100 目筛，备用。

（3）铝柱撑膨润土

将浓度为 0.2 mol/L 的 NaOH 溶液缓慢地逐滴加入到不断搅拌的 0.2 mol/L 的 $AlCl_3$ 溶液中，控制 OH/Al 摩尔比为 2.4，搅拌 4 h，老化 4 d 得到铝柱化剂。称取 20 g 原膨润土于烧杯中，配制成 1%质量分数的矿浆，不断搅拌使其层间充分吸水膨胀，取 680 mL 铝柱化剂在不断搅拌的条件下滴加到矿浆悬浮液中，搅拌 4 h，静置 1 d，用二次水洗涤数次至无 Cl^-（用 $AgNO_3$ 溶液检验），70 ℃烘干，研磨过 100 目筛，备用。

（4）铁柱撑膨润土

将 250 mL、浓度为 0.5 mol/L 的 NaOH 溶液缓慢滴入到 250 mL、浓度为 0.2 mol/L 的 $FeCl_3$ 溶液中，滴加时不断搅拌，继续搅拌 4 h，老化 4 d 后得到铁柱化剂。称取 20 g 原膨润土于烧杯中配制成 1%的矿浆液，不断搅拌，取 250 mL 的铁柱化剂在不断搅拌的条件下滴加到矿浆悬浮液中，搅拌 4 h 后，用二次水洗涤数次至无 Cl^-（用 $AgNO_3$ 溶液检验）70 ℃烘干，研磨过 100 目筛，备用。

五、思考题

1. 不同改性方法的基本原理是什么?
2. 实验过程为什么离心必须彻底?
3. 如何将改性膨润土真正用于处理氨氮废水和其他废水?

（杨基峰供稿）

实验 19　黑炭对诺氟沙星吸附行为研究

（6 课时 适用于化学、应用化学专业）

一、相关知识

黑炭主要是由生物物质和化石燃料的不完全燃烧产生的，由异质的、浓缩的、芳香族、富含碳的物质组成，主要包括烟灰、木炭和焦炭，全球每年产生 50～200 Tg 黑炭，其中 80%来源于植被的燃烧。黑炭广泛存在于陆地（土壤）和水生环境（沉积物）中，是其有机碳的重要组成部分，由于具有极长的环境周期，黑炭是土壤和沉积物中稳定的碳源，在全球碳源循环过程中起着非常重要的作用。研究表明，沉积物和土壤中的黑炭含量分别占总有机碳的 9%（5%～18%）和 4%（2%～13%）左右，而在受火灾影响的土壤中，这一比值极高，可达到 20%～45%。由于大量黑炭的输入，加之其独特的强吸附特性，对环境中污染物的环境行为产生一定影响，最终影响污染物在环境中的归趋。

关于黑炭对有机污染物的吸附方面的研究，早在 20 世纪 60 年代，Yuen 和 Hilton 就发现甘蔗、秸秆燃烧产生的黑炭是影响土壤中非草隆、利谷隆、五氯酚钠等农药吸附的一个重要方面。目前普遍认为黑炭是有机污染物的超级吸附剂。Yang 和 Sheng 研究发现，用小麦和水稻秸秆焚烧而成的黑炭，对敌草隆吸附效率是普通土壤的 400～500 倍。其他有关黑炭吸附有机物的研究包括：黑炭能够强烈吸附多氯代二苯并二恶英和多氯代二苯并呋喃、多溴联苯醚、农药敌草隆、3－氯酚和菲等各种有机污染物。

目前，有关抗生素的土壤吸附行为和机理研究多集中于四环素类药物，而相对较少关注喹诺酮药物，并且多针对土壤而言。本实验以常见的喹诺酮药物诺氟沙星为对象，通过吸附平衡实验研究黑炭对诺氟沙星的吸附行为。

二、实验目的

1. 了解黑炭的产生过程；
2. 考察黑炭进入土壤后对土壤吸附性能的影响；
3. 学会用各种方法表征黑炭。

三、实验原理

黑炭具有多孔结构，具有较大的比表面积，一旦通过各种途径进入土壤后必定影响土壤理化性质的改变。本实验采用批平衡实验，研究含有黑炭的土壤对诺氟沙星吸附性能的影响，通过考察 pH 值、黑炭含量、温度等因素，最终确定吸附的机理。

四、实验器材

1. 药品与试剂

磷酸、溴化钾、无水乙醇、诺氟沙星、秸秆灰烬。

2. 主要仪器

离心机、精密电子天平、电热干燥箱、超声波清洗器、快速混匀器、多功能振荡器、红外干燥箱、荧光分光光度计、傅立叶变换红外光谱仪。

五、实验内容及步骤

1. 吸附剂的制备

黑炭的制备：在晴朗无风的天气条件下，将干燥的油菜秸秆置于不锈钢托盘中，于室外燃烧，所得的灰烬即含有黑炭。

土壤的采集：室外采集地表层 0～20 cm 的新鲜土壤，捣碎风干 3 d 左右，过 100 目筛后备用。

吸附剂的制备：将黑炭和土壤以 1∶99 的比例（即称取 1.0 g 黑炭和 99 g 过筛的土壤）置于 500 mL 三角瓶中，手动混匀 7 d，使黑炭和土壤混合均匀，置于电热干燥箱于 40 ℃下烘干后备用。

2. 黑炭的表征

对黑炭样品分别进行 SEM 和 FT－IR 分析测定。

3. 吸附实验

准确称取一定量的吸附剂置于 50 mL 塑料离心管中，分别加入一定浓度的诺氟沙星溶液，摇匀后水平置于恒温摇床上，避光振荡，一定时间间隔后取出离心管，在 4 500 r/min 的条件下离心 10 min，使固液分离，取上层清液待测，平行三次。同时设置无土空白对照。

六、思考题

1. 黑炭存在于哪些地方？
2. 黑炭对环境污染物的环境地球化学的意义是什么？
3. 黑炭对诺氟沙星的吸附机理是什么？

（杨基峰供稿）

实验 20　苯并呋喃新木脂素的合成

（6 课时 适用于材料科学与工程、应用化学、化学专业）

一、相关知识

木脂素（Lignans）化学是天然产物化学的重要分支之一，是自然界分布最为广泛且发现较早的一类天然代谢产物。它是一类由两分子苯丙素衍生物（即 $C_6—C_3$ 单体）聚合而成的天然化合物，多数呈游离状态，少数与糖结合成苷而存在于植物的木部和树脂中，故而得名。目前已从樟科、松科、胡椒科、爵床科、肉豆蔻科、五味子科、木兰科、小檗科、菊科、瑞香科、马兜铃科等上百个科的植物中发现存在不同结构类型的木脂素类化合物，尤其是在松柏纲植物中最为多见，且含量较高。

通常所指是其二聚体，少数可见三聚体、四聚体。组成木脂素的单体有桂皮酸、桂皮醇、丙烯苯、烯丙苯等。它们可脱氢，形成不同的游离基，各游离基相互缩合，即形成各种不同类型的木脂素，结合位置多在 β 位结合，也有在其他位置结合的。其理化性质为：多数木脂素为无色结晶，一般无挥发性，不能随水蒸气蒸馏，只有少数木脂素在常压下能因加热而升华。游离的木脂素是亲脂性的，一般难溶于水，易溶于亲脂性有机溶剂和乙醇中。具有酚羟基的木脂素还可溶于碱性水溶液中。木脂素与糖结合成苷时则亲水性增加，对水的溶解性也增大。木脂素分子中常具有多个手性碳原子或手性中心结构，所以大部分都有光学活性。木脂素的生理活性常与手性碳的构型有关。

早在 1863 年，Carboncini 就已分离出第一个木脂素结构的化合物 Phillyrin。然而在长达一个多世纪里，木脂素的化学研究比较少，相当沉寂。直到 20 世纪 70 年代初，当鬼臼毒素（Podophyllotoxin）的类似物 Eptoside 作为抗癌药物应用于临床之后，该类化合物引起了人们的高度重视，由于木脂素类化合物在植物生态、人类营养、健康保护以及疾病治疗中的重要生物学作用和功能，所以成为三十多年来较为活跃的研究领域之一，并相继发现了不少此类化合物。

目前已有 200 多种化合物，具有广泛的生理活性，如抗癌、抗氧化、保肝、抗病毒、免疫激活、抑制生物体内的酶活力、血小板活化因子（PAF）拮抗和对中枢神经系统的作用等。苯并呋喃类木脂素属于新木脂素，这些化合物大多数具有较强的生理活性，例如，天然产物 Obovaten 具有强抗肿瘤活性，海风藤酮（Kadsurenone）能明显抑制血小板活化因子（PAF）和血栓素 B2 的升高。该类天然产物具有较高的工业应用价值，例如，去甲基双氢松香酸在 20 世纪 40 年代以来，一直作为食品行业的重要抗氧化剂（商品名 NDGA）被广泛应用，特别是用于脂肪和食用油的防酸败；更重要的是它们具有显著的多样性生物活性，例如，被人们熟知的以鬼臼毒素为代表的抗肿瘤活性，多个鬼臼毒素的衍生物已经作为抗肿瘤药物用于临床;另外,在抗 HIV、拮抗病毒反转录酶和 PAF、抗真菌和免疫抑制等方面具有很显著的作用。相关研究还表明蔬菜和纤维类食品中含有的可食用木脂素类化合物具有癌症防御作用;在哺乳动物分泌物和体液中发现了内内酯和内二醇有激素样作用。木脂素类天然产物的化学和生物活性里的多样性和复杂性结构及其生物功能和生物代谢合成途径中的诸多问题,一直是化学家、药物化学家和生物学家研究和关注的重要热点,同时也为相关研究提供了十分广阔的研究前景,引起了众多化学家、药物学家的广泛关注。

木脂素在人体和某些动物体内也有分布,一般称为哺乳动物木脂素(又称肠木脂素),以区别于植物木脂素。木脂素可分为 7 大类:木脂素、新木脂素、降木脂素、混杂木脂素、多聚体木脂素、联苯木脂素和新异木脂素。木脂素类化合物优良的生物活性,独特的作用机理,已经成为人们研究的热点。

由于天然产物主要来自异源产物,在不同生物体中的作用和功能不同,直接来源于其他生物体的代谢产物,对人体的作用经常表现出活性和毒性共存或活性不够强等问题;而且,在大多数情况下,强活性成分含量低,天然来源不能满足需要,并且天然资源的过度利用也会导致连锁生态平衡问题,因此,通过化学和生物学等方法对活性天然产物的结构进行衍生化、转化和活性测定比较等研究,确定其结构中活性和毒性部位及功能团,经过优化使其毒性降低,活性和生物利用度提高,在应用中更加安全有效,是一项很有意义的工作。

二、实验目的

1. 了解木脂素的性质和用途。
2. 掌握木脂素的合成方法。
3. 掌握有机化合物的表征方法。

三、实验原理

以对羟基苯甲醛和丙二酸为原料,通过 Knoevenagel 反应、酯化反应、氧化偶联反应合成苯并呋喃新木脂素。

HO–C₆H₄–CHO —丙二酸二乙酯→ HO–C₆H₄–CH=CH–COOH —甲醇→ HO–C₆H₄–CH=CH–$COOCH_3$ —Ag_2O→ 苯并呋喃新木脂素(含 OH、$COOCH_3$、H_3COOC 取代基)

四、实验器材

1. *主要试剂*

4—羟基苯甲醛、丙二酸、苯胺、对甲基苯磺酸、新制氧化银。

2. *主要仪器*

红外光谱仪、熔点仪。

五、实验内容及步骤

1. 4—羟基苯基丙烯酸的合成

在装有冷凝管、温度计的 100 mL 三颈瓶中依次加入 4—羟基苯甲醛 12.00 g、丙二酸 13.84 g(108 mmol)、13 mL 吡啶、28 mL 甲苯和 1.6 mL 苯胺，加热至 85～90 ℃搅拌 7 h。冷却至室温，加入 54 g、25%的碳酸钾溶液，搅拌 15 min。用分液漏斗分出水层，在冰水冷却下向水层中滴加浓盐酸调 pH=3～5，静置直至析出粗品。抽滤得粗品，并用水重结晶，将粗产品转入 100 mL 的圆底烧瓶中，加热并加入尽量少的水使其完全溶解。待完全溶解后停止加热，冷却过夜，有淡黄色针状结晶析出，得 11.80 g，产率 72%，熔点 170～172 ℃。

2. 4—羟基苯基丙烯酸甲酯的合成

将 10.00 g(60 mmol)4—羟基苯基丙烯酸、对甲苯磺酸 5.16 g(30 mmol)、40 mL 环己烷和 40 mL 甲醇依次加入到装有分水器、回流冷凝管、温度计的三颈中，加热回流 3 h，回流温度控制在溶剂环己烷的沸点 80.7 ℃左右。回流期间不断用分水器分出反应产生的水。回流结束后减压蒸出环己烷和未反应完的甲醇。残留物用饱和 $NaHCO_3$溶液中和，剧烈搅拌 15 min 有大量淡黄色固体析出，继续搅拌 20 min，用布氏漏斗抽滤，水洗两次，得淡黄色固体 9.51 g，产率为 89%，熔点为 120～122 ℃。

3. 2—(4—羟基苯基)—3—甲氧羰基—5—甲氧羰基乙烯基—2,3—二氢苯并呋喃合成

在 250 mL 的三颈烧瓶中，加入 8.90 g (50 mmol)4—羟基苯基丙烯酸甲酯、新制氧化银 5.80 g(25 mmol)、125 mL 干甲苯和 75 mL 干丙酮，磁力搅拌，室温反应 48 h(用 TLC 跟踪反应，直至原料很少甚至没有)。用漏斗过滤，得滤液，将其减压蒸馏除去溶剂，得到黄色油状物，该油状物经柱层析提纯[洗脱剂为 V(石油醚)/V(乙酸乙酯)=3∶1]，得淡黄色固体，产率为 33%，熔点为 91～93 ℃。

4. 测试与表征

利用红外光谱仪、熔点仪进行表征。

六、思考题

1. Knoevenagel 反应的定义是什么？
2. 为什么氧化银要新制备？
3. 使用红外光谱、熔点仪需要注意的问题有哪些？

（申有名供稿）

实验 21　四氧化三铁纳米颗粒的合成与表征

（6 课时 适用于材料科学与工程、应用化学、化学专业）

一、相关知识

磁性材料的种类很多，主要有金属合金（Fe、Co、Ni）、氧化铁（$\gamma-Fe_2O_3$、Fe_3O_4）、氮化铁（FeN）、铁氧体（$CoFe_2O_4$）和氧化铬（CrO_2）等。其中，Fe_3O_4 是应用最多的磁性纳米粒子。它很容易在水溶液中通过共沉淀或氧化共沉淀制备，其粒度、形状和组成可以通过调节反应条件得到控制。四氧化三铁晶体可表示为 Fe（Ⅲ），晶格是复杂的面心立方体，氧原子构成密集的面心结构，Fe^{2+} 和 Fe^{3+} 通过氧离子的超交换作用而产生亚铁磁性。四氧化三铁磁性纳米粒子粒径大多分布在 5～100 nm，由于小尺寸效应和表面效应，当四氧化三铁纳米粒子的粒径 $d<16$ nm 时，由于各向异性减小，可与热运动动能相比拟，易磁化方向作无规律的变化而产生了超顺磁性。四氧化三铁磁性纳米粒子由于具有独特的性能，为生物医学研究和分离过程研究提供了极大可能。这种纳米粒子极易合成并有相应的包覆及功能化、高的比表面积，为研究提供了极大的通用性。

磁性纳米材料是纳米材料的一个重要门类。磁性纳米微粒一般是指粒径在 1～100 nm 之间的磁性粒子。由于磁性的存在，纳米粒子除了在物理、化学方面具有纳米材料的介观（即介于宏观物体与微观分子、原子之间）特性外，还具有特殊的磁性能——介观磁性，主要包括磁化率和超顺磁性两方面：

（1）磁化率。磁化率随温度升高而减小，满足居里－外斯定律（磁化率与温度密切相关），然而具有超顺磁性的纳米粒子，其磁化率不仅与温度有关，还与纳米粒子中电子的奇偶数紧密相关。当电子数为奇数时，磁化率服从居里－外斯定律；然而当电子数为偶数时，磁化率不再服从居里－外斯定律，而是与热运动动能成正比。

（2）超顺磁性。当磁性纳米粒子的尺寸小到某一临界值时，每个粒子为单个磁畴，此时粒子中电子的热运动动能超过了电子自旋取向能，磁矩呈无规则排列，磁性纳米粒子则由铁磁性或亚铁磁性变为超顺磁性。

磁性纳米材料的合成方法很多，大致可分为两大类：物理方法和化学方法。物理方法主要包括机械球磨法、物理粉碎法、物理气相沉积法等。化学方法有很多种，可大致分为均相体系反应法和多相体系反应法两类。目前应用较多的化学制备方法有水（溶剂）热法、化学沉淀法、微乳液法、溶胶－凝胶法、模板合成法等。

（1）水（溶剂）热法。水（溶剂）热法是在特制的密闭反应器中，采用水溶液（溶质与溶剂的分散液）作为反应体系，通过将反应体系加热至临界温度或接近临界温度，使反应体系中产生高压环境而合成材料的方法。这是一种十分有效的方法，优点是样品纯度高、分散性好、晶体形貌好且尺寸可控等。

(2) 化学沉淀法。化学沉淀法是液相化学合成高纯度纳米微粒采用的最广泛的方法之一。在混合溶液中加入适当的沉淀剂制备纳米颗粒的前驱体沉淀物来制得相应的纳米颗粒。其优点是工艺简单、易于控制、易制高纯度复合化合物;缺点是影响因素较多(如温度、浓度、pH 值、时间等),均匀分散粒子的条件比较苛刻。

(3) 微乳液法。微乳液法是在表面活性剂的作用下,两种互不相溶的溶剂形成均匀的乳液,从乳液中析出固相制备纳米颗粒的方法。其优点为不易团聚、大小易控和分散性好等。

(4) 溶胶—凝胶法。溶胶—凝胶法是用一种或多种醇盐的均匀溶液作原料,在催化剂和合适 pH 的条件下使反应发生,反应使溶液活化水解,生成物聚集并逐渐凝胶化,将凝胶干燥、煅烧后制得纳米材料。其优点是反应条件温和、产品成分均匀、纯度较高并易工业化生产,特别适用于获得那些均匀涂层、薄膜及一般方法难以制备的体系。

(5) 模板合成法。模板合成法是将单体、熔体或聚合物溶液引入模板的纳米孔洞中,通过物理或化学方法得到结构规整、排列整齐的聚合物一维纳米材料。其优点是可以制得纳米阵列、结构完善、可控和长程有序。

二、实验目的

1. 了解四氧化三铁纳米粒子的性质和用途。
2. 掌握四氧化三铁纳米粒子的合成。
3. 掌握磁性纳米粒子的表征方法。

三、实验原理

在碱性条件下,氯化铁和氯化亚铁在快速搅拌下形成四氧化三铁纳米粒子。

$$Fe^{3+} + Fe^{2+} + OH^- \longrightarrow Fe_3O_4 + H_2O$$

四、实验器材

1. 试剂

氢氧化钠,六水三氧化铁,七水氯化亚铁。

2. 仪器和设备

电动搅拌器,电炉,扫描电镜(SEM)。

五、实验内容及步骤

1. Fe_3O_4 磁性纳米粒子的制备

(1) 配制溶液

2 M 盐酸:取浓盐酸 2.5 mL 稀释至 15 mL;

$FeCl_3$ 溶液:取 0.01 mol 的 $FeCl_3 \cdot 6H_2O$ 溶于 10 mL 的 2 M 盐酸中;

$FeCl_2$ 溶液:取 0.005 mol 的 $FeCl_2 \cdot 7H_2O$ 溶于 5 mL 的 2 M 盐酸中。

(2) 水热法合成磁性纳米粒子的制备

① 取 250 mL 的三颈烧瓶安装搅拌装置,加入去离子水并加热到 50 ℃通氮除氧,在氮气的气氛中迅速加入混合均匀的铁盐溶液,大力搅拌并加热到 75 ℃,迅速加入 20 mL 浓氨水,反应 1 h。

② 反应完毕,用水洗涤 4 次,并用磁铁分离,再用无水乙醇洗涤两次,分离,烘干。

磁性纳米粒子反应装置，如图 21.1 所示。

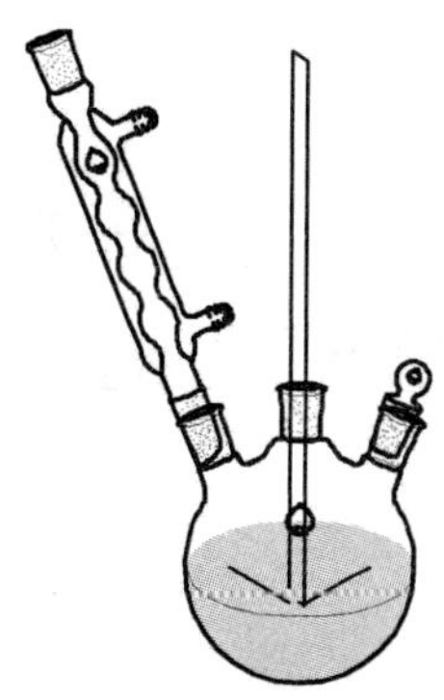

图 21.1　磁性纳米粒子反应装置图

2. 磁性纳米粒子的表征

利用扫描电镜对磁性纳米粒子的表面形貌进行表征，分析磁性纳米粒子的直径均匀度。

六、思考题

1. 四氧化三铁纳米粒子的合成方法有哪些？
2. 水热法合成四氧化三铁纳米粒子需要注意哪些问题？
3. 在四氧化三铁纳米粒子的合成中为什么需要氮气保护？

（申有名供稿）

实验 22　3－甲酸－7－二乙氨基香豆素的合成与表征

（6 课时 适用于材料科学与工程、应用化学、化学专业）

一、相关知识

香豆素又称苯并吡喃酮、邻羟基肉桂酸内酯、邻氧萘酮等，是一种用途极为广泛的香料，最早是在 1820 年用酒精从黑香豆中提取得到的。人们可以从自然界中的黑香豆、香蛇鞭菊、野香荚兰等植物中获得香豆素类衍生物，也可以通过化学方法合成制得，迄今为止已发现的香豆素类衍生物有 800 多种。香豆素及其衍生物具有明显的生物活性，对人体具有降血糖、抗氧化、抗菌和抗癌等多种药理作用，因此，香豆素类衍生物也是医药学中的一类重要药物中间体。由于香豆素类衍生物自身能够散发出芳香的气味，因此香豆素也能够在食品和化妆品领域中占有一席之地。除此之外，香豆素类的花椒毒素有毒，因而能够在香豆素的基础上合成一些农药和杀鼠剂。例如，抗凝血类杀鼠剂被广泛地应用，并且该杀鼠剂不易引起二次中毒，具有特效解毒药，对人和畜比较安全，使用起来比较方便。

香豆素类衍生物有 Perkin 法、Wittig 法、Pechmann 法和 Knoevenagel 法等各种合成方法，大多数见到的香豆素类衍生物是 3、4 或 7 位各种不同取代基的香豆素转化而来。香豆素类化合物作为一类重要的有机化合物，在染料、医药、香料和农药方面有极其广泛的应用。香豆素类荧光分子是由肉桂酸内酯化而成的一类具有强烈荧光的化合物，因为内酯结构而使二苯乙烯中双键被同定为反式，导致双键的旋转被阻抑起来，从而提高其光稳定性，进而使得原来荧光量子效率较低的二苯乙烯转变为量子效率较高的香豆素化合物，这样避免了二苯乙烯在紫外光照射下顺/反式进行相互转化，这决定了该类化合物的荧光效率高、生物毒性低、Stokes 位移大、光物理和光化学性质易于控制以及光稳定性好等特点，近年来香豆素类化合物合成逐渐成为一个新兴的研究热点。

二、实验目的

1. 熟悉有机合成的基本操作。
2. 掌握香豆素衍生物的合成方法。
3. 掌握有机化合物的表征方法。

三、实验原理

以 4－(二乙氨基)水杨醛经过 Knoevenagel 缩合成环反应、水解反应、缩合反应和酸解反应即可合成一种优良的发出绿色荧光的香豆素荧光染料。

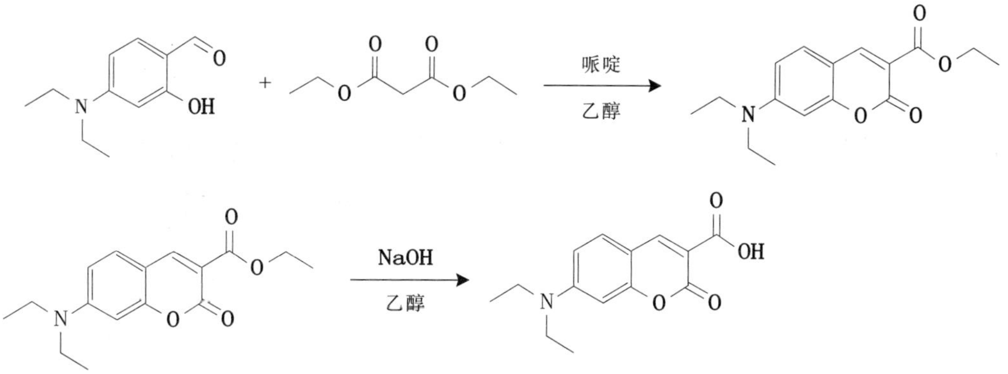

四、实验器材

1. 主要试剂

4－(二乙氨基)水杨醛、丙二酸二乙酯、哌啶、氢氧化钠、盐酸。

2. 主要仪器

红外光谱仪、熔点仪、荧光光谱仪。

五、实验内容及步骤

1. 3－甲酸乙酯－7－二乙氨基香豆素的合成

将500 mg的4－(二乙氨基)水杨醛与500 mg丙二酸二乙酯加入到100 mL的圆底烧瓶中，然后加入30 mL无水甲醇，在剧烈搅拌下，加入0.2 mL左右的哌啶。然后加热回流6 h。用薄层色谱监视反应进程，待反应结束后旋干反应液，得到黄色固体3－甲酸乙酯－7－二乙氨基香豆素，产率93%。

2. 3－甲酸－7－二乙氨基香豆素的合成

取100 mL的圆底烧瓶加入5 mL甲醇，再加入3－甲酸乙酯－7－二乙氨基香豆素(约2 mmol，496 mg)溶解，在搅拌中加热回流。在回流刚刚开始时，将事先配置好的10%的NaOH水溶液慢慢滴加到反应液中。滴加至固体完全消失后继续加热回流约2 h。2 h后，发现烧瓶中出现黄色固体，停止回流，冷却至室温。接着在结束的反应液中慢慢滴加1 mol/L的HCl水溶液(滴入后变为橙色沉淀)，调节至pH＝2。抽滤，得到橙色固体，产率91%。

3. 测试与表征

利用红外光谱仪、熔点仪、荧光光谱仪进行表征。

六、思考题

1. 哌啶在合成3－甲酸乙酯－7－二乙氨基香豆素中的作用是什么？
2. 合成3－甲酸－7－二乙氨基香豆素中调节pH的目的是什么？
3. 荧光光谱仪在使用中的注意事项是什么？

（申有名供稿）

实验 23 白光 LED 用荧光粉 Sr_2SiO_4:Sm^{3+}、Eu^{3+} 的制备及其发光性能研究

（12 课时 适用于材料科学与工程专业）

一、相关知识

在 Shuji Nakamura 于 1993 年发明了高亮度蓝光 LED(Light Emitting Diode)半导体材料氮化镓(GaN)和氮化镓铟(InGaN)之后，日亚化学(Nichia Corporation)开发出 InGaN 蓝光 LED 搭配发黄光的钇铝石榴石型($Y_3Al_5O_{12}$:Ce^{3+}，YAG)荧光粉的商用白光 LED，这标志着白光 LED 固态照明时代的开启。白光 LED 与传统光源相比具有诸多优势，如节能(用电量为普通灯泡的 10%～12%，日光灯的 50%)、长寿命(五万小时以上，寿命约为传统灯泡 10 倍)、发热量低(发热量为传统灯泡 50%)、操作反应速度极快(100 ns)、绿色环保(无有毒物质污染)及适用范围广等。高亮度三基色 LED 的发光效率已经超过 60 lm/W，正逐步取代传统光源而成为新一代主流光源。

在目前转光型 LED 固体光源发展中，发展最早、最成熟且已实现商业化的是用蓝色 LED 芯片激发黄色荧光粉 YAG:Ce^{3+} 发光，通过蓝光和黄光混合而产生白光。但是，这种 LED 器件存在荧光粉发光效率较低、所发射白光因缺少红色光谱成分色彩还原性差、发光颜色受驱动电压和荧光粉涂层厚度的改变易造成色温改变和低显色指数等缺点，这使其应用受到限制。

白光 LED 是照明领域当今和未来发展的热点。然而，目前高效红色荧光粉的匮乏严重影响了白光 LED 的普及和应用。为了能与白光 LED 更好匹配，需要寻求化学稳定性好、亮度高、多光色发射的白光 LED 灯用光转换荧光粉，科研工作者们正积极进行对适用于白光 LED 灯用光转换高效红色荧光粉的研究和开发。本实验拟采用高温固相反应法制备白光 LED 灯用 Sr_2SiO_4:Sm^{3+}、Eu^{3+} 荧光粉并对其发光性能进行研究。

二、实验目的

1. 掌握采用高温固相反应制备荧光粉的方法；
2. 了解白光 LED 灯用荧光粉的发展状况和荧光粉的发光机理；
3. 了解 X 射线粉末衍射(XRD)在物相分析中的应用；
4. 了解荧光光谱分析中激发光谱和发射光谱的测试方法。

三、实验原理

1. 高温固相反应法

所谓高温固相反应法一般是指将金属盐或金属氧化物等原料按一定比例充分混合，经高温煅烧一定时间后，直接或间接得到无机粉体的制备方法。

固相反应过程一般包括以下四个步骤:① 微观粒子在固相界面的扩散;② 原子尺度的化学反应;③ 新相成核;④ 固相的输运及新相晶粒的长大。固相反应是通过颗粒界面进行的,因此,反应物颗粒越细,其比表面积越大,从而有利于固相反应的进行。另外,温度、压力、添加剂、射线的辐照等也是影响固相反应的重要因素。

采用高温固相反应法来制备无机粉体,其工艺流程简单,不需要复杂设备,适合于工业批量生产,但其煅烧温度高,保温时间长,对设备要求高,粒径分布不均匀,粒子容易团聚。高温固相反应法也是制备荧光粉的一种传统方法。采用高温固相反应法制备荧光粉的工艺流程如图 23.1 所示。对其所制得的荧光粉一般需要进行如粉碎、选粉、洗粉、包覆、筛选等后处理工作。

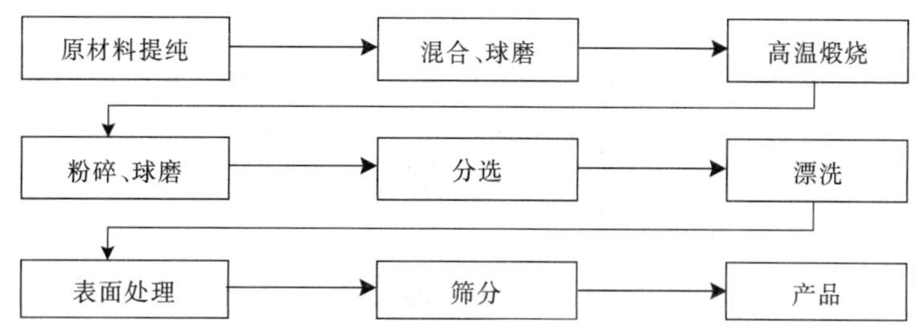

图 23.1　高温固相反应法制备荧光粉的工艺流程

2. 发光

发光是物体把吸收的能量转化为光辐射的过程。当物体受到诸如光照、外加电场或电子束轰击等的激发后,发光中心因吸收外界能量而处于激发态,它在跃迁回到基态的过程中,吸收的能量会通过光或热的形式释放出来。如果这部分能量是以光的电磁波形式辐射出来,即产生发光现象,具有这种发光行为的物质就称为发光材料,也常称为荧光体或磷光体。通常发光材料包括基质、发光中心(激活剂)两个主要部分。发光的物理过程如从发光行为角度理解可认为:发光中心吸收激发能量,并将其转化为辐射发光和非辐射的晶格热振动能,如图 23.2 所示。如从能级跃迁的角度理解则可认为:发光中心吸收激发光的能量跃迁到激发态,然后从激发态又以能级辐射跃迁的形式回到基态并发出光,或以非辐射的形式回到基态,如图 23.3 所示。

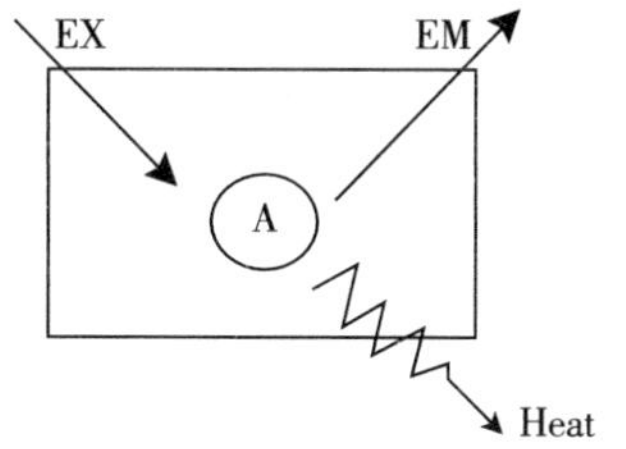

EX–激发,EM–发射(辐射回到基态),
Heat–非辐射回基态

图 23.2　发光中心 A 在其基质晶格中的发光行为

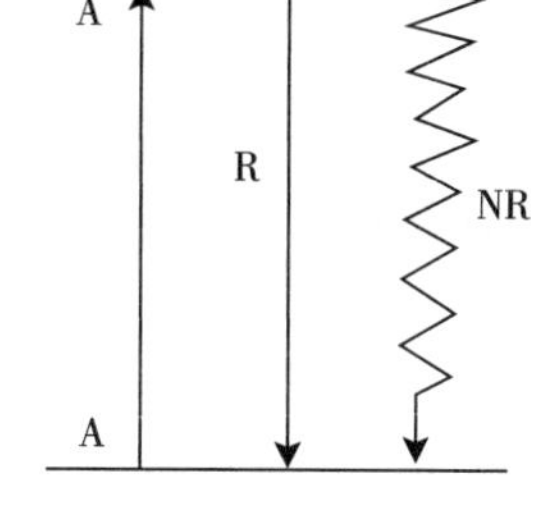

R–辐射回到基态,NR–非辐射回到基态

图 23.3　发光中心 A 能级示意图

四、实验试剂、器材和仪器设备

1. 实验试剂

$SrCO_3$(A. R.)、SiO_2(A. R.)、HNO_3(A. R.)、Sm_2O_3(99.99%)、Eu_2O_3(99.99%)。

2. 实验器材

刚玉坩埚、研钵、药匙、烧杯、玻璃棒、标准筛、塑料样品袋、标签纸等。

3. 实验仪器设备

电子天平、高温电炉、荧光分光光度计(附固体样品架)。

五、实验内容和步骤

1. 荧光粉 $Sr_2SiO_4:Sm^{3+}$、Eu^{3+} 的制备

采用高温固相反应法制备 0.02 mol 的 $Sr_{1.96-x}SiO_4:0.04Sm^{3+}$、$xEu^{3+}$ ($0.005 \leqslant x \leqslant 0.1$)荧光粉。把所需原料进行充分烘干,按照化学计量比分别准确称量 Sm_2O_3、Eu_2O_3、$SrCO_3$ 和 SiO_2。用稍过量的 HNO_3 充分溶解 Sm_2O_3 和 Eu_2O_3,然后加热蒸干溶液以除去过量的 HNO_3,再加入适量的去离子水得到 Sm^{3+} 和 Eu^{3+} 的混合溶液。

把 Sm^{3+} 和 Eu^{3+} 混合溶液加入到 $SrCO_3$ 和 SiO_2 的混合物中,在研钵内混合研磨 20 min 后放入刚玉坩埚内。将装入原料的刚玉坩埚在电炉内于 1 300 ℃烧结 4 h。然后自然冷却降至室温。把烧结后的产物取出稍加研磨,装入样品袋。

2. 荧光粉的结构、性能测试

(1) X 射线粉末衍射测试。将所制备的荧光粉进行 X 射线粉末衍射测试,得到其 XRD 图谱及数据。

(2) 发光性能测试。将测试样品装入样品槽,放入样品室。打开测试软件,用荧光光谱仪对所制备的样品进行发光性能测试,测试其发射光谱和激发光谱,保存数据。

六、实验结果与讨论

1. 用 Origin 软件对荧光粉样品的 XRD 数据作图,并与 JCPDS 标准卡片相比较,由此说明所制备样品是否为单一物相,并分析其结晶性能。

2. 用 Origin 软件对荧光粉样品的发射光谱和激发光谱数据作图,并分析其发光性能。

七、注意事项

1. 在实验过程中,要注意所用器材的洁净度,不能把杂质带入原料或样品中。
2. 用玛瑙研钵研磨时,要研磨充分,尽量把颗粒研细。
3. 用电炉加热时,要注意防止烧伤,一定要等炉温降到室温,再去取坩埚。
4. 所制样品要放入样品袋内,防止受潮。

八、思考题

1. 在荧光粉 $Sr_2SiO_4:Sm^{3+}$、Eu^{3+} 中,Sm^{3+}、Eu^{3+} 和 Sr_2SiO_4 分别起什么作用?

2. 试分析说明高温固相反应法合成无机粉体的主要工艺过程。高温固相反应法制备无机粉体有哪些优缺点?

3. 为什么不同 Eu^{3+} 离子的掺杂浓度对发光强度有影响? 是不是 Eu^{3+} 离子的掺杂浓度越高,其发光强度越大?

4. 除掺杂离子浓度外,还有什么因素可能会影响荧光粉的发光强度?

5. 查阅资料,了解荧光粉合成的新技术。

(左成钢供稿)

实验 24　稀土离子掺杂的硼硅酸盐玻璃的制备和发光性能研究

（12 课时 适用于材料科学与工程专业）

一、相关知识

当紫外光或可见光或高能粒子(如强子、质子、中子等)或高能射线(如 X 射线、α 射线、β 射线、γ 射线)作用于某些材料时，这些材料将发生色泽和透明度的变化，并发出脉冲光，这种现象被称为闪烁，相应的材料则被称为闪烁体。闪烁体在高能物理、核物理、放射物理、地球物理、核医学和工业探测等领域有着非常重要的应用。

在实际应用中，闪烁体大多数是无机晶体。由于晶体材料在制备过程中对设备、环境的要求较高以及生长耗时，高成本成为研究和生产闪烁晶体的重要制约因素。相比于闪烁晶体来说，另外一种无机闪烁体——闪烁玻璃则具有许多优点：制备方法简单；化学组成可调，激活剂种类和数量受限少且在玻璃中分布均匀，有利于不同部位的闪烁性能一致；易制得大尺寸及性质不同的闪烁玻璃；成本低廉等。闪烁玻璃所具有的这些优点引起了研究者的浓厚兴趣，人们对此积极探索，这对新型闪烁体的研究和开发起了积极的推动作用。

闪烁玻璃通常是在玻璃基质里加合适的无机激活剂制成，对闪烁玻璃进行的研究主要集中于 Ce^{3+}、Tb^{3+} 离子激活的闪烁玻璃。闪烁玻璃属于光电导型发光体，当受高能射线激发时，玻璃中产生大量的电子—空穴对，这些电子—空穴对一部分能够立即被发光中心(如 Ce^{3+}、Tb^{3+})所俘获而发光，一部分则被陷阱所俘获。这些陷阱能级是一些距离导带底能距小的能级，其电子到发光中心激发态的跃迁通常是禁戒的，所以落在这些陷阱能级的电子必须重新激发到导带，然后在扩散或迁移过程中遇到发光中心而复合发光。

本实验拟采用传统熔体冷却技术制备稀土离子掺杂的硼硅酸盐玻璃，并对其发光性能进行研究。

二、实验目的

1. 了解闪烁玻璃的发展状况及其发光机理；

2. 掌握熔体冷却技术制备玻璃的方法；

3. 学会按照确定的原料配方和所用的化学成分进行配合料的计算，掌握实验室常用高温仪器、设备的使用方法；

4. 了解荧光光谱分析中激发光谱和发射光谱的测试方法。

三、实验原理

玻璃是由熔体经快速冷却硬化而形成的非晶态固体，其结构为短程有序、长程无序，内能高于相应的晶体。玻璃按组成可分为元素玻璃（如硫玻璃和硒玻璃）、氧化物玻璃（如硅酸盐玻璃、硼酸盐玻璃、磷酸盐玻璃）和非氧化物玻璃（如卤化物玻璃和硫族化合物玻璃）。由熔体转变为玻璃应具有相应的热力学和动力学条件。从热力学角度看，同组成的晶体和玻璃态内能差别越小，则越容易生成玻璃。从动力学角度看，生成玻璃的关键在于快的冷却速度，且要求熔体在凝固点附近具有较大的黏度。在急速冷却时，熔体黏度的迅速增大结果造成内部质点来不及进行规则排列从而形成玻璃。由熔融状态转变为固态的温度称为玻璃转变温度 T_g。

本实验采用传统熔体冷却技术制备玻璃。先按照配方所给组分进行计算、称量、混合得到配合料，然后将配合料经高温熔融制成玻璃液，最后在空气中冷却得到玻璃。以硅酸盐玻璃为例，玻璃的熔制可以分为以下几个阶段：

1. 硅酸盐的形成。在此阶段配合料在高温下进行固相反应，并逸出大量气体，最后变成各种硅酸盐和未起反应的石英颗粒所组成的烧结物。此阶段随成分的不同在 800～900 ℃结束。

2. 玻璃液的形成。此阶段包括烧结物的熔融和石英颗粒的溶解，变成了含有大量气泡、条纹、成分不均匀的玻璃液。这一阶段约在 1 200 ℃结束。

3. 玻璃液的澄清。此阶段温度较高，目的是使玻璃液在较小的黏度下释放出可见气泡，并建立起炉气、气泡中气体、玻璃液中溶解气体平衡。

4. 玻璃液的均化。通过扩散消除玻璃中的条纹，消除可见气泡。

5. 玻璃液的冷却。将玻璃液快速冷却成形得到固态玻璃。

四、实验试剂、器材和仪器设备

1. 实验试剂

$BaCO_3$(A. R.)、SiO_2(A. R.)、H_3BO_3(A. R.)、Al_2O_3(A. R.)、Ce_2O_3(99.99%)、Eu_2O_3(99.99%)、Tb_2O_3(99.99%)。

2. 实验器材

刚玉坩埚、研钵、药匙、标准筛、不锈钢模具、石棉手套、坩埚钳、塑料样品袋、标签纸、金刚石磨盘、金相砂纸、游标卡尺、电子天平、高温电炉、马弗炉、玻璃切割机、荧光分光光度计（附固体样品架）。

五、实验内容和步骤

1. 稀土离子(Ce^{3+}/Tb^{3+}/Eu^{3+})掺杂的 $BaO-Al_2O_3-B_2O_3-SiO_2$ 玻璃制备

(1) 配合料制备

① 根据设计配方和给定的原料组成进行计算；

② 按计算结果称取原料；

③ 将称好的原料放入研钵内研磨混合使之均匀。

(2) 玻璃的熔制与成形

① 将配合料装入坩埚中，置于高温电炉中加热熔融，根据熔制曲线确定升温曲线，在设定温度下保温一段时间，使玻璃液得到澄清、均化。

② 将澄清、均化好的玻璃液迅速倒入预热的不锈钢模具内冷却成形，得到块状玻璃。

(3) 退火

为了降低和释放玻璃在热历史阶段产生的热应力和得到机械加工性能良好的块状玻璃，可将制备好的块状玻璃在低于转变温度以下的某一温度进行热处理。

2. 玻璃样品的机械加工

为了方便对所得玻璃进行发光性能测试，块状玻璃必须进行机械加工。本实验要求将块状玻璃进行切割、研磨和抛光处理，以获得长×宽×高为 40 mm×20 mm×2 mm 的玻璃片为宜。

3. 玻璃的发光性能测试

将玻璃片样品装入样品槽，放入样品室。打开测试软件，用荧光光谱仪对所制备的样品进行发光性能测试，测试其发射光谱和激发光谱，保存数据。

六、实验结果与讨论

1. 玻璃配合料各成分的计算。
2. 画出熔制曲线，并加以说明。
3. 用 Origin 软件对玻璃的发射光谱和激发光谱数据作图，并分析其发光性能。

七、注意事项

1. 要注意所用器材的洁净度，不要把杂质带入原料。
2. 对各原料进行混合制备配合料时，注意要研磨充分。
3. 本实验涉及用电和高温操作，务必要注意安全，做好防护工作。
4. 高温炉底板应垫一层粗氧化铝粉，以防止“溢料”或坩埚炸裂后玻璃液污染侵蚀炉衬。
5. 玻璃是脆性材料。在对玻璃进行机械加工时，要特别小心，用力需均匀，不宜过大，否则玻璃易破碎。

八、思考题

1. 简述采用熔体冷却技术制备玻璃的基本过程。
2. 分析实验中影响获得均匀、透明、强度高的块状玻璃的因素。

（左成钢供稿）

实验 25　稀土离子掺杂的氟氧化物玻璃陶瓷的制备和发光性能研究

（12 课时 适用于材料科学与工程专业）

一、相关知识

微晶玻璃（又称玻璃陶瓷）是将基础玻璃或者加有晶核剂的特定组成玻璃，在一定温度下进行晶化热处理，使之转变成为同时含有细小微晶体和玻璃相的复合材料。微晶玻璃由玻璃相与结晶相组成，两者的分布状况随其含量而变化：当玻璃相占的比例大时，玻璃相为连续的基体，结晶相孤立地均匀分布其中；当玻璃相较少时，玻璃相分散在晶体网架之间，呈连续网状；当玻璃相含量很低时，玻璃相则以薄膜状态分布在晶体之间。微晶玻璃的这种特殊的结构决定了其具有机械强度高、绝缘性能好、介电损耗少、耐化学腐蚀、热稳定性好等优异性能。

氧化物玻璃通常具有较好的机械强度、化学稳定性和热稳定性，而氟化物则具有较低的声子能，能够提高掺杂发光离子的发光强度。因此，结合两者优点的氟氧化物发光玻璃和发光玻璃陶瓷成为当前研究的一个热点。在稀土离子掺杂的氟氧化物玻璃陶瓷中，析出的氟化物纳米晶均匀分布在氧化物玻璃网络中，稀土离子选择性地富集在氟化物纳米晶中，该类材料兼具氧化物玻璃良好的机械性能、化学稳定性和氟化物晶体优异的光学特性。

本实验拟先制备得到稀土离子（Ce^{3+}/Tb^{3+}/Eu^{3+}）掺杂的 $Li_2O-CaF_2-Al_2O_3-SiO_2$ 氟氧化物玻璃，然后对其进行相应热处理以获得玻璃陶瓷，并对其发光性能进行研究。

二、实验目的

1. 了解稀土离子掺杂的氟氧化物玻璃和玻璃陶瓷的发展状况及其发光机理；
2. 掌握通过热处理制备玻璃陶瓷的方法；
3. 学会按照确定的原料配方和所用的化学成分进行配合料的计算，掌握实验室常用高温仪器、设备的使用方法；
4. 了解荧光光谱分析中激发光谱和发射光谱的测试方法。

三、实验原理

微晶玻璃的制备方法根据其所用原材料的种类、特性和对材料的性能要求而变化，主要有熔体冷却法、烧结法、溶胶—凝胶法等。本实验重点介绍熔体冷却法。

先按照配方所给组分进行计算、称量、混合得到配合料，然后将配合料经高温熔融制成玻璃液，在空气中冷却再经退火得到玻璃。将退火后的玻璃进行差热分析测试，确定玻璃的热处理制度（核化温度和晶化温度），再根据制定的实验方案进行微晶玻璃的制备。

热处理制度的确定是微晶玻璃生产的关键技术。退火后的玻璃在经一定的热处理制度进行成核和晶化处理后可以获得晶粒细小、含量多、结构均匀的微晶玻璃制品。作为初步的近似估计，最佳成核温度介于转变温度 T_g 和比它高 50 ℃的温度之间。晶化温度上限应低于主晶相在一个适当的时间内重熔的温度，通常是比主晶相熔点低 25～50 ℃。微晶玻璃的理想热处理制度如图 25.1 所示。

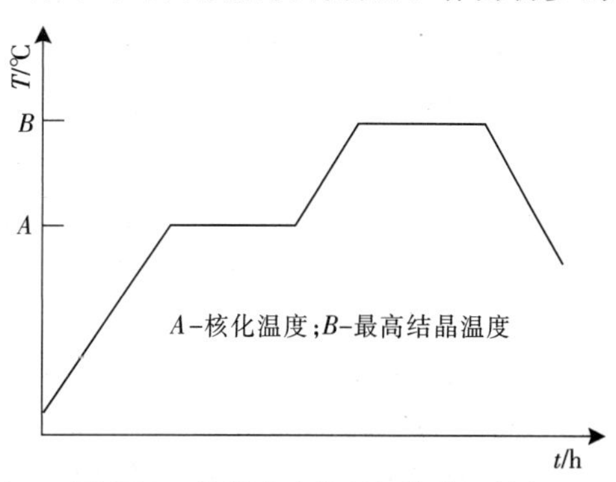

图 25.1 微晶玻璃的理想热处理制度

常用的晶核剂有 TiO_2、P_2O_5、ZrO_2 以及氟化物等。晶核剂的选择与基础玻璃化学组成有关，也和析出的晶相种类有关。良好的晶核剂应具备如下性能：① 在玻璃熔融成形温度下，应具有良好的溶解性，在热处理时应具有较小的溶解性，并能降低成核的活化能；② 晶核剂质点扩散的活化能要尽量小，在玻璃中易于扩散；③ 晶核剂组分和初晶相之间的界面张力越小，晶格参数之差越小，成核也越容易。复合晶核剂往往可以起到比单一晶核剂更好的核化效果。

四、实验试剂、器材和仪器设备

1. 实验试剂

Li_2CO_3（A. R.）、CaF_2（A. R.）、Al_2O_3（A. R.）、SiO_2（A. R.）、Ce_2O_3（99. 99%）、Eu_2O_3（99. 99%）、Tb_2O_3（99. 99%）。

2. 实验器材

刚玉坩埚、研钵、药匙、标准筛、不锈钢模具、石棉手套、坩埚钳、塑料样品袋、标签纸、金刚石磨盘、金相砂纸、游标卡尺、电子天平、高温电炉、马弗炉、玻璃切割机、荧光分光光度计（附固体样品架）。

五、实验内容和步骤

1. 稀土离子（Ce^{3+}/Tb^{3+}/Eu^{3+}）掺杂的 $Li_2O-CaF_2-Al_2O_3-SiO_2$ 氟氧化物玻璃制备及发光性能

（1）配合料制备

① 根据设计配方和给定的原料组成进行计算；

② 按计算结果称取原料；

③ 将称好的原料放入研钵内研磨混合使之均匀。

（2）玻璃的熔制与成形

① 将配合料装入坩埚中，置于高温电炉中加热熔融，根据熔制曲线确定升温曲线，在设定温度下保温一段时间，使玻璃液得到澄清、均化。

② 将澄清、均化好的玻璃液迅速倒入预热的不锈钢模具内冷却成形，得到块状玻璃。

（3）退火

为了降低和释放玻璃在热历史阶段产生的热应力和得到机械加工性能良好的块状玻璃，可将制备好的块状玻璃在低于转变温度以下的某一温度进行退火处理。

(4) 玻璃样品的机械加工

为方便对所得玻璃进行发光性能测试，块状玻璃必须进行机械加工。本实验要求将块状玻璃进行切割、研磨和抛光处理，以获得长×宽×高为 40 mm×20 mm×2 mm 的玻璃片为宜。

(5) 玻璃的发光性能测试

将玻璃片样品装入样品槽，放入样品室。打开测试软件，用荧光光谱仪对所制备的样品进行发光性能测试，测试其发射光谱和激发光谱，保存数据。

2. 稀土离子($Ce^{3+}/Tb^{3+}/Eu^{3+}$)掺杂的 $Li_2O-CaF_2-Al_2O_3-SiO_2$ 氟氧化物玻璃陶瓷制备及发光性能

(1) 热处理制度的确定。将 $Li_2O-CaF_2-Al_2O_3-SiO_2$ 氟氧化物玻璃切割粉碎研磨成粉，进行差热分析，测定差热曲线，以此确定玻璃进行热处理时核化温度和晶化温度。

(2) 根据确定的热处理制度对氟氧化物进行热处理，获得玻璃陶瓷。

(3) 玻璃陶瓷样品的机械加工。对所得玻璃陶瓷进行切割、研磨和抛光处理，以获得长×宽×高为 40 mm×20 mm×2 mm 的片状玻璃陶瓷为宜。

(4) 玻璃陶瓷的发光性能测试。将片状样品装入样品槽，放入样品室。打开测试软件，用荧光光谱仪对所制备的样品进行发光性能测试，测试其发射光谱和激发光谱，保存数据。

六、实验结果与讨论

1. 玻璃配合料各成分的计算。
2. 确定玻璃陶瓷的热处理方案，并加以说明。
3. 用 Origin 软件对玻璃及玻璃陶瓷的发射光谱和激发光谱数据作图，并分析其发光性能。

七、注意事项

1. 要注意所用器材的洁净度，不要把杂质带入原料。
2. 对各原料进行混合制备配合料时，注意要研磨充分。
3. 本实验涉及用电和高温操作，务必要注意安全，做好防护工作。
4. 高温炉底板上应垫一层粗氧化铝粉，以防止“溢料”或坩埚炸裂后玻璃液污染和侵蚀炉衬。
5. 玻璃和陶瓷是脆性材料。在对玻璃进行机械加工时，要特别小心，用力需均匀，不宜过大，否则玻璃易破碎。

八、思考题

1. 简述采用热处理制度制备玻璃陶瓷的基本过程。
2. 实验中的氟氧化物玻璃陶瓷在构造完微晶之后为什么还会保持透明？
3. 为什么稀土离子的发光在微晶构造前后发生很大的变化？

(左成钢供稿)

实验 26 硅酸亚铁锂/碳复合正极材料的合成与电化学性能的研究

（12 课时 适用于材料科学与工程、应用化学专业）

一、相关知识

随着人们环保意识的日益增强，铅、镉等有毒金属的使用日益受到限制，而锂离子电池作为最新一代蓄电池，具有比能量高、自放电小、循环寿命长、无记忆效应和对环境污染小等优点，已成为替代传统铅酸和镍—镉可充电电池的强有力的候选者。目前，商品化的锂离子电池已在便携式电器（如手提电脑、摄像机、移动电器）中得到普遍应用，开发的大容量锂离子电池已在电动汽车中开始应用，预计将成为 21 世纪电动汽车的主要动力电源之一，并将在人造卫星、航空航天和储能方面得到应用。

对锂离子电池而言，主要构成材料包括电解液、隔离膜、正负极材料等。其中，正极材料占据着重要的地位，正极材料的性能和价格等是制约锂离子电池进一步向高能量、长寿命和低成本发展的瓶颈。因此，从资源、环保及安全等方面寻找理想的正极材料一直是锂离子电池的研究热点。开发具有高电压、高比容量、良好循环性能和高性价比的正极材料是锂离子电池研究的重要内容。目前，生产实践和科学研究中已经涌现多种锂离子电池正极材料，而研究主要集中于层状过渡金属氧化物 $LiMO_2$（M＝Co、Ni、Mn 等）、尖晶石型过渡金属氧化物 LiM_2O_4（M＝Co、Ni、Mn 等）以及聚阴离子类正极材料，如橄榄石结构的 $LiFePO_4$。

其中，$LiCoO_2$ 是最早发现也是目前研究最深入的锂离子电池正极材料。其理论容量为 274 mAh/g，实际比容量在 150 mAh/g 左右。它具有工作电压高、充放电电压平稳、循环性能好、热稳定性好等优点。因此，$LiCoO_2$ 作为锂离子电池的正极材料从 1990 年步入市场后，一直处于垄断地位。但由于钴资源匮乏、价格高，从而大大限制了钴系锂离子电池使用范围，尤其是在动力汽车和大型储备电源方面受到限制。因此必须开发更廉价的材料，这样就可以显著降低单体电池的造价，于是涌现出了 $LiNiO_2$、$LiMn_2O_4$ 等多种过渡金属的嵌锂化合物。

$LiNiO_2$ 是继 $LiCoO_2$ 后研究较多的层状化合物，镍和钴的性质相似，价格比钴便宜。其理论容量为 274 mAh/g，实际最大容量高达 200 mAh/g 左右。这种材料对电解质组成不敏感，不污染环境，自放电率低，不存在过充放电的限制，资源相对丰富且价格便宜，是一种很有希望代替 $LiCoO_2$ 的正极材料。但 $LiNiO_2$ 的制备和储存问题十分突出，工业制备化学计量的 $LiNiO_2$ 非常困难，组成稍有变化，其结构和电化学性能便产生明显差异。因此，$LiNiO_2$ 的实际应用还受到多方面的限制。

在尖晶石型的 $LiMn_2O_4$ 中，Mn_2O_4 骨架是一个有利于 Li^+ 扩散的四面体和八面体共面的三维网络。同 $LiCoO_2$ 和 $LiNiO_2$ 相比，这种材料具有资源丰富、易于制备、成本低、耐过充性和安全性好、无环境污染问题、嵌脱锂电位高等突出优点，理论容量为 148 mAh/g，实际容量可以接近理论容量，达到 130～140 mAh/g。但针对 Mn^{3+} 溶解损失、晶格中存在 Jahn－Teller 效应、高温循环性能差等缺点一直未找到好的解决办法，使得 $LiMn_2O_4$ 未能在大容量电池中得到推广。

由于商品化锂离子电池正极所用各种脱嵌锂氧化物材料在充电状态时几乎都是强氧化剂，与目前使用的有机电解液直接接触存在严重的安全隐患。因此，寻求廉价、安全、环境友好并具有高比能量的可充锂电池正极材料已成为可充锂电池领域的研究热点之一。聚阴离子型正极材料的问世，特别是 $LiFePO_4$ 材料的报道，给锂离子电池正极材料带来了安全、廉价、环境友好的希望。1997 年 Goodenough 等人首次报道了橄榄石型结构的 $LiFePO_4$ 能可逆地嵌入和脱出锂离子，具有 170 mAh/g 的理论容量，3.5 V 左右的电压平台，在低电流密度下 $LiFePO_4$ 中的 Li^+ 几乎可以 100%地嵌入和脱出。由于 $LiFePO_4$ 具有资源丰富、成本低廉、比容量高、循环性好、环境友好、安全性高、高温稳定性优良等优点，被认为是有发展前途的锂离子正极材料之一。但 $LiFePO_4$ 的导电性能差，锂离子在该材料中的扩散速度慢，材料利用率低，电极的倍率充放电性能差。随着合成工艺的优化（特别是表面包碳处理），$LiFePO_4$ 的电化学性能不断提高，目前其可逆比容量已接近其理论值 170 Ah/g。$LiFePO_4$ 已经成为目前锂离子电池正极材料研究与开发的热点之一。

与 $LiFePO_4$ 正极材料相比，Li_2FeSiO_4 具有原料价格更廉价，与环境的亲和性更好，并且 Li_2FeSiO_4 从分子式量上讲，1 mol 的 Li_2FeSiO_4 可以脱离 2 mol 的 Li，这就意味着容量可能会比 $LiFePO_4$ 更大，因此 Li_2FeSiO_4 有望成为新一代的锂离子电池正极材料。Li_2FeSiO_4 理论容量是 166 mAh/g（1 mol 的 Li_2FeSiO_4 脱离 1 mol 的 Li），放电平台为 3.1 V，首次循环后降为 2.8 V，其电化学循环性能很好，循环次数超过 120 次，容量只损失 3%。但 Li_2FeSiO_4 的电导率不高（室温下 6×10^{-14} s · cm^{-1}，60 ℃下 2×10^{-12} s · cm^{-1}），导致高倍率性能差，这成为其发展为可实用化高能电池的一道屏障，尤其是在动力电池这一全球瞩目的领域，锂离子电池的高倍率工作特性是决定其能否商业化应用的关键因素之一，因此提高 Li_2FeSiO_4 的高倍率性能成为目前人们关注的课题之一。

二、实验目的

1. 了解 Li_2FeSiO_4 正极材料的制备方法；
2. 熟悉扣式电池 CR2023 的组装；
3. 掌握扣式电池的电化学性能测试方法；
4. 掌握材料结构与形貌的测试方法和所用仪器使用与操作方法。

三、Li_2FeSiO_4 的结构及锂离子脱嵌机理

1. Li_2FeSiO_4 的结构

Li_2FeSiO_4 属于正交晶系，其空间群为 Pmn21，晶格常数为 a＝0.626 61 nm，b＝0.532 95 nm，c＝0.501 48 nm，其晶体结构与 Li_3PO_4 的低温结构相似，结构示意图如图 26.1 所示。在 Li_2FeSiO_4 的晶体中，Li、Fe、Si 都与 O 形成四面体结构，且均处于四面体中心。在 ab 平面上，SiO_4 四面体与 FeO_4 四面体以锁链形状在较长周期内有规律地依次形成 SiO_4—FeO_4 层，沿 c 轴线方向 LiO_4 四面体连接着相邻的 SiO_4—FeO_4 层。每个 SiO_4 四面体通过共用顶点的氧分别与

四个 FeO_4 相连，每个 FeO_4 四面体通过共用顶点的氧分别与四个 SiO_4 相连，沿 a 轴线方向相邻的 LiO_4 四面体通过共用顶点的氧连接，四面体中心的 Li 呈现直线链，并平行 a 轴，形成了锂离子在充放电过程中可自由嵌入和脱出的通道。

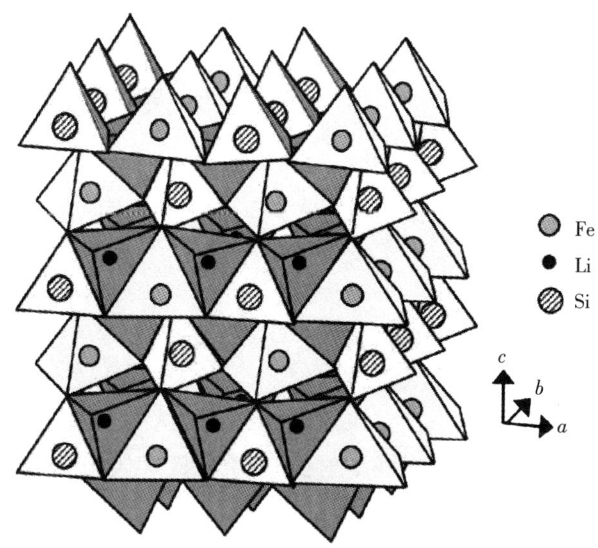

图 26.1　Li_2FeSiO_4 沿 b 轴线方向的晶体结构

2. Li_2FeSiO_4 的充放电过程

Li_2FeSiO_4 的充放电曲线存在一个平台，表明 Li^+ 的脱出和嵌入伴随着一级相变过程。Li_2FeSiO_4 在充放电过程中进行如下反应：

充电：$Li_2FeSiO_4 - xLi^+ - xe^- \rightarrow xLiFeSiO_4 + (1-x)Li_2FeSiO_4$　(1−1)

放电：$LiFeSiO_4 + xLi^+ + xe^- \rightarrow xLi_2FeSiO_4 + (1-x)LiFeSiO_4$　(1−2)

Li_2FeSiO_4 正极材料的充放电反应是在 Li_2FeSiO_4 和 $LiFeSiO_4$ 两相之间进行的。充电时，Li^+ 从 Li_2FeSiO_4 中迁移出来，经过电解质进入负极，Fe^{2+} 被氧化成为 Fe^{3+}（$Li_2FeSiO_4 \rightarrow LiFeSiO_4$），为保持电荷平衡，电子则经过相互接触的导电剂和集流体从外电路到达负极。放电过程进行还原反应，与上述过程相反。

3. 锂离子脱嵌机理

Nyten 等人利用原位 X 射线衍射技术和穆斯堡尔谱仪研究了 Li_2FeSiO_4 的脱嵌机理。研究发现，Li_2FeSiO_4 电极在充放电循环中，锂离子在 Li_2FeSiO_4 和 $LiFeSiO_4$ 之间转移，两种材料是相同结构的，两者的晶胞体积相差不到 1%。穆斯堡尔谱仪和 XRD 实验结构显示在全充电和全放电状态下，Li_2FeSiO_4 和 $LiFeSiO_4$ 的残余量分别为 5% 和 10%，这也与电化学测试的结果一致。第一次电化学循环以后，充电电压平台从 3.1 V 降为 2.8 V，说明 Li_2FeSiO_4 活性材料的结构发生了重排，穆斯堡尔谱仪和 XRD 都发现 Li_2FeSiO_4 在第一次电化学循环以后发生了相转变。第一次电化学循环以后，4b 位置的 Li∶Fe 从 96∶4 变为 40∶60，离子的重排可能使结构更加稳定，这就导致充电电压平台的降低，后续电化学循环中，4b 位置的 Li∶Fe 在 60∶40 变为 40∶60 之间转换。Peter Larsson 等人利用 DFT 计算了贫锂结构的 $LiFeSiO_4$ 三种可能的锂离子排布方式，其示意图如图 26.2 所示。

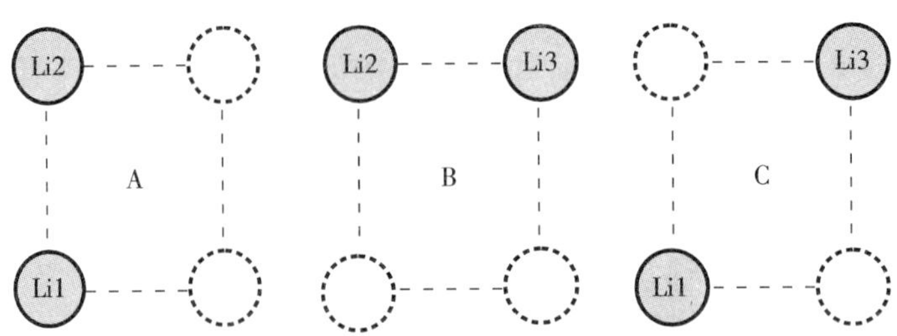

图 26.2 $LiFeSiO_4$ 晶胞中的三种锂离子排布方式

四、实验器材

1. 主要原材料

草酸亚铁、二氧化硅、碳酸锂、沥青、丙酮。

2. 主要设备

球磨机、微波管式炉、手套箱、真空干燥箱、电烘箱、LAND 测试系统、电化学工作站、扫描电子显微镜、比表面积测试仪、X 射线衍射仪、热重分析仪、电子显微镜。

五、实验内容及步骤

1. 材料的制备方法

Li_2FeSiO_4 的制备：以碳酸锂(99.5%)、纳米二氧化硅(99.5%)、草酸亚铁(99.7%)为原料，具体的实验方案如下：将化学计量比 $n_{Li}:n_{Fe}:n_{Si}=2:1:1$ 的碳酸锂、草酸亚铁和二氧化硅加入到一定量丙酮中，在 500 rad/min 下球磨 12 h，80 ℃下真空干燥 2 h 得到前驱体。将前驱体研磨后，在氩气中先于 350 ℃下预烧 5 h，再于 700 ℃下焙烧 10 h，得到 Li_2FeSiO_4 正极材料。

Li_2FeSiO_4/C 的制备：Li_2FeSiO_4/C 复合材料的制备过程与 Li_2FeSiO_4 的制备过程类似，不同之处在于，原料为碳源沥青和化学计量比 $n_{Li}:n_{Fe}:n_{Si}=2:1:1$ 的碳酸锂、草酸亚铁和二氧化硅，其中碳源用量保证 Li_2FeSiO_4/C 复合材料中碳的质量百分含量为 13%。

2. 材料的表征方法

(1) X 射线衍射

X 射线衍射(X—Ray Diffraction，XRD)是利用 X 射线在样品中的衍射现象来分析材料的晶体结构、物相组成以及晶胞参数等物理特性。本实验使用 XRD 来表征碳的包覆对 Li_2FeSiO_4 晶体结构的影响。使用的仪器为 DX2700 型号 X 射线衍射仪，采用 $Cu-K_\alpha$ 辐射源，扫描范围 2θ 为 10°～90°，扫描速度为 2°/min。XRD 谱图通过 MDIJade 5.0 软件进行分析。

(2) 扫描电镜

扫描电镜(Scanning Electron Microscopy，SEM)是利用聚焦电子束在样品表面逐点扫描成像对样品进行微观形貌观察，并对粒径大小与尺寸分布进行分析。本实验使用 SEM 来研究碳及碳纳米管的包覆和锂质量缺陷对 Li_2FeSiO_4 材料的形貌和颗粒大小的影响。使用的仪器为 HITACHI SU1510 型扫描电子显微镜。

(3) 碳含量分析

本实验采用日本 TGA—50 分析仪来测定样品的碳含量。它是利用样品在氮气中升温至 800 ℃，通过测定样品的失重来确定碳的质量百分含量。

(4) 比表面积测试

比表面积(Brunauer Emmet Teller,BET)是根据吸附质对样品进行非选择性吸附来测定的。本实验使用的仪器为 Builder SSA－94 4200 型比表面积仪。先将样品在 300 ℃下进行脱气处理,再通过液氮吸附、脱附得到吸附/脱附等温曲线,最后利用 BET 方程计算样品的比表面积。

3. 电化学性能

(1) 电极片的制备及模拟电池的组装

将活性物质、导电剂和黏结剂按一定比例混合均匀后,涂布在铝箔上,自然晾干后打成直径约为 1.2 cm 的圆片。上述电极片经过真空干燥后,放入充有氩气的干燥手套箱中,以金属锂片为参比电极,Celgard 2400 为隔膜,1 mol/L 的 $LiPF_6$/EC－DMC－EMC(体积比 1∶1∶1)为电解液组装成 CR2032 钮扣电池。

(2) 恒电流充放电测试

电池的充放电测试是在 LAND 测试系统上进行。在不同倍率下进行充放电循环测试,电压范围为 1.5～4.8 V,测试温度为 25 ℃。

(3) 交流阻抗测试

交流阻抗法(Electrochemical Impedance Spectroscopy,EIS)是一种以小振幅的正弦波电位(或电流)为扰动信号的电化学测试方法。通过测试电化学体系达到稳定状态后的电位(或电流)或阻抗(导纳),得到阻抗、相位、时间的变化关系,从而获得欧姆电阻、电化学反应、表面膜层以及电极过程的动力学参数等信息。本实验采用上海辰华厂家生产的 CHI760E 型电化学工作站对电极材料进行电化学阻抗测试,频率范围为 10^{-1}～10^6 Hz。

六、思考题

1. 常用改善 Li_2FeSiO_4 电化学性能的方法有哪些?
2. 如何防止二价铁被氧化?
3. 球磨工艺的作用是什么?

附录 6 参考文献

1. 郭炳焜，徐徽，王先友等. 锂离子电池(2002 年 5 月第 1 版)[M]. 长沙：中南大学出版社，2002.

2. 郑洪河等. 锂离子电池电解质(2007 年 1 月第 1 版)[M]. 北京：化学工业出版社，2007.

3. Padhi A K，Nanjundaswamy K S，Goodenough J B. Phospho－olivines as positive－electrode materials for rechargeable lithium batteries[J]. Journal of the Electrochemical Society. 1997，144(4)：1 188－1 194.

4. 孙玉恒，何泽珍，刘兴泉. 锂离子二次电池新型正极材料 $LiMPO_4$ (M＝Fe、Co、Ni 等)的研究进展[J]. 化工科技. 2005，(2)：49－56.

5. 沈湘黔，占云，韩翀. 橄榄石型结构 $LiFePO_4$ 锂电池正极材料实用化的障碍和途径[J]. 功能材料信息. 2005，(4)：31－35.

6. 戴曦，唐红辉，杨平等. $LiFePO_4$ 正极材料的研究进展[J]. 材料导报. 2005，(8)：69－71.

7. 向楷雄，郭华军，李新海等. 合成温度对 Li_2FeSiO_4/C 电化学性能的影响[J]. 功能材料，2008，9(39)：1 455－1 457.

8. Anton Nyten，Saeed Kamali，Lennart Haggstro，et al. Surface characterization and stability phenomena in Li_2FeSiO_4 studied by PES/XPS[J]. Journal of Materials Chemistry，2006，16：3 483－3 488.

9. Z L Gong，Y X Li，G N He，J Li，Y Yang. Nanostructured Li_2FeSiO_4 Electrode Material Synthesized through Hydrothermal－Assisted Sol－Gel Process[J]. Electrochemical and Solid－State Letters，2008，11(5)：A60－A63.

10. K Zaghib，A Ait Salah，N Ravetc，Mauger F Gendron，C M Julien. Structural，magnetic and electrochemical properties of lithium iron orthosilicate[J]. Journal of Power Sources，2008，160：1 381－1 386.

11. S Q Wu，Z Z Zhu，Y Yang，Z F Hou. Structural stabilities，electronic structures and lithium deintercalation in Li_xMSiO_4 (M＝Mn、Fe、Co、Ni)：A GGA and GGA＋U study[J]. Computational Materials Science，2008，8(14)：1－9.

12. 郭丽彬，李学良. 锂离子电池新型正极材料 Li_2FeSiO_4 的研究进展[J]. 电池工业，2010，15(5)：313－320.

13. Anton Nyte，Saeed Kamali，Lennart Haggstrom，Torbjorn Gustafssona，John O Thomas. The lithium extraction/insertion mechanism in Li_2FeSiO_4[J]. Journal of Materials Chemistry，2006，16：2 266－2 272.

14. Peter Larsson, Rajeev Ahuja, Anton Nyten, John O Thomas. An ab initio study of the Li－ion battery cathode material Li_2FeSiO_4 [J]. Electrochemistry Communications, 2006, 8: 797－800.

（黄小兵供稿）

实验 27　螺旋状碳纤维的合成及其在锂离子电池中的应用

（**10**课时 适用于材料科学与工程、应用化学专业）

一、相关知识

随着石油等有限能源的日益紧张，世界各国都在研制和开发不燃油的电动车，锂离子电池具有容量高、功率大、寿命长以及环境友好等特点，作为潜在的动力供能装置而备受关注。车用动力锂离子电池如果要得到广泛应用，必须达到如下技术指标：能量密度 200 $Wh \cdot kg^{-1}$、功率密度 2 000 $W \cdot kg^{-1}$、寿命大于 2 000 次循环或者使用 10 年、成本低于 2 元 $W \cdot h^{-1}$。目前无论是能量密度、功率密度还是循环寿命方面的指标离这一目标值还有相当的距离。

电极材料在很大程度上决定了锂离子电池的性能。传统的锂过渡金属氧化物正极材料及石墨类负极材料均为微米级颗粒，由于颗粒尺寸较大，在大电流充放电条件下，难以释放嵌锂和脱锂过程中因体积变化而产生的应力，在循环过程中造成活性材料破碎或脱落，循环寿命迅速下降。同时电极材料本身的导电性差，也使得电池的功率密度和循环寿命难以进一步提高。当前锂离子电池的放电倍率一般只能达到 3 C 电流。通过改进制备工艺，高功率锂离子电池最高放电倍率可达到 10 C 左右，但同时电池的能量密度和循环寿命大幅度降低。为了同时满足高功率密度和长循环寿命的要求，迫切需要锂离子电池材料和相关技术的进一步突破。其中提高电极材料的电子、离子传导性能及防止电极材料在充放电过程中剥落，对改善锂离子动力电池的性能具有重要意义。

纳米碳纤维（Carbon Nanofibers，CNFs）是由石墨烯片卷曲而成的一维结构纳米碳材料，其直径为纳米级尺寸，具有丰富的孔隙结构，可以为锂离子提供嵌入/脱出的通道和空间，从而提高锂离子电池的快速充放电特性。此外，CNFs 化学稳定性好，机械强度高，弹性模量大，宏观体积密度小，以相互交织的网状结构存在于电极中，能吸收在充放电过程中电极因体积变化而产生的应力，防止电极材料从集电极上脱落，从而延长电池的寿命。CNFs 还具有良好的宏观导电、导热性，可以避免由于电极材料导热性差导致的欧姆极化及其对电池性能的不利影响。因此，采用 CNFs 作为导电添加剂或负极材料有利于提高锂离子电池的容量、循环寿命，改善电池的动力学性能。

近年来，研究人员合成出了形态各异的 CNFs，而 CNFs 的形貌、石墨化程度、孔结构的分布、尺寸及内部石墨片层堆积结构都可以直接影响其比表面积大小、导电性能的好坏、嵌锂位点的多少以及 Li^+ 嵌入/脱出动力学等，从而影响到 CNFs 的电化学性能。研究发现，具有鲱鱼骨结构的 CNFs 由于互相平行的石墨层面的端部终止于纤维的外壁，暴露于纤维表面 0.34 nm 的层间距不但易于锂离子的嵌/脱，还可提供更多的锂离子嵌入位点，在锂离子电池实现大电流快速充放电方面具有潜在的应用价值。最近的研究表明，有些具有特殊形貌的 CNFs 的内部石墨片层堆积结构为鲱鱼骨结构，电化学测试结果显示，它们的电化学倍率性能相比普通 CNFs 也要优异得多。中科院化学所宋卫国等人采用 Ni 催化剂，制备了具有特殊螺旋结构的 CNFs。测试发现，该螺旋状纳米碳纤维（Helical Carbon Nanofibers，HCNFs）具有优异的倍率性能，即使在 3 $A \cdot g^{-1}$ 的电流密度下，材料的可逆比容量依然高达 160 $mAh \cdot g^{-1}$，并且具有较好的循环稳定性。

二、实验目的

1. 了解螺旋状碳纤维材料的制备方法；
2. 了解螺旋状碳纤维材料的生长机理；
3. 熟悉扣式电池 CR2023 的组装；
4. 掌握扣式电池的电化学性能测试方法；
5. 掌握材料结构与形貌的测试方法和所用仪器使用与操作方法。

三、螺旋状碳纤维的生长机理

目前对 HCNFs 的生长机理有很多种不同的解释，还没有取得一致的认识，但大多数机理都建立在催化剂颗粒晶面各向异性导致碳析出速率不同，从而生长 HCNFs 这一推论的基础上，下面介绍几种具有代表性的生长机理。

准 VLS 生长机制：Motojima 等人提出，HCNFs 的生长是以镍颗粒与 C_2H_2 和少量的磷、硫反应生成的镍化合物为晶种，两根纤维分别以镍化合物晶种两对相邻的 $x+y$ 晶面为基面生长，x 面和 y 面对生长速度不同从而生长成 HCNFs。在此过程中该镍化合物表面至少是类液态的，以便于碳原子在催化剂表面扩散生长碳纤维。在此基础上，中科院理化技术研究所的陈丽娟等人提出了碳微线圈的“气－液－固－固生长机制”。他们认为，从二元合金相图可以得到 Ni－C、Ni－S 的最低共熔点分别是 1 314 ℃与 637 ℃，在 750 ℃的实验温度下，如果催化剂颗粒只有 Ni 和 C 两种元素共存，则只能处于固态；S 的引入使得催化剂有可能成为液态（Ni－S－C 共熔液）。液态的催化剂可以加速碳原子的沉积，促进碳纤维的生长。但是，如果催化剂完全是液态则其性质必然各向同性，在这种情况下生长的碳纤维应该是直线型而不是螺旋形，所以在其实验条件下催化剂固－液共存。

固相催化生长机制：Baker 等人使用控制气氛电子显微镜原位观察了以 Ni 或 Ni－Cu 合金为催化剂，C_2H_2 为碳源生长碳丝的过程。发现在生长碳丝前，随着温度的升高，催化剂颗粒的形状发生转变，由最初的球状转变为带有小平面和角的形状，呈现菱形，随后观察到菱形催化剂的两角有两根碳丝生长出来，最后形成了双螺旋碳纤维。在碳丝生长的整个过程中，催化剂颗粒一直呈菱形，形状没有发生改变，而且菱形颗粒的两个大平面上没有观察到碳原子。这证明了 HCNFs 确实是以固相催化机制生长的。成会明等人也认为如果催化剂表面是类液态，那么应呈现各向同性，而且从 Ni－C 相图可知，在 1 326 ℃以下没有液相出现，所以 HCNFs 的生长机制应该为固相催化生长机制。

Wen 等人基于 HCNFs 的 3D 生长模型提出：碳原子主要从晶体的晶面析出，而且碳原子从（1，0，0）、（0，1，0）、（0，0，1）三个连续晶面析出的速率不同，导致螺旋结构的形成；碳原子很少从晶棱部位沉积，在三个相邻晶面相交的节点处，几乎没有碳原子会析出，最终形成了具有中空管状结构的 HCNFs，如图 27.1(a)所示；而对于实心的纳米碳纤维，碳原子不仅仅从(1,0,0)、(0,1,0)、(0,0,1)三个连续的晶面析出，如图 27.1(b)所示，(2/5,2/5,2/5)晶面也参与纳米碳纤维的生长，由于第四个晶面的作用，不再产生中空管状结构。

另外，随着研究的深入，在大量实验的基础上，人们还总结出了“催化剂一石墨界面相互作用机制”、“催化剂形貌作用机制”和“模板和其他外力作用机制”。总而言之，对 HCNFs 的生长机理还存在争论，实验也证实，螺旋形貌产生不仅仅由催化剂的组成和形貌决定，通过外加磁场或软模板的方法同样可以获得螺旋形貌的纳米碳纤维，提出的生长模式都不能完全解释所有的现象。

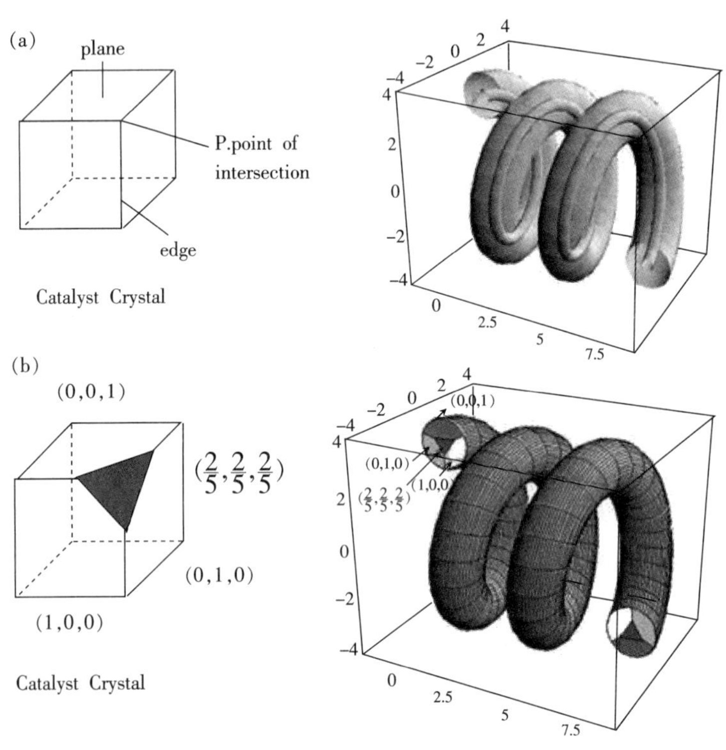

图 27.1　(a) 中空管状结构和(b) 实心结构的 HCNFs 的 3D 生长模型

四、实验器材

1. 主要原材料

硝酸铁、乙炔。

2. 主要设备

管式炉、手套箱、真空干燥箱、电烘箱、LAND 测试系统、电化学工作站、扫描电子显微镜、比表面积测试仪、X 射线衍射仪、投射电子显微镜。

五、实验内容及步骤

1. 材料的制备

取一定量的 $Fe(NO_3)_3 \cdot 9H_2O$ 均匀铺设在石英舟底部，将石英舟放置在水平管式炉的恒温区，在高纯 N_2 的保护下升温，升温速率为 10 ℃·min^{-1}。水蒸气由高纯 N_2 带入反应体系。当温度升高到反应温度 500 ℃时，通入 C_2H_2，高纯 N_2、C_2H_2、H_2O(Gas)的流量分别是 100、20、2 sccm，反应时间为 2 h，反应结束后，关闭 C_2H_2，N_2 保护下冷却至室温。

2. 材料的表征方法

(1) 扫描电子显微镜

采用扫描电子显微镜(Scanning Electron Microscope，SEM)观察所制备样品的形貌。

(2) 透射电子显微镜

采用透射电子显微镜(Transmission Electron Microscope，TEM)对所制备样品的微观形貌进行测试分析。

(3) X 射线衍射

X 射线衍射(X－Ray Diffraction，XRD)分析以 Cu－K_α(λ=1.540 6 Å)为辐射源，扫描范围 15°～80°，步进宽度为 0.03°，步进速率为 10°·min^{-1}。试样为粉末样品。衍射数据采用 MDIJade5.0 软件进行分析。

(4) 比表面积－孔径分布分析

采用 SSA－4200 孔隙比表面分析仪来测试材料的 Brunau－Emmertt－Teller(BET)比表面积和孔径分布。测试条件：－196 ℃下 N_2 绝热吸附/脱附。

3. 电化学性能测试

(1) 电极的制备及模拟电池的组装

采用涂膜法制作电极片，具体过程为：将活性物质、黏结剂 CMC、导电炭黑按 8∶1∶1 的质量比混合均匀，涂敷在约 15 μm 厚的铜箔集流体上，自然晾干后，用辊压机碾压电极片，继而将电极片冲切成直径为 12 mm 圆形电极片，在真空烘箱中 105 ℃干燥 12 h，除去电极片中所含微量的水分之后，迅速放进手套箱中等待组装成电池。以金属锂为对电极，Celgard2400 为隔膜，电解液为含 2% VC(碳酸亚乙烯酯)的 1 mol·L^{-1} $LiPF_6$，溶剂为 EC/DMC/EMC(体积比 1∶1∶1)，组装 CR2032 型钮扣电池，如图 27.2 所示。

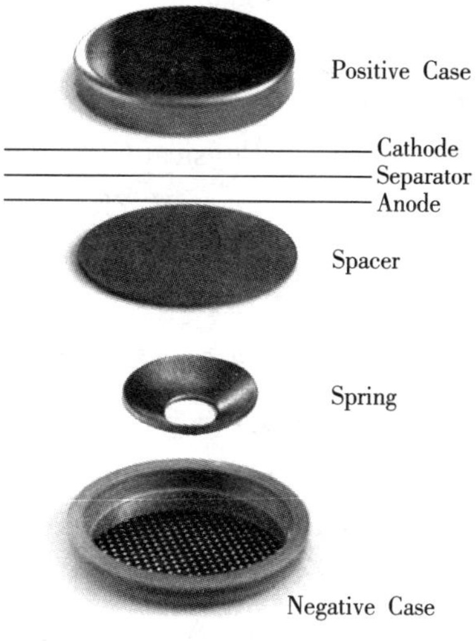

(2) 恒流充放电性能测试

为了考察材料的可逆比容量、库仑效率、循环性能等，本实验中以一定的电流密度对模拟电池作恒电流充放电测试。测试电压为 0.01～3.0 V，测试电流密度为 0.074～7.4 A·g^{-1}，测试温度为 25±1 ℃，循环性能和倍率性能均采用多通道电池测试系统。

图 27.2　CR2032 型钮扣电池模型

六、思考题

1. 如何除去螺旋状碳纳米管中的催化剂？
2. 催化剂颗粒大小对螺旋状碳纳米管的生长有何影响？
3. 螺旋状碳纳米管的催化剂是单质铁还是铁的氧化物？

附录 7 参考文献

1. Zhang H L, Zhang Y, Zhang X G, Li F, Liu C, Tan J, et al. Urchin—like nano/micro hybrid anode materials for lithium ion battery[J]. Carbon, 2006(13): 2 778—2 784.

2. Hu Y S, Adelhelm P, Smarsly B M, Hore S, Antonietti M, Maier J. Synthesis of hierarchically porous carbon monoliths with highly ordered microstructure and their application in rechargeable lithium batteries with high—rate capability[J]. Advanced Functional Materials, 2007(12): 1 873—1 878.

3. Chang J C, Tzeng Y F, Chen J M, Chiu H T, Lee C Y. Carbon nanobeads as an anode material on high rate capability lithium ion batteries[J]. Electrochimica Acta, 2009(27): 7 066—7 070.

4. Liu Z L, Lee J Y, Lindner H J. Effects of conducting carbon on the electrochemical performance of $LiCoO_2$ and $LiMn_2O_4$ cathodes[J]. Journal of Power Sources, 2001(0378—7753): 361—365.

5. Zhang Q, Du F, Dong L, Hao C. Formation of carbon fiber florets using copper tartrate catalyst precursors[J]. Materials Letters, 2011(17—18)2 779—2 782.

6. Qian W, Chen J F, Wu L S, Cao F Y, Chen Q W. Synthesis of polygonized carbon nanotubes utilizing inhomogeneous catalyst activity of nonspherical Fe_3O_4 nanoparticles [J]. Journal of Physical Chemistry B, 2006(33): 16 404—16 407.

7. Subramanian V, Zhu H. W, Wei B Q. High rate reversibility anode materials of lithium batteries from vapor—grown carbon nanofibers[J]. Journal of Physical Chemistry B, 2006(14): 7 178—7 183.

8. 黄宛真. 鱼骨状纳米碳纤维与多壁纳米碳管的制备及其储氢、储锂性能研究[D]. 浙江大学博士论文, 2005.

9. Wu X L, Liu Q, Guo Y G, Song W G. Superior storage performance of carbon nanosprings as anode materials for lithium—ion batteries[J]. Electrochemistry Communications, 2009(7): 1 468—1 471.

10. Kawaguchi M, Nozaki K, Motojima S, Iwanaga H. A growth—mechanism of regularly coiled carbon—fibers through acetylene pyrolysis[J]. Journal of Crystal Growth, 1992(3—4): 309—313.

11. 陈丽娟, 李徐郭. 碳微线圈的气—液—固—固生长机理[J]. 物理化学学报, 2006(6): 768—770.

12. Kim M S, Rodriguez N M, Baker R T K. The interaction of hydrocarbons with copper nickel and nickel in the formation of carbon filaments[J]. Journal of Catalysis, 1991(1): 60—73.

13. 杜金红, 苏革, 白朔, 孙超, 成会明. 螺旋形碳纤维的固相催化生长机制[J]. 中国科学 E 辑, 2003(7): 604—608.

14. Wen Y K, Shen Z M. Synthesis of regular coiled carbon nanotubes by Ni—catalyzed pyrolysis of acetylene and a growth mechanism analysis[J]. Carbon, 2001(15): 2 369—2 374.

15. Bandaru P R, Daraio C, Yang K, Rao A M. A plausible mechanism for the evolution of helical forms in nanostructure growth[J]. Journal of Applied Physics, 2007(9): 0943071—74.

16. Liu W C, Lin H K, Chen Y L, Lee C Y, Chiu H T. Growth of carbon nanocoils from K and Ag cooperative bicatalyst assisted thermal decomposition of acetylene[J]. Acs Nano, 2010(7): 4 149—4 157.

17. Zhang Y, Liu F, Zhang Z H. Synthesis of heterostructured helical carbon nanotubes by iron—catalyzed ethanol decomposition[J]. Micron, 2011(6): 547—552.

18. Tang N J, Wen J F, Zhang Y, Liu F X, Lin K J, Du Y W. Helical carbon nanotubes: catalytic particle size—dependent growth and magnetic properties[J]. Acs Nano, 2010(1): 241—250.

19. Lau K T, Lu M, Hui D. Coiled carbon nanotubes: Synthesis and their potential applications in advanced composite structures[J]. Composites Part B—Engineering, 2006(6): 437—448.

20. Fejes D, Hernadi K. A review of the properties and CVD synthesis of coiled carbon nanotubes[J]. Materials, 2010(4): 2 618—2 642.

21. Cheng J B, Du J H, Bai S. Growth mechanism of carbon microcoils with changing fiber cross—section shape[J]. New Carbon Materials, 2009(4): 354—358.

22. Chen X Q, Motojima S. Growth of carbon micro—coils by pre—pyrolysis of propane[J]. Journal of Materials Science, 1999(15): 3 581—3 585.

23. AuBuchon J F, Chen L H, Gapin A I, Kim D W, Daraio C, Jin S H. Multiple sharp bendings of carbon nanotubes during growth to produce zigzag morphology[J]. Nano Letters, 2004(9): 1 781—1 784.

24. In—Hwang W, Yanagida H, Motojima S. Vapor growth of carbon micro—coils by the Ni catalyzed pyrolysis of acetylene using rotating substrate[J]. Materials Letters, 2000(1—2): 11—14.

25. Joselevich E. Self—organized growth of complex nanotube patterns on crystal surfaces[J]. Nano Research, 2009(10): 743—754.

26. Kyotani M, Matsushita S, Nagai T, Matsui Y, Shimomura M, Kaito A, et al. Helical carbon and graphitic films prepared from iodine—doped helical polyacetylene film using morphology—retaining carbonization[J]. Journal of the American Chemical Society, 2008(33): 10 880.

27. Goh M, Matsushita T, Satake H, Mutsumasa K, Akagi K. Macroscopically aligned helical polyacetylene synthesized in magnetically oriented chiral nematic liquid crystal field[J]. Macromolecules, 2010(14): 5 943—5 948.

（黄小兵、姜锦锦供稿）

实验 28 管状钛酸锂的合成与电化学性能研究

（12 课时 适用于材料科学与工程、应用化学、化学专业）

一、相关知识

商品化的锂离子电池负极材料大多采用嵌锂碳材料，该材料存在一些缺点：电位与金属锂的电位很接近，电池过充时，金属锂可能会在负极表面形成锂枝晶，引起短路；首次充放电效率低；存在明显的电压滞后现象；材料制备方法比较复杂等。与碳负极材料相比，合金类负极材料具有较高的比容量，但其在反复嵌脱锂过程中体积变化较大，逐渐粉化失效，循环性能较差。

尖晶石型钛酸锂（$Li_4Ti_5O_{12}$）作为一种新型的锂离子电池负极材料具有明显的优势：零应变，循环性能优异；较高的氧化还原电位（1.5 V VS Li），不与常用电解液发生反应，安全性好；环境友好，容易制备，成本低等。但 $Li_4Ti_5O_{12}$ 的电导率低（10^{-9} s · cm^{-1}），导致其高倍率性能差，这极大制约了其推广与应用，尤其在动力电池这一全球瞩目的领域，材料的高倍率工作特性是决定其能否大规模商业化应用的关键因素之一，因此提高 $Li_4Ti_5O_{12}$ 的高倍率性能成为目前研究者们关注的核心课题之一。

目前，国内外研究者们解决 $Li_4Ti_5O_{12}$ 大电流工作性能（倍率性能）差的问题的方法主要有三种。其一，缩小材料颗粒尺寸，增大比表面积，研究发现纳米尺寸的 $Li_4Ti_5O_{12}$ 由于缩短了 Li^+ 迁移路径、增加了 Li^+ 的脱嵌位置和增大了与电解液的接触面积，往往具有较高的电化学性能，尤其是倍率性能。其二，在材料表面包覆均匀的导电材料（如 C、PAn、Ag、Cu 等），改善材料表面的电子传导性能。其三，通过在 Li 位或 Ti 位掺 Al^{3+}、Mg^{2+}、Ru^{3+}、V^{5+}、Cr^{3+}、Nb^{5+}、Ni^{2+}、Cu^{2+} 等），引起结构缺陷，从而提高材料的电子导电性能。

二、实验目的

1. 掌握碳纳米管的分散方法；
2. 掌握管状 $Li_4Ti_5O_{12}$ 的可控制备方法；
3. 熟悉扣式电池 CR2023 的组装；
4. 掌握扣式电池的电化学性能测试方法；
5. 掌握材料结构与形貌的测试方法和所用仪器使用与操作方法。

三、$Li_4Ti_5O_{12}$ 的结构及锂离子脱嵌机理

$Li_4Ti_5O_{12}$ 是一种金属锂和低电位过渡金属钛的复合氧化物，属于 AB_2X_4 系列，具有缺陷的尖晶石结构，属于固溶体 $Li_{1+x}Ti_{2-x}O_4$（$0\leqslant x\leqslant 1/3$）体系，可写为 $Li[Li_{1/3}Ti_{5/3}]_4$，立方体结构，晶胞参数 a 为 0.836，空间群为 Fd3m，具有锂离子的三维扩散通道，为不导电的白

色晶体，在空气中可以稳定存在。其中 O^{2-} 构成面心立方 FCC 点阵，在 32*e* 位置；一部分 Li^+ 位于 8*a* 的四面体间隙位中，剩余的 Li^+ 和 Ti^{4+} 以 1∶5 的比例位于 16*d* 的八面体间隙中，因此，可按结构将其描述为 $Li_{8a}[Li_{1/3}Ti_{5/3}]_{16d}[O_4]_{32e}$。

在充电过程中，外来的 Li^+ 嵌入到尖晶石结构中，进入四面体 8*a* 附近的八面体 16*c* 位置，而 $Li_4Ti_5O_{12}$ 晶格中原位于 8*a* 的 Li^+ 也开始迁移到 16*c* 位置，最后所有的 16*c* 位置都被 Li^+ 占据，形成了 NaCl 岩盐相 $[Li_2]_{16c}[Li_{1/3}Ti_{5/3}]16_d[O_4]_{32e}$，其容量也主要被可以容纳 Li^+ 的八面体空隙的数量所限制。随着 Li^+ 离子嵌入量的增加，$Li_4Ti_5O_{12}$ 由绝缘体逐渐转化成导电性能良好的 $Li_7Ti_5O_{12}$，其深蓝色，立方尖晶石结构可写为 $Li_2[Li_{1/3}Ti_{5/3}]O_4$。由于 Ti^{3+} 的出现，$Li_2[Li_{1/3}Ti_{5/3}]O_4$ 电子导电性较好，电导率约为 10^{-2} s·cm^{-1}。反应前后晶格参数 *a* 变化很小，从 0.836 增加到 0.837，且这种变化是动力学高度可逆的，因此称为“零应变”电极材料。在充放电过程中结构的稳定性，使钛酸锂成为了安全及长寿命锂离子电池极有潜力的电极材料。电化学过程如下式所示。

$$Li_{8a}[Li_{1/3}Ti_{5/3}]_{16d}O_4(\text{Spinel})+Li^+ \leftrightarrow [Li_2]_{16d}O_4(\text{Rocksalt})$$

目前，钛酸锂的嵌锂机制有两种解释：一是基于尖晶石型 $Li_4Ti_5O_{12}$ 与岩盐型 $Li_7Ti_5O_{12}$ 的两相反应，认为上述两相的互变使得该电极电位保持平稳，这种解释得到了较普遍的认同，认为充放电平台的出现是存在两相转变的特征，当两相的转变基本完成时，其电位便发生快速上升或下降的突跃；另一种解释在于 α、β 两相的共存和互变，认为出现宽电压平台是因为锂离子的嵌入导致贫锂 α 相和富锂 β 相的共存。由于嵌锂机理还存在模棱两可之处，研究者对此进行了进一步研究。

四、实验器材

1. 主要原材料

碳纳米管、正钛酸丁酯、乙酸锂、聚乙烯吡咯烷酮、醋酸。

2. 主要设备

集热式恒温加热磁力搅拌器、超声波粉碎仪、手套箱、真空干燥箱、电烘箱、LAND 测试系统、电化学工作站、扫描电子显微镜、比表面积测试仪、X 射线衍射仪、热重分析仪、透射电子显微镜。

五、实验内容及步骤

1. 材料制备方法

管状二氧化钛的制备：以正钛酸丁酯、碳纳米管、聚乙烯吡咯烷酮为原料，实验方案如下：

(1) 将一定量的聚乙烯吡咯烷酮溶于无水乙醇后，加入碳纳米管，超声分散 20 min 后形成均匀的浆料。

(2) 先后加入醋酸、正钛酸丁酯、蒸馏水，在一定温度下水解。

(3) 待正钛酸丁酯水解完以后，蒸干溶剂。

(4) 80 ℃下真空干燥 2 h，在氩气中于 500 ℃下焙烧 5 h 得到管状二氧化钛。

管状钛酸锂的制备：将化学计量比管状二氧化钛、乙酸锂、聚乙烯吡咯烷酮加入到一定量蒸馏水中，超声分散 20 min 后形成均匀的浆料，蒸干溶剂后 80 ℃下真空干燥 2 h 得到前驱体。将前驱体研磨后，在 750 ℃下焙烧 10 h，得到管状钛酸锂。

2. 材料表征方法

(1) X 射线衍射

X 射线衍射(X－Ray Diffraction,XRD)是利用 X 射线在样品中的衍射现象来分析材料的晶体结构、物相组成及晶胞参数等物理特性。本实验使用 XRD 来表征碳的包覆对 $Li_4Ti_5O_{12}$ 晶体结构的影响。使用仪器为 DX2700 型 X 射线衍射仪,采用 $Cu-K_\alpha$ 辐射源,扫描范围 2θ 为 10°～90°,扫描速度为 $2°\cdot min^{-1}$。XRD 谱图通过 MDIJade 5.0 软件进行分析。

(2) 透射电子显微镜

本实验使用透射电子显微镜来研究管状钛酸锂的管壁厚度。

(3) 碳纳米管含量分析

本实验采用日本 TGA－50 分析仪来测定样品的碳纳米管含量。它是利用样品在氮气中升温至 800 ℃,通过测定样品的失重来确定碳纳米管的质量百分含量。

(4) 比表面积测试

比表面积(Brunauer Emmet Teller,BET)是根据吸附质对样品进行非选择性吸附来测定的。本实验使用的仪器为 Builder SSA－94 4200 型比表面积仪。先将样品在 300 ℃下进行脱气处理,再通过液氮吸附、脱附得到吸附/脱附等温曲线,最后利用 BET 方程计算样品的比表面积。

3. 电化学性能

(1) 电极片的制备及模拟电池的组装

电极混合物由活性物质($Li_4Ti_5O_{12}$)、导电炭黑(Super－P)和黏结剂 LA－132 组成,三者在电极中所占的质量百分比为 85∶10∶5。电极片的制备按照如下步骤进行。首先,把导电炭黑均匀分散在黏结剂 LA－132 中。然后,加入活性物质,搅拌均匀后得到三者均匀混合的浆料。浆料用医用刮刀均匀地涂布在铝箔上,烘干后打成直径约为 1.2 cm 的圆片。上述电极片使用前在真空烘箱中烘烤 16 h。钮扣电池由电极、隔膜和电解液组成。其中正极为上述制备的电极片,负极为金属锂片,隔膜为 Celgard 2400,电解液为 1 mol/L、$LiPF_6$ 的碳酸乙烯酯(EC)、碳酸二乙酯(DEC)和碳酸二甲酯(DMC),EC、DEC 和 DMC 三者的体积比为 1∶1∶1。钮扣电池的组装在充满氩气的干燥手套箱中进行。

(2) 恒电流充放电测试

电池的充放电测试是在 LAND 测试系统上进行。在不同倍率下进行充放电循环测试,电压范围为 1～3 V,测试温度为 25 ℃。

(3) 交流阻抗测试

交流阻抗法(Electrochemical Impedance Spectroscopy,EIS)是一种以小振幅的正弦波电位(或电流)为扰动信号的电化学测试方法。通过测试电化学体系达到稳定状态后的电位(或电流)或阻抗(导纳),得到阻抗、相位、时间的变化关系,从而获得欧姆电阻、电化学反应、表面膜层以及电极过程的动力学参数等信息。本实验采用上海辰华厂家生产的 CHI760E 型电化学工作站对电极材料进行电化学阻抗测试,频率范围为 10^{-1}～10^6 Hz。

六、思考题

1. 管状钛酸锂的形成机理是什么?
2. 碳纳米管在本实验中有何作用?
3. 钛酸锂管壁厚度对性能有何影响?

附录8 参考文献

1. 汪鑫,包丽颖,苏岳峰,常哲敏.准纳米晶钛酸锂的制备及其电化学性能[J].有色金属,2010,62(1):17—21.

2. K Nakahara,R Nakajima,T Matsushima,et al. Preparation of particulate $Li_4Ti_5O_{12}$ having excellent characteristics as an electrode active material for power atorage cells[J]. Journal of Power Sources,2003,117(1/2):131.

3. 温兆银,黄沙华,顾中华等.一种基于第二相复合的高倍率锂离子二次电池负极材料及制备方法.中国,1734811A[P],2006.

4. D Wang,N Ding,X H Song,C H Chen. A simple gel rout to synthesize nano—$Li_4Ti_5O_{12}$ as a high—performance anode material for Li—ion batteries[J]. J Mater Sci,2009,44:198—203.

5. H Liu,Y Feng,K Wang,J Y Xie. Synthesis and electrochemical properties of $Li_4Ti_5O_{12}$/C composite by the PVP rheological phase methode[J]. Journal of Physics and Chemistry of Solids,2008,69:2 037—2 040.

6. Z J Lin,X B Hu,Y J Huai,X D Shen,et al. One—step synthesis of $Li_4Ti_5O_{12}$/C anode material with high performance for lithium—ion batteries[J]. Solid State Ionics,2010,181:412—415.

7. J Wang,X M Liu,H Yang,X D Shen. Characterization and electrochemical properties of carbon—coated $Li_4Ti_5O_{12}$ prepared by a citric acid sol—gel method[J]. Journal of Alloys and Compounds,2011,509:712—718.

8. H F Xiang,B B Tian,P C Lian,Z Li,H H Wang. Sol—gel synthesis and electrochemical performance of $Li_4Ti_5O_{12}$/graphene composite anode for lithium—ion batteries [J]. Journal of Alloys and Compounds,2011,509:7 205—7 209.

9. Y H Yin,et al. Synthesis of novel anode $Li_4Ti_5O_{12}$/C with PAN as carbon source and its electrochemical performance. Mater Chem Phys(2011),doi:10. 1016/j. matchemphys. 2011. 06. 062.

10. Z Q He,L Z Xiong,S Chen,X M Wu,W P Liu,K L Huang. In situ polymerization preparation and characterization of $Li_4Ti_5O_{12}$—polyaniline anode material[J]. Trans Nonferrous Met China,2010,20:s262—266.

11. S H Huang,Z Y Wen,X J Zhu,Z H Gu. Preparation and electrochemical performance of Ag doped $Li_4Ti_5O_{12}$[J]. Electrochemistry communication,2004,6:1 093—1 097.

12. S H Huang,Z Y Wen,J C Zhang,X L Yang. Improving the electrochemical performance of $Li_4Ti_5O_{12}$/Ag composite by an electroless deposition methode[J]. Electrochimica Acta,2007,52:3 704—3 708.

13.' S H Huang, Z Y Wen, X J Zhu, Z H Gu. The high-rate performance of the newly designed $Li_4Ti_5O_{12}$/Cu composite anode for lithium ion batteries[J]. Journal of Alloys and Compounds, 2008, 457: 400-403.

14. Z H Wang, G Cheng, J Xu, Z S Lv, W Q Yang. Synthesis and electrochemical performance of $Li_4Ti_{4.95}Al_{0.05}O_{12}$/C as anode material for lithium-ion batteries[J]. Journal of Physics and Chemistry of Solids, 2011, 72: 773-778.

15. H L Zhao, Y Li, Z M Zhu, J Lin, Z H Tian, R L Wang. Structural and electrochemical characteristics of $Li_{4-x}Al_xTi_5O_{12}$ as anode material for lithium-ion batteries[J]. Electrochimica Acta, 2008, 53: 7079 - 7083

16. S Z Ji, J Y Zhang, W W Wang, Y Huang, et al. Preparation and effects of Mg-doping on the electrochemical properties of spinel $Li_4Ti_5O_{12}$ as anode material for lithium-ion battery[J]. Materials Chemistry and Physics, 2011, 123: 510-515.

17. C Y Lin, Y Jhan, J G Duh. Improved capacity and rate capability of Ru-doped and carbon-coated $Li_4Ti_5O_{12}$ anode material[J]. Journal of Alloys and Compounds, 2011, 509: 6 965-6 968.

18. Y Jhan, C Y Lin, J G Duh. Preparation and characterization of Ruthenium doped $Li_4Ti_5O_{12}$ anode material for the enhancement of rate capability and cyclic stability[J]. Materials Letters. 2011, 65: 2 502-2 505.

19. High rate capability and long-term Cyclability of $Li_4Ti_{4.9}V_{0.1}O_{12}$ as Anode Material in Lithium Ion Battery, Electrochimica Acta(2010), doi: 10. 1016/j. electacta. 2011. 07. 051.

20. M Ganesan. $Li_4Ti_{2.5}Cr_{2.5}O_{12}$ as anode material for lithium battery[J]. Ionics. 2008, 14: 395-401.

21. B B Tian, H F Xiang, L Zhang, Z Li, H H Wang. Niobium doped lithium titanate as a high rate anode material for Li-ion batteries[J]. Electrochimica Acta. 2010, 55: 5 453-5 458.

22. Jongsoon Kima, Sung-Wook Kim, Hyeokjo Gwon, Won-Sub Yoon, Kisuk Kang. Comparative study of $Li(Li_{1/3}Ti_{5/3})O_4$ and $Li(Ni_{1/2-x}Li_{2x/3}Ti_{x/3})Ti_{3/2}O_4$ ($x=1/3$) anodes for Li rechargeable batteries. Electrochimica Acta. 2009, 54: 5 914-5 918.

23. D Wang, H Y Xu, M Gu, C H Chen. $Li_2CuTi_3O_8$-$Li_4Ti_5O_{12}$ double spinel anode material with improved rate performance for Li-ion batteries[J]. Electrochemistry Communications. 2009, 11: 50-53.

24. 高文明. 钛酸锂的制备与改性研究[硕士学位论文]. 天津大学, 2007: 11-12.

（黄小兵、李星供稿）

实验 29　微波法合成磷酸亚铁锂

（**8** 课时 适用于材料科学与工程、应用化学、化学专业）

一、相关知识

1997 年 Goodenough 等人首次报道了橄榄石型结构的 $LiFePO_4$ 能可逆地嵌入和脱出锂离子，具有 170 mAh·g^{-1} 的理论容量，3.5 V 左右的电压平台，在低电流密度下 $LiFePO_4$ 中的 Li^+ 几乎可以 100%地嵌入和脱出。由于 $LiFePO_4$ 具有资源丰富、成本低廉、比容量高、循环性好、环境友好、安全性高、高温稳定性优良等优点，被认为是最有前途的锂离子二次电池正极材料之一。$LiFePO_4$ 的主要缺点是其锂离子迁移速率和电导率很低，当电流密度增大时，比容量将迅速下降，因此只适合在小电流密度下充放电，不适合在电动汽车等大电流充放电场合的使用。此外，$LiFePO_4$ 的真实密度（3.6 g·cm^{-3}）相对其他正极材料较小，在实验条件下 $LiFePO_4$ 的振实密度偏低（只有 1.0 g·cm^{-3} 左右），导致实际的体积能量密度偏低，不利于电池的小型化发展。因此，如何提高磷酸亚铁锂的扩散系数、电子导电率及振实密度是其作为锂离子电池正极活性材料实用化亟待解决的问题。

微波法是采用“热冷源”进行加热的一种制备方法。微波法由于其加热时间短、热能利用率高、加热温度均匀等优点，已经在许多陶瓷材料的合成中得以应用。近年来，人们开始探索将微波技术应用于合成锂离子电池材料中，与传统的高温固相反应相比，合成时间、反应条件和电化学性能都有一定的改善。若能利用微波加热技术制备 $LiFePO_4$，对节能、降低材料成本将是十分有利的。

二、实验目的

1. 了解微波加热的原理；
2. 了解喷雾干燥原理；
3. 了解 $LiFePO_4$ 的合成方法；
4. 熟悉扣式电池 CR2023 的组装；
5. 掌握扣式电池的电化学性能测试方法；
6. 掌握材料结构与形貌的测试方法和所用仪器使用与操作方法。

三、$LiFePO_4$ 的结构与嵌脱锂机理

1. $LiFePO_4$ 的结构特点

$LiFePO_4$ 在自然界中以磷铁锂矿的形式存在，它是正交晶系橄榄石型结构，属于 Pmna

空间群。晶体结构的 $LiFePO_4$ 空间群为 Pmnb，同样具有正交晶系橄榄石型结构。每个晶胞中含有 4 个 $LiFePO_4$ 单元，共有 28 个原子，其中，O 占据稍微扭曲的六面紧密堆积结构的空位；Fe 和 Li 分别位于氧原子八面体中心的 4*c* 位和 4*a* 位，而形成 FeO_6 八面体和 LiO_6 八面体；P 处于氧原子四面体中心的 4*c* 位，形成 PO_4 四面体，如图 29.1 所示。

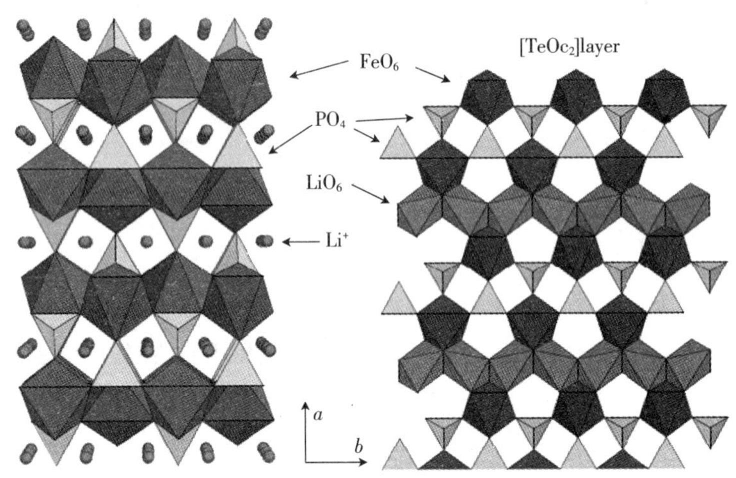

图 29.1　$LiFeSiO_4$ 的晶体结构

交替排列的 FeO_6 八面体、LiO_6 八面体和 PO_4 四面体形成层状的脚手架结构，在 *bc* 平面上，相邻的 FeO_6 八面体通过共用顶点的一个氧原子相连，从而形成 Z 字形的 FeO_6 层；在 FeO_6 层之间，相邻的 LiO_6 八面体在 *b* 方向上通过共用棱上的两个氧原子相连成链；每个 PO_4 四面体与一个 FeO_6 八面体共用棱上的两个氧原子，同时又与两个 LiO_6 八面体共用棱上的氧原子。因此，每个 FeO_6 八面体分别与两个 LiO_6 八面体共边，而每个 PO_4 四面体分别与 FeO_6 八面体、LiO_6 八面体有一个公共边和两个公共边；其中，Li^+ 在 4*a* 位形成共棱的连续直线链，并平行于 *c* 轴，从而使得 Li^+ 具有二维可移动性，形成了一个锂离子在充放电过程中可自由嵌入和脱出的通道(如图 29.1 所示)。这种共用顶点和共用棱的脚手架结构为锂离子的嵌入和脱出提供了理论基础，也是 $LiFePO_4$ 可作锂离子电池正极材料的理论依据。

2. $LiFePO_4$ 的充放电过程

$LiFePO_4$ 的充放电曲线存在一个平台，表明 Li^+ 的脱出和嵌入伴随着一级相变过程。$LiFePO_4$ 在充放电过程中进行如下反应：

充电：$LiFePO_4 - xLi^+ - xe^- \rightarrow xFePO_4 + (1-x)\ LiFePO_4$　　(1)

放电：$FePO_4 + xLi^+ + xe^- \rightarrow xLiFePO_4 + (1-x)\ FePO_4$　　(2)

$LiFePO_4$ 正极材料的充放电作用机理不同于其他传统材料，如 $LiCoO_2$、$LiNiO_2$，其充放电反应是在两相 $LiFePO_4$ 和 $FePO_4$ 之间进行的。充电时，Li^+ 从 FeO_6 层迁移出来，经过电解质进入负极，Fe^{2+} 被氧化成为 Fe^{3+} ($LiFePO_4 \rightarrow FePO_4$)，为保持电荷平衡，电子则经过相互接触的导电剂和集流体从外电路到达负极。放电过程进行还原反应，与上述过程相反。

Andersson 等人对 $LiFePO_4$ 的晶体结构分析表明，Li^+ 在 $LiFePO_4$ 中脱出形成 $FePO_4$ 时晶体结构重排很小。在 $LiFePO_4$ 和 $FePO_4$ 晶体中 Fe—O 的键长都是最小，键长平均值分别是 2.17 Å 和 2.04 Å。在 $LiFePO_4$ 和 $FePO_4$ 互变的过程中，所有 Fe—O 的键长变化都未超过 0.28 Å。Yang 等人也证明再次充电时，$LiFePO_4$ 转化为 $FePO_4$ 时体积仅减小 6.8%，因此使得机械松动和由此导致的循环中的电接触损失降到最低，增加了循环的稳定性，与正极材料 $LiTiS_2$ 具有可比性。

表 29.1　$LiFePO_4$ 和 $FePO_4$ 的空间群和晶体结构参数

参数	$LiFePO_4$	$FePO_4$
空间群	Pnmb	Pnmb
$a(10^{-10}$ m)	6.008(3)	5.792(1)
$b(10^{-10}$ m)	10.334(4)	9.821(1)
$c(10^{-10}$ m)	4.693(1)	4.788(1)
$V(10^{-30}$ m^3)	291.392(3)	272.357(1)

由此可看出，由于 $LiFePO_4$ 和 $FePO_4$ 两相的结构相似、体积相近(见表 29.1)，在充放电过程中，锂离子脱出前后晶体结构变化和体积变化都很微小。这就有效地保障了 Li^+ 的可逆嵌脱，减小了由于结构变化过大甚至结构崩塌而造成的容量损失。因此 $LiFePO_4$ 作为正极材料具有良好的、稳定的循环特性。

Yamada 等人认为，在充电过程中，$LiFePO_4$ 脱出锂后体积变小正好弥补了碳负极嵌入锂后的体积膨胀，从而使得电池的有限空间得到更有效的利用。

3. $LiFePO_4$ 中锂离子的嵌脱机理

目前，在关于 $LiFePO_4$ 中锂离子嵌脱机理的众多理论中，最广为接受的主要有两种理论模型：由 Padhi 等人提出的“辐射状锂离子迁移模型”(Radial Model)和 Anderson 等人提出的“马赛克锂离子迁移模型”(Mosaic Model)。

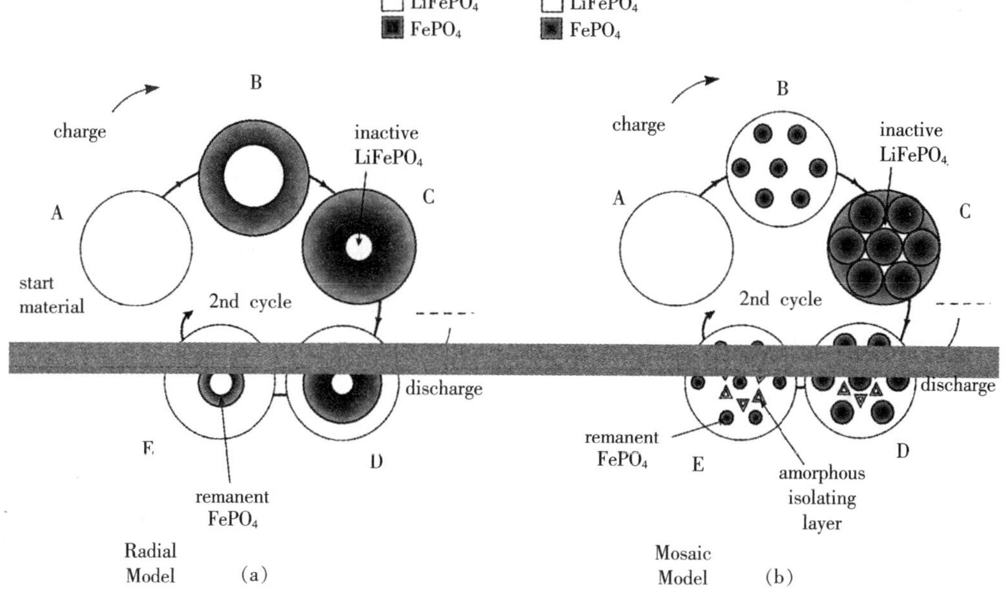

图 29.2　锂离子嵌脱模型示意图

Radial Model[如图 29.2(a)所示]认为：Li^+ 的嵌入和脱出是在 $LiFePO_4$ 和 $FePO_4$ 两相的界面进行的；充电时 Li^+ 从 $LiFePO_4$ 颗粒中脱出，生成 $FePO_4$，形成 $LiFePO_4$ 和 $FePO_4$ 的两相界面；随着充电过程的进行，该界面逐渐向内核收缩，面积不断减小；而 Li^+ 和电子必须通过不断形成的新界面进行扩散以维持恒定的电流，但由于 Li^+ 的扩散速度在一定条件下为常数，随着两相界面的不断减小，Li^+ 通过两相界面的扩散量也不断减小；当两相界面收缩到一定程度，单位时间内 Li^+ 通过两相界面的扩散量不足以维持恒定电流时，只能使充电电流达到一个极限密度；在此电流密度下，颗粒中靠近核心位置的部分 $LiFePO_4$ 不能得到充分的利用，从而造成容量损失；这就是大电流密度时 $LiFePO_4$ 比容量下降的原因。放电过程也存在同样的问题。

Andersson 等人在对 $LiFePO_4$ 的充放电过程进行原位 XRD、Mössbauer 研究中发现，首次循环中有 20%～25% 的 $LiFePO_4$ 保持不变。由此可以认为，由于相变过程中的惰性因素，Fe^{2+} 氧化为 Fe^{3+} 的过程与 $LiFePO_4$ 转变为 $FePO_4$ 的过程并非同步进行，在 $LiFePO_4/FePO_4$ 的两相界面上可能存在一层极薄的非晶相，并由此提出了“马赛克锂离子迁移模型”(Mosaic Model)。

Mosaic Model[如图 29.2(b)所示]认为：Li^+ 的嵌入和脱出同样是锂离子在 $LiFePO_4$ 和 $FePO_4$ 两相的界面进行的；但在充电过程中，两相界面并不是均匀地由表及里向内核推进，而是在 $LiFePO_4$ 颗粒的任意一位置发生锂离子脱出生成 $FePO_4$，随着脱出的进一步进行，$FePO_4$ 区域增大，不同区域边缘接触交叉，未接触的死角残留的 $LiFePO_4$ 成为容量损失的来源；放电过程，锂离子重新嵌入到 $FePO_4$ 相中，同样在核心处留下了没有嵌入锂离子的部分 $FePO_4$ 也是容量损失的来源。

实际上，单一活性 $LiFePO_4$ 颗粒的锂离子嵌脱过程与材料的合成技术及合成温度密切相关，并不完全符合上述两种模型中的其中一种迁移模型，而是两种模型形式同时存在，即在“呈辐射状”迁移的区域上具有“马赛克”特征。从上述两种机理模型可以看出：随着电流密度增大，$LiFePO_4$ 颗粒未被利用的部分增加，导致比容量降低，当电流密度减小时，比容量又会得到恢复。

Prosini 等人通过恒流间歇滴定技术(GITT)测得 $LiFePO_4$ 与 $FePO_4$ 的锂离子的扩散系数(D_{Li^+})分别为 1.8×10^{-14}、2.2×10^{-16} $cm^2\cdot s^{-1}$。由此可知，$LiFePO_4$ 与 $FePO_4$ 中的锂离子扩散速率都很低。Padhi 等人指出锂离子通过不断减小的 $LiFePO_4/FePO_4$ 界面进行嵌入和脱出的过程是循环过程中的控制步骤，由于 $FePO_4$ 界面的面积逐渐减小，通过此界面的锂离子量不足以维持电流就导致了高电流时可逆容量的损失。因此有人提出可以通过制备较小晶粒的样品以增加锂离子可逆嵌入和脱出的数量。

四、实验器材

1. *主要原材料*

草酸亚铁、乙酸锂、磷酸二氢铵、柠檬酸、氨水。

2. *主要设备*

微波管式炉、微型喷雾干燥机、手套箱、真空干燥箱、电烘箱、LAND 测试系统、电化学工作站、扫描电子显微镜、比表面积测试仪、X 射线衍射仪。

五、实验内容及步骤

1. 材料的制备

将化学计量比的乙酸锂、磷酸二氢铵、柠檬酸、草酸亚铁加入到蒸馏水中，调节溶液的 pH=7～8，在 80 ℃下搅拌形成透明绿色溶液；105 ℃喷雾干燥得到前驱体；在高纯氩气的保护下，于 700 ℃的微波管式炉中加热 10 min 得到 $LiFePO_4$ 材料。

2. 材料的表征方法

(1) 扫描电子显微镜

采用扫描电子显微镜(Scanning Electron Microscope，SEM)来观察所制备样品的形貌。

(2) X 射线衍射

X 射线衍射(X－Ray Diffraction，XRD)分析以 Cu－K_α(λ=1.540 6 Å)为辐射源，扫描范围为 15°～80°，步进宽度为 0.03°，步进速率为 $10° \cdot min^{-1}$。试样为粉末样品，衍射数据采用 MDIJade5.0 软件进行分析。

(3) 比表面积－孔径分布分析

采用 SSA－4200 孔隙比表面积分析仪来测试材料的 Brunau－Emmertt－Teller (BET)比表面积和孔径分布。测试条件：－196 ℃下 N_2 绝热吸附/脱附。

3. 电化学性能测试

(1) 电极的制备及模拟电池的组装

采用涂膜法制作电极片，具体过程如下：将活性物质、黏结剂 LA132、Super－P 按 8∶1∶1 的质量比混合均匀，涂敷在约 15 μm 厚的铝箔集流体上，自然晾干后，用辊压机碾压电极片，继而将电极片冲切成直径为 12 mm 的圆形电极片，在真空烘箱中 105 ℃干燥 12 h，除去电极片中所含微量的水分之后，迅速放进手套箱中等待组装成电池。以金属锂为对电极，Celgard2400 为隔膜，电解液为 $1\ mol \cdot L^{-1}$ 的 $LiPF_6$，溶剂为 EC/DMC/EMC(体积比为 1∶1∶1)，组装 CR2032 型钮扣电池如图 27.2 所示。

(2) 恒流充放电性能测试

为了考察材料的可逆比容量、库仑效率、循环性能，实验以一定的电流密度对模拟电池作恒电流充放电测试。测试电压为 2～4.3 V，测试温度 25±1 ℃，循环性能和倍率性能均采用多通道电池测试系统。

六、思考题

1. 锂离子电池正、负极材料分别用铝箔和铜箔作集流体的原因？
2. 草酸亚铁不溶于水，为何最终形成透明的溶液？
3. 喷雾干燥与普通干燥过程对材料形貌有何区别？

附录 9　参考文献

1. Padhi A K, Nanjundaswamy K S, Goodenough J B. Phospho－olivines as positive－electrode materials for rechargeable lithium batteries. Journal of the Electrochemical Society, 1997, 144(4): 1 188－1 194.

2. 孙玉恒，何泽珍，刘兴泉. 锂离子二次电池新型正极材料 $LiMPO_4$（M＝Fe、Co、Ni 等）的研究进展. 化工科技，2005，(2)：49－56.

3. 沈湘黔，占云，韩翀. 橄榄石型结构 $LiFePO_4$ 锂电池正极材料实用化的障碍和途径. 功能材料信息，2005，(4)：31－35.

4. 戴曦，唐红辉，杨平，张传福. $LiFePO_4$ 正极材料的研究进展. 材料导报，2005，(8)：69－71.

5. Yamada A, Hosoya M, Chung S C, Kudo Y, et al. Olivine－type cathodes achievements and problems. Journal of Power Sources, 2003, 119: 232－238.

6. 唐昌平，应皆荣，姜长印，万春荣. 磷酸铁锂正极材料改性研究进展. 化工新型材料，2005，33(9)：22－25.

7. Streltsov V A, Belokoneva E L, Tsirelson V G, Hansen N K. Multipole analysis of the electron－density in triphylite, $LiFePO_4$, using X－ray－diffraction data. Acta Crystallographica Section B－Structural Science. 1993, B49: 147－153.

8. Tarascon J M, Armand, M. Issues and challenges facing rechargeable lithium batteries. Nature. 2001, 414(6861): 359－367.

9. Andersson A S, Kalska B, Haggstrom L, Thomas J O. Lithium extraction/insertion in $LiFePO_4$: an X－ray diffraction and mössbauer spectroscopy study. Solid State Ionics. 2000, 130(1－2): 41－52.

10. Yang S F, Zavalij P Y, Whittingham M S. Hydrothermal synthesis of lithium iron phosphate cathodes. Electrochemistry Communications. 2001, 3(9): 505－508.

11. Yamada A, Chung S C, Hinokuma K. Optimized $LiFePO_4$ for lithium battery cathodes. Journal of the Electrochemical Society. 2001, 148(3): A224－A229.

12. Andersson A S, Thomas J O. The source of first－cycle capacity loss in $LiFePO_4$. Journal of Power Sources. 2001, 97－98: 498－502.

13. Prosini P P, Lisi M, Zane D, Pasquali M. Determination of the chemical diffusion coefficient of lithium in $LiFePO_4$. Solid State Ionics. 2002, 148(1－2): 45－51.

（黄小兵、任兆刚供稿）

实验 30　介孔硅酸亚铁锂的合成

（10 课时 适用于材料科学与工程、应用化学、化学专业）

一、相关知识

基于资源、环保和安全性能等方面考虑，开发成本低廉、安全性高和环境友好的新型锂离子电池正极材料一直是人们研究的重点。自从 Goodenough 小组首次报道 $LiFePO_4$ 以来，铁系聚阴离子型化合物作为有潜力的锂离子电池正极材料受到了极大的关注。Li_2FeSiO_4 因具有矿藏丰富、结构稳定性好和环境相容性好等特点也颇具吸引力，且在特定的条件下，可以获得较高的实际比容量（340 $mAh \cdot g^{-1}$），因此该材料被认为是极具潜力的锂离子电池正极材料之一。然而 Li_2FeSiO_4 的电子电导率低（10^{-14} $s \cdot cm^{-1}$）和离子扩散系数小（10^{-14} $cm^2 \cdot s^{-1}$），导致其高倍率性能差，极大制约了该材料进一步的推广与应用，尤其在动力电池这一全球瞩目的领域，材料在高倍率下的工作特性是决定其能否实现大规模商业化应用的关键因素之一。可见，提高 Li_2FeSiO_4 的高倍率性能是锂离子电池领域亟待解决的重要科学问题。

目前，常用的解决该问题的方法主要有三种。其一，缩小材料颗粒尺寸，增大比表面积。研究发现，纳米尺寸的 Li_2FeSiO_4 由于缩短了 Li^+ 迁移路径和增大了与电解液的接触面积，往往具有较高的电化学性能，尤其是倍率性能。其二，通过引入电导率较高的碳层均匀包覆在 Li_2FeSiO_4 表面，充当导电介质，可以提高其导电性。其三，通过向 Li_2FeSiO_4 中掺入其他离子，如 Mg^{2+}、Cr^{3+}、Zn^{2+}、V^{5+}、P^{4+} 等，可引入电子或空穴，从而提高材料的本征电子导电性。尽管目前关于 Li_2FeSiO_4 倍率性能的研究取得了一定进展，但在大电流充放电下其实际比容量与理论比容量仍有很大的差距。Zhao 等人（2012）以 MWNT@SiO_2 为模板合成了 MWNT@Li_2FeSiO_4 复合材料，0.3C 下放电容量可达到 240 $mAh \cdot g^{-1}$，而在 5 C 下仅 133 $mAh \cdot g^{-1}$。Wu 等人（2012）采用溶胶—凝胶法合成了 Li_2FeSiO_4/C 在 0.1 C 下放电容量可达到 230 $mAh \cdot g^{-1}$，而在 5 C 下降至 150 $mAh \cdot g^{-1}$。由此可见，倍率性能差仍然是制约 Li_2FeSiO_4 正极材料应用的关键问题之一。

近年来，介孔材料在锂离子电池中的应用已经成为研究热点之一。其有序的孔及其相互交联的结构提供了更多的锂离子活性位置，确保离子有较好的扩散性能；孔隙的存在使得电解液与活性物质有充分的接触，为电化学反应提供更多的活性部位；同时，高比表面积减小锂离子脱嵌深度和行程，增大了反应界面。此外，孔隙还可以减轻循环过程中因体积膨胀所引起材料本身结构的破坏，延长了电池的循环寿命。可见，介孔结构的上述优点对于改善 Li_2FeSiO_4 电子电导率低、扩散性能差的缺点会有明显的作用。

二、实验目的

1. 了解介孔 Li_2FeSiO_4的形成机理；
2. 熟悉扣式电池 CR2023 的组装；
3. 掌握扣式电池的电化学性能测试方法；
4. 掌握材料结构与形貌的测试方法和所用仪器使用与操作方法。

三、Li_2FeSiO_4的结构及锂离子脱嵌机理

1. Li_2FeSiO_4的结构

Li_2FeSiO_4属于正交晶系，其空间群为 Pmn21，晶格常数为 $a=0.626\ 61$ nm，$b=0.532\ 95$ nm，$c=0.501\ 48$ nm，其晶体结构与 Li_3PO_4的低温结构相似，结构示意图如图 30.1 所示。在 Li_2FeSiO_4的晶体中，Li、Fe、Si 都与 O 形成四面体结构，且均处于四面体中心。在 *ab* 平面上，SiO_4四面体与 FeO_4四面体以锁链形状在较长周期内有规律地依次形成 SiO_4—FeO_4层，沿 *c* 轴线方向 LiO_4四面体连接着相邻的 SiO_4—FeO_4层。每个 SiO_4四面体通过共用顶点的氧分别与四个 FeO_4相连，每个 FeO_4四面体通过共用顶点的氧分别与四个 SiO_4相连，沿 *a* 轴线方向相邻的 LiO_4四面体通过共用顶点的氧连接，四面体中心的 Li 呈现直线链，并平行 *a* 轴，形成了锂离子在充放电过程中可自由嵌入和脱出的通道。

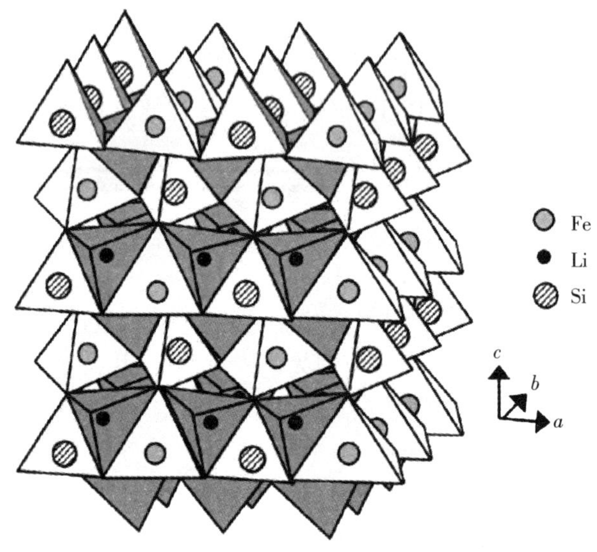

图 30.1 Li_2FeSiO_4沿 *b* 轴线方向的晶体结构

2. Li_2FeSiO_4的充放电过程

Li_2FeSiO_4的充放电曲线存在一个平台，表明 Li^+ 的脱出和嵌入伴随着一级相变过程。Li_2FeSiO_4在充放电过程中进行如下反应：

充电：$Li_2FeSiO_4 - xLi^+ - xe^- \rightarrow xLiFeSiO_4 + (1-x)Li_2FeSiO_4$ (1—1)

放电：$LiFeSiO_4 + xLi^+ + xe^- \rightarrow xLi_2FeSiO_4 + (1-x)LiFeSiO_4$ (1—2)

Li_2FeSiO_4正极材料的充放电反应是在 Li_2FeSiO_4和 $LiFeSiO_4$两相之间进行的。充电

时，Li^+ 从 Li_2FeSiO_4 中迁移出来，经过电解质进入负极，Fe^{2+} 被氧化成为 Fe^{3+}（$Li_2FeSiO_4 \rightarrow LiFeSiO_4$），为保持电荷平衡，电子则经过相互接触的导电剂和集流体从外电路到达负极，放电过程进行还原反应，与上述过程相反。

3. 锂离子脱嵌机理

Nyten 等人利用原位 X 射线衍射技术和穆斯堡尔谱仪研究了 Li_2FeSiO_4 的脱嵌机理。研究发现，Li_2FeSiO_4 电极在充放电循环中，锂离子在 Li_2FeSiO_4 和 $LiFeSiO_4$ 之间转移，两种材料是相同结构的，两者的晶胞体积相差不到 1%。穆斯堡尔谱仪和 XRD 实验结构显示在全充电和全放电状态下，Li_2FeSiO_4 和 $LiFeSiO_4$ 的残余量分别为 5% 和 10%，这也与电化学测试的结果一致。第一次电化学循环以后，充电电压平台从 3.1 V 降为 2.8 V，说明 Li_2FeSiO_4 活性材料的结构发生了重排，穆斯堡尔谱仪和 XRD 都发现 Li_2FeSiO_4 在第一次电化学循环以后发生了相转变。第一次电化学循环以后，4*b* 位置的 Li∶Fe 从 96∶4 变为 40∶60，离子的重排可能使结构更加稳定，这就导致充电电压平台的降低，后续电化学循环中，4*b* 位置的 Li∶Fe 在 60∶40 变为 40∶60 之间转换。Peter Larsson 等人利用 DFT 计算了贫锂结构的 $LiFeSiO_4$ 三种可能的锂离子排布方式，其示意图如图 30.2 所示。

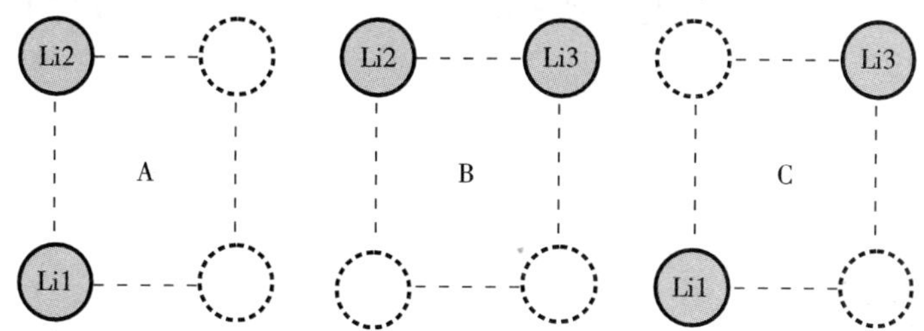

图 30.2　$LiFeSiO_4$ 晶胞中的三种锂离子排布方式

四、实验器材

1. 主要原材料

草酸亚铁、二氧化硅、碳酸锂、沥青、丙酮。

2. 主要设备

球磨机、微波管式炉、手套箱、真空干燥箱、电烘箱、LAND 测试系统、电化学工作站、扫描电子显微镜、比表面积测试仪、X 射线衍射仪、热重分析仪、电子显微镜。

五、实验内容及步骤

1. 材料的制备方法

介孔二氧化硅的合成：称取适量的 CTAB，加入去离子水中，在搅拌的情况下加入正硅酸乙酯，于一定温度下反应 2 h。反应完成后，过滤产物，用水和甲醇清洗，之后真空干燥得介孔二氧化硅。介孔硅酸亚铁锂的合成：以介孔二氧化硅、硝酸铁、醋酸锂、酚醛树脂为原料，在乙醇中混合均匀，蒸干溶剂得前驱体；在氩气中于 700 ℃下焙烧 10 h，得到 Li_2FeSiO_4 正极材料。

2. 材料的表征方法

(1) X 射线衍射

X 射线衍射(X—Ray Diffraction，XRD)是利用 X 射线在样品中的衍射现象来分析材料的晶体结构、物相组成以及晶胞参数等物理特性。本实验使用 XRD 来表征碳的包覆对 Li_2FeSiO_4 晶体结构的影响。使用的仪器为 DX2700 型号 X 射线衍射仪，采用 Cu－K_α 辐射源，扫描范围 2θ 为 10°～90°，扫描速度为 2°/min。XRD 谱图通过 MDIJade 5.0 软件进行分析。

(2) 扫描电镜

扫描电镜(Scanning Electron Microscopy，SEM)是利用聚焦电子束在样品表面逐点扫描成像对样品进行微观形貌观察，并对粒径大小与尺寸分布进行分析。本实验使用 SEM 来研究碳及碳纳米管的包覆和锂质量缺陷对 Li_2FeSiO_4 材料的形貌和颗粒大小的影响。使用的仪器为 HITACHI SU1510 型扫描电子显微镜。

(3) 碳含量分析

本实验采用日本 TGA－50 分析仪来测定样品的碳含量。它是利用样品在氮气中升温至 800 ℃，通过测定样品的失重来确定碳的质量百分含量。

(4) 比表面积测试

比表面积(Brunauer Emmet Teller，BET)是根据吸附质对样品进行非选择性吸附来测定的。本实验使用的仪器为 Builder SSA－94 4200 型比表面积仪。先将样品在 300 ℃下进行脱气处理，再通过液氮吸附、脱附得到吸附/脱附等温曲线，最后利用 BET 方程计算样品的比表面积。

3. 电化学性能

(1) 电极片的制备及模拟电池的组装

将活性物质、导电剂和黏结剂按一定比例混合均匀后，涂布在铝箔上，自然晾干后打成直径约为 1.2 cm 的圆片。上述电极片经过真空干燥后，放入充有氩气的干燥手套箱中，以金属锂片为参比电极，Celgard 2400 为隔膜，1 mol/L 的 $LiPF_6$/EC－DMC－EMC(体积比 1∶1∶1)为电解液组装成 CR2032 钮扣电池。

(2) 恒电流充放电测试

电池的充放电测试是在 LAND 测试系统上进行。在不同倍率下进行充放电循环测试，电压范围为 1.5～4.8 V，测试温度为 25 ℃。

(3) 交流阻抗测试

交流阻抗法(Electrochemical Impedance Spectroscopy，EIS)是一种以小振幅的正弦波电位(或电流)为扰动信号的电化学测试方法。通过测试电化学体系达到稳定状态后的电位(或电流)或阻抗(导纳)，得到阻抗、相位、时间的变化关系，从而获得欧姆电阻、电化学反应、表面膜层以及电极过程的动力学参数等信息。本实验采用上海辰华厂家生产的 CHI760E 型电化学工作站对电极材料进行电化学阻抗测试，频率范围为 10^{-1}～10^6 Hz。

六、思考题

1. 介孔硅酸亚铁锂的形成机理是什么?
2. 酚醛树脂在实验过程中有何作用?

附录 10　参考文献

1. 曹雁冰，段建国，胡国荣，姜锋，彭忠东，杜柯. 微波辅助固相法合成锂离子电池正极复合材料 Li_2FeSiO_4/C. 无机材料学报，2012，27(10)：1 023－1 029.

2. D Rangappa，K D Murukanahally，T Tomai，A Unemoto，I Honma. Ultrathin nanosheets of Li_2MSiO_4 (M＝Fe，Mn) as high－capacity Li－ion battery electrode. Nano Lett，2012，12：1 146－1 151.

3. R Dominko. Li_2MSiO_4 (M＝Fe and/or Mn) cathode materials. J. Power Sources，2006，184：462－468.

4. S Zhang，C Deng，B L Fu，S Y Yang，L Ma. Doping effects of magnesium on the electrochemical performance of Li_2FeSiO_4 for lithium ion batteries. J. Electroanal Chem，2009，644：150－154.

5. Z L Gong，Y X Li，G N He，J Li，Y Yang. Nanostructured Li_2FeSiO_4 electrode material synthesized through hydrothermal－assisted sol－gel process. Electrochem Solid－State Lett，2008，11(5)：A60－63.

6. S Zhang，C Deng，S Y Yang. Preparation of nano－Li_2FeSiO_4 as cathode material for lithium－ion batteries. Electrochem Solid－State Lett，2009，12(7)：A136－A139.

7. Z P Yan，S Cai，X Zhou，Y M Zhao，L J Miao. Sol－gel synthesis of nanostructured Li_2FeSiO_4/C as cathode material for lithium ion battery. J Electrochem Soc，2012，169(6)：A894－A898.

8. B Shao，I Taniguchi. Synthesis of Li_2FeSiO_4/C nanocomposite cathodes for lithium batteries by a novel synthesis route and their electrochemical properties. J Power Sources，2012，199：278－286.

9. D P Lv，W Wen，X K Huang，J Y Bai，J X Mi，S Q Wu，Y Yang. A novel Li_2FeSiO_4/C composite：Synthesis，characterization and high storage capacity. J Mater Chem ，2011，21：9 506－9 512.

10. P J Zuo，T Wang，G Y Cheng，X Q Cheng，C Y Du，G P Yin. Effects of carbon on the structure and electrochemical performance of Li_2FeSiO_4 cathode materials for lithium－ion batteries. RSC Adv，2012，2：6 994－6 998.

11. Z P Yan，S Cai，L J Miao，X Zhou，Y M Zhao. Synthesis and characterization of in situ carbon－coated Li_2FeSiO_4 cathode materials for lithium ion battery. J Alloys Compd ，2012，511：101－106.

12. B Huang，X D Zheng，M Lu. Synthesis and electrochemical properties of carbon nano－tubes modified spherical Li_2FeSiO_4 cathode material for lithium－ion batteries. J Alloys Compd，2012，525：110－113.

13. M Zhang, Q P Chen, Z X Xi, Y G Hou, Q L Chen. One－step hydrothermal synthesis of Li_2FeSiO_4/C composites as lithium－ion battery cathode material. J Mater Sci , 2012, 47: 2 328－2 332.

14. X Z Wu, X Jiang, Q S Huo, Y X Zhang. Facile synthesis of Li_2FeSiO_4/C composites with triblock copolymer P123 and their application as cathode materials for lithium ion batteries. Electrochim Acta, 2012, 80: 50－55.

15. S Zhang, C Deng, B L Fu, S Y Yang, L Ma. Effects of Cr doping on the electrochemical properties of Li_2FeSiO_4 cathode material for lithium－ion batteries. Electrochim Acta, 2010, 55: 8 482－8 489.

16. C Deng, S Zhang, S Y Yang, B L Fu, L Ma. Synthesis and characterization of $Li_2Fe_{0.97}M_{0.03}SiO_4$ ($M=Zn^{2+}$, Cu^{2+}, Ni^{2+}) cathode materials for lithium ion batteries. J Power Sources, 2011, 196: 386－392.

17. H Hao, J B Wang, J L Liu, T Huang, A S Yu. Synthesis, characterization and electrochemical performance of Li_2FeSiO_4/C cathode materials doped by vanadium at Fe/Si sites for lithium ion batteries. J Power Sources, 2012, 210: 397－401.

18. Y Arachi, Y Higuchi, R Nakamura, Y Takagi, M Tabuchi. Synthesis and electrical property of $Li_{2-x}FeSi_{1-x}P_xO_4$ as positive electrodes by spark－plasma－sintering process. J Power Sources, 2013, http://dx. doi. org/10. 1016/j. jpowsour. 2012. 12. 111.

19. Y Zhao, J X Li, N Wang, C X Wu, Y H Ding, L H Guan. Insitu generation of Li_2FeSiO_4 coating on MWNT as a high rate cathode material for lithium ion batteries. J Mater Chem, 2012, 22: 18 797－18 799.

20. 梁风，戴永年，姚耀春. 模板法合成有孔的锂离子电池正极材料 $LiFePO_4$/C. 无机化学学报，2010，26(9)：1 675－1 679.

21. K Zaghib, A Ait Salah, N Ravetc, Mauger, F Gendron, C M Julien. Structural, magnetic and electrochemical properties of lithium iron orthosilicate. Journal of Power Sources, 2008, 160: 1 381－1 386.

22. S Q Wu, Z Z Zhu, Y Yang, Z F Hou. Structural stabilities, electronic structures and lithium deintercalation in Li_xMSiO_4 (M＝Mn, Fe, Co, Ni): A GGA and GGA＋U study. Computational Materials Science, 2008, 8(14): 1－9.

23. 郭丽彬，李学良. 锂离子电池新型正极材料 Li_2FeSiO_4 的研究进展. 电池工业，2010，15(5)：313－320.

24. Anton Nyte, Saeed Kamali, Lennart Haggstrom, Torbjorn Gustafssona, John O Thomas. The lithium extraction/insertion mechanism in Li_2FeSiO_4. Journal of Materials Chemistry, 2006, 16: 2 266－2 272.

25. Peter Larsson, Rajeev Ahuja, Anton Nyten, John O. Thomas. An ab initio study of the Li－ion battery cathode material Li_2FeSiO_4. Electrochemistry Communications, 2006, 8: 797－800.

（黄小兵供稿）

实验31 LiV_3O_8 纳米薄片的合成与性能研究

（**12** 课时 适用于材料科学与工程、应用化学、化学专业）

一、相关知识

虽然锂离子电池已经广泛用于便携式移动工具、数码产品、人造卫星、航空航天等领域，也是将来电动汽车的首要选择，但是该体系仍然存在一些亟待解决的问题，比如说较差的安全性能、高成本。此外，电池的能量密度主要受制于正极材料，而主流的几种正极材料的比容量都在150 $mAh \cdot g^{-1}$以下。因此，开发新型的高容量、低成本的正极材料将是锂离子电池领域研究的新方向。我国钒资源丰富、成本较低，而且钒元素具有丰富的化合价态，可以容许多个锂离子的可逆插入，具有比普通过渡金属层状嵌锂材料高得多的放电比容量。因此，新型高性能钒系嵌锂电极材料的开发将具有非常重要的学术价值和社会意义。

LiV_3O_8层状材料是目前钒酸盐体系中最有可能实现商业化应用的电极材料。特有的"三明治"夹心饼结构使其具有较好的结构稳定性能，相比于 V_2O_5及其他的钒氧化合物，该材料具有更好的循环稳定性能。LiV_3O_8由两种基本结构单元 VO_6八面体和扭曲的 VO_5三角双锥体组成的 $V_3O_8^-$ 层状结构构成。$V_3O_8^-$ 层与层之间通过锂离子相互关联。在目前已报道的钒酸盐嵌锂材料中，该材料的研究最多。文献调研可知，LiV_3O_8的电化学性能与材料的合成方法及后续的热处理工艺密切相关。目前，大量的合成方法，比如溶胶一凝胶法、水热法、冷冻干燥法、燃烧法、喷雾干燥法和聚合物辅助合成法等广泛应用于 LiV_3O_8材料的制备中，以进一步提高其电化学性能。此外，掺杂（$Li_{1-x}Ag_xV_3O_8$和 $LiV_{3-x}Ni_xO_8$）和包覆工艺（C 和 $AlPO_4$包覆）也被用于提高材料的稳定性能。Jiao 等人成功将 $AlPO_4$纳米线包覆在 LiV_3O_8上，研究发现，包覆后的材料在循环过程中结构变化明显得到抑制，循环性能得到明显改善。

纳米结构 LiV_3O_8材料的合成被证实是提高其电化学性能的有效途径。其中，纳米薄片由于其独特的形貌能有效抑制晶体在充放电过程中的形变，并且二维的平面结构更有利于锂离子的扩散，因此纳米薄片结构的电极材料意味着更高的电化学性能。

二、实验目的

1. 了解 LiV_3O_8材料的基本制备方法；
2. 熟悉扣式电池 CR2023 的组装；
3. 掌握扣式电池的电化学性能测试方法；
4. 掌握材料结构与形貌的测试方法和所用仪器使用与操作方法。

三、LiV_3O_8的结构及充放电机理

1. LiV_3O_8的结构

LiV_3O_8为典型的层状结构，属于单斜晶系（Monoclinic），P21/m 空间群。根据标准PDF卡片（No. 72－1193）可知其晶胞参数分别为 $a=0.668$ nm，$b=0.360$ nm，$c=1.203$ nm，$\beta=107.83°$。如图 31.1 所示，其结构可以认为是由两层折叠的 $V_3O_8^-$ 层与层通过 Li^+ 相连的夹心饼结构。晶体中存在两种类型的钒氧单元，即 VO_6 八面体和 VO_5 三角双锥体，它们以共顶方式连接，中间形成八面体空位，材料中的 Li^+ 占据了八面体的空隙位置，由于该位置的能垒较高，锂离子（Li1）不能轻易脱出，该部分锂与 $V_3O_8^-$ 层通过离子键形式存在，实际起到结构支撑的作用，将相邻的层紧密地连接在一起。由于 $V_3O_8^-$ 层具有良好的稳定性和柔韧性，而优先占据八面体位置的锂进一步稳定了材料的层状结构，使钒氧单元在锂的插入和脱出过程中空间排列趋于最佳化。在放电过程中，锂片阳极上的锂离子能插入图中的四面体空隙位置（Li2），该位置的锂离子能够可逆脱嵌。因此，LiV_3O_8的高比容量就是由该位置的锂离子的插入和脱出引起的。

从如图 31.1 所示可知，当锂离子在 LiV_3O_8层间脱嵌时，扩散路径越短越有利于锂离子的插入和脱出，而层间间距越大，将越有利于锂离子的迁移和脱嵌。研究发现，八面体位置的锂离子不会阻碍四面体位置的锂离子向另一四面体位置迁移，锂离子的扩散系数为 10^{-11}～10^{-12} $cm^2 \cdot s^{-1}$。Kovalehuk 等人根据经典的价键理论，推导认为 $Li_{1+x}V_3O_8$（x=1，2，3）可能存在 21 种结构化学式：其中 LiV_3O_8 4 种、$Li_2V_3O_8$ 14 种、$Li_3V_3O_8$ 2 种、$Li_4V_3O_8$ 1 种。在量子化学原理基础上，他们通过计算认为 $Li_{1+x}V_3O_8$存在四种相对稳定的分子结构式。

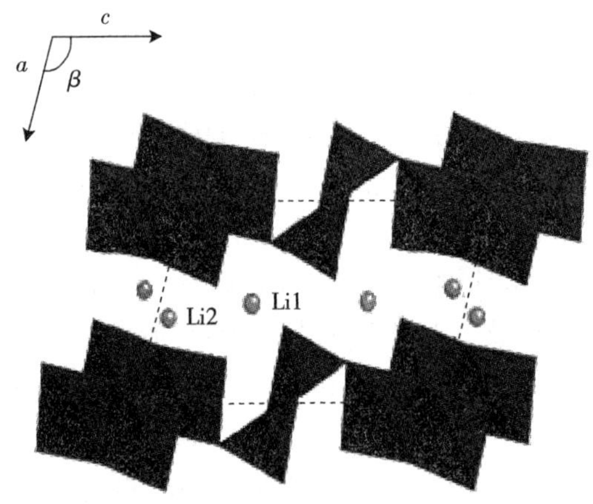

图 31.1 LiV_3O_8沿(010)方向的晶体结构

2. 充放电机制

由于化学计量比的 LiV_3O_8 中的锂离子基本占据层间八面体的间隙位置，该部分的锂无法在充电时脱出，因此，以 LiV_3O_8为电池正极时，必须采用能够提供锂源的锂金属或者锂合金，不能采用碳作为负极。以 LiV_3O_8为正极的半电池在充放电过程中的电极反应方程如下：

阳极反应：$x\text{Li} \underset{\text{charge}}{\overset{\text{discharge}}{\leftrightarrows}} x\text{Li}^+ + xe^-$ （1）

阴极反应：$\text{LiV}_3\text{O}_8 + x\text{Li}^+ + xe^- \underset{\text{charge}}{\overset{\text{discharge}}{\leftrightarrows}} \text{Li}_{1+x}\text{V}_3\text{O}_8$ （2）

如方程式(1)和方程式(2)所示，充电时，锂离子从基体材料中脱出，插入锂负极，伴随着 $Li_{1-x}V_3O_8$ 发生氧化反应，V^{5+} 化合价态降低以保持材料电中性，放电时过程正好相反。针对锂离子在 LiV_3O_8 晶体中的插入和脱出行为，目前已经开展了大量的研究工作。XRD、FT－IR、Raman 和 XAS 等手段先后被用来研究 LiV_3O_8 在脱嵌锂过程中的晶体行为和热力学变化规律。此外，有人采用量热法、库仑滴定法和理论计算等手段对材料锂化过程的熵和焓等热力学参数以及锂位的活化能进行了计算。

Kawakita 课题组对 LiV_3O_8 在锂离子脱嵌过程中的结构行为进行了非常系统的研究。他们分别采用化学和电化学脱锂的方式制备了不同程度的 $Li_{4-x}V_3O_8$，采用 XRD 和 FT－IR 手段对不同充电状态下的电极进行了分析。研究发现，材料的嵌锂过程可分为三步：当锂离子嵌入量小于 1.5 时，嵌入反应为单相过程，Li^+ 的扩散系数很快，达到 10^{-8} $cm^2 \cdot s^{-1}$，并且材料的放电容量与温度的变化无关；当锂离子嵌入量 $1.5<x<3.2$ 时，材料中出现 LiV_3O_8 和 $Li_4V_3O_8$ 的混合相，此时，锂离子在第二相 $Li_4V_3O_8$ 中的扩散明显变慢，同时 Li^+ 的扩散系数受温度的影响变大，当温度从 5 ℃上升到 45 ℃时，对应的扩散系数从 10^{-11} $cm^2 \cdot s^{-1}$ 上升到 10^{-9} $cm^2 \cdot s^{-1}$。这时材料的锂离子插入过程主要受动力学因素影响。当嵌锂量大于 3.2 个时，材料中出现 $Li_4V_3O_8$ 的单相区，锂离子的脱嵌过程受环境温度和充放电电流密度的影响很大。由于 LiV_3O_8 和 $Li_4V_3O_8$ 相之间的转变属于不完全可逆过程，会导致材料容量的衰减，影响其循环寿命，具体表现为电池深度放电时在 2.5 V 左右的放电平台有较为明显的变化。Pistoia 等人对比研究了 LiV_3O_8 嵌锂前后的结构变化后发现材料的晶格只有轻微的膨胀，在多次循环后，LiV_3O_8 的结构能够保持相对较好。

四、实验器材

1. 主要原材料

偏钒酸铵、草酸、氢氧化锂、聚乙二醇。

2. 主要设备

水热反应釜、离心机、管式炉、超声清洗仪、手套箱、真空干燥箱、LAND 测试系统、电化学工作站、扫描电子显微镜、比表面积测试仪、X 射线衍射仪。

五、实验内容及步骤

1. 材料的制备方法

首先，采用简单的水热法直接合成分散均匀的 $(NH_4)_{0.5}V_2O_5$ 纳米薄片。将一定量的 NH_4VO_3 和草酸先后加入适量的蒸馏水中，加热至 80 ℃左右并剧烈搅拌半小时直至固体完全溶解形成黄绿色的溶液，将溶液移入 100 mL 对位聚苯为内衬的不锈钢反应釜中，控制溶液体积约 70 mL。反应釜密封后置于干燥箱内加热至 180 ℃，反应 20 h 后关掉干燥箱快速冷却至室温。将收集的混合溶液离心分离 3 次得到沉淀物，之后 80 ℃下过夜干燥，并经充分研磨即得到中间产物 $(NH_4)_{0.5}V_2O_5$。然后，称取适量的 $(NH_4)_{0.5}V_2O_5$ 加入 LiOH 的水溶液中(Li∶V 的摩尔比为 1.05∶3)。加入分子量为 5000 的聚乙二醇(PEG5000)，先室温下搅拌混合溶液 2 h，然后加热至 100 ℃，充分搅拌直至溶液蒸干。80 ℃下过夜干燥粉末，取出简单研磨后置于管式炉内 450 ℃煅烧 8 h 即得目标产物。

2. 材料的表征方法

(1) X 射线衍射

X 射线衍射(X—Ray Diffraction,XRD)是利用 X 射线在样品中的衍射现象来分析材料的晶体结构、物相组成以及晶胞参数等物理特性。本实验使用 XRD 来表征合成材料的晶体结构。使用的仪器为 DX2700 型号 X 射线衍射仪,采用 Cu—K_α 辐射源,扫描的范围 2θ 为 5°～70°,扫描速度为 $2° \cdot min^{-1}$。XRD 谱图通过 MDIJade5.0 软件进行分析。

(2) 扫描电镜

扫描电镜(Scanning Electron Microscopy,SEM)是利用聚焦电子束在样品表面逐点扫描成像对样品进行微观形貌观察,并对粒径大小与尺寸分布进行分析。使用的仪器为 HITACHI SU1510 型扫描电子显微镜。

(3) 比表面积测试

比表面积(Brunauer Emmet Teller,BET)是根据吸附质对样品进行非选择性吸附来测定的。本实验使用的仪器为 Builder SSA—94 4200 型比表面积仪。先将样品在 300 ℃下进行脱气处理,再通过液氮吸附、脱附得到吸附/脱附等温曲线,最后利用 BET 方程计算样品的比表面积。

3. 电化学性能

(1) 电极片的制备及模拟电池的组装

将活性物质、导电剂和黏结剂按一定比例混合均匀后,涂布在铝箔上,自然晾干后打成直径约为 1.2 cm 的圆片。上述电极片经过真空干燥后,放入充有氩气的干燥手套箱中,以金属锂片为参比电极,Celgard 2400 为隔膜,1 mol/L 的 $LiPF_6$/EC—DMC—EMC(体积比 1∶1∶1)为电解液组装成 CR2032 钮扣电池。

(2) 恒电流充放电测试

电池的充放电测试是在 LAND 测试系统上进行。在不同倍率下进行充放电循环测试,电压范围为 1.5～4.0 V,测试温度为 25 ℃。

(3) 交流阻抗测试

交流阻抗法(Electrochemical Impedance Spectroscopy,EIS)是一种以小振幅的正弦波电位(或电流)为扰动信号的电化学测试方法。通过测试电化学体系达到稳定状态后的电位(或电流)或阻抗(导纳),得到阻抗、相位、时间的变化关系,从而获得欧姆电阻、电化学反应、表面膜层以及电极过程的动力学参数等信息。本实验采用上海辰华厂家生产的 CHI760E 型电化学工作站对电极材料进行电化学阻抗测试,频率范围为 10^{-1}～10^6 Hz。

六、思考题

1. 纳米薄片 NH_4VO_3 的形成机理是什么?
2. 聚乙二醇在本实验中有哪些作用?

附录 11　参考文献

1. Yoshio N. Lithium ion secondary batteries: past 10 years and the future. J. Power Sources, 2001, 100(1—2): 101—106.

2. Wadsley A D. Crystal chemistry of non—stoichiometric pentavalent vanadium oxides: crystal structure of $Li_{1+x}V_3O_8$. Acta Cryst, 1957, 10: 261—267.

3. Besenhard J O, Schöllhom R. The discharge reaction mechanism of the MO_3 electrode in organic electrolytes. J. Power Sources, 1976—1977, 1(3): 267—276.

4. Ma H, Yuan Z Q, Cheng F Y. Synthesis and electrochemical properties of porous LiV_3O_8 as cathode materials for lithium—ion batteries. J. Alloys and Compounds, 2011, 509: 6 030—6 035.

5. Yang H, Li J, Zhang X G, et al. Synthesis of LiV_3O_8 nanocrystallites as cathode materials for lithium ion batteries. J. Materials Processing Technology, 2008, 207: 265—270.

6. Liu H M, Wang Y G, Wang K X, et al. Synthesis and electrochemical properties of single—crystalline LiV_3O_8 nanorods as cathode materials for rechargeable lithium batteries. J. Power Sources, 2009, 192: 668—673.

7. Pan A Q, Zhang J G, Cao G Z, et al. Nanosheet—structured LiV_3O_8 with high capacity and excellent stability for high energy lithium batteries. J. Mater. Chem. 2011, 21: 10 077—10 084.

8. Picciotto L A, Adendorff K T, Liles D C, et al. Structural characterizationf $Li_{1+x}V_3O_8$ insertion electrodes by single—crystal X—ray diffraction. Solid StatIonics, 1993, 62: 297—307.

9. Kovalehuk E P, Reshetnyak O V, Kovalyshynya S, et al. Structure and properties of lithium trivanadate——a potential electroactive material for a positive electrodof secondary storage. J. Power Sources, 2002, 107: 61—66.

10. Pistoia G, Panero S, Tocci M, et al. Solid solutions $Li_{1+x}V_3O_8$ as cathodes for high rate secondary Li batteries. Solid State Ionics, 1984, 13: 311—318.

11. Pistoia G, Pasquali M, Tocci M, et al. Li/$Li_{1+x}V_3O_8$ Secondary Batteries. J. Electrochem. Soc. 1985, 132: 281—284.

12. Kawakita J, Katayama Y, Miura T, et al. Structural properties of $Li_{1+x}V_3O_8$ upon lithium insertion at ambient and high temperature. Solid State Ionics, 1998, 107: 145—152.

13. Tossici R, Marassi R, Berrettoni M, et al. Study of amorphous and crystalline $Li_{1+x}V_3O_8$ by FTIR, XAS and electrochemical techniques. Solid State Ionics, 1992, 57: 227—234.

14. Wang G,Roos J,Brinkmann D,et al. Comparison of Li^+ transport in $Na_{1+x}V_3O_8$ and $Li_{1+x}V_3O_8$ by Li NMR investigations. J. Phys. Chem. Solids,1993,54:851—855.

15. Bonino F, Panero S, Pasquali M, et al. Rechargeable lithium batteries basedon $Li_{1+x}V_3O_8$ thin films. J. Power Sources,1995,56:193—196.

16. Raistrick I D. Thermodynamic and structural considerations of insertion reactions in lithium vanadium bronze structures. Rev. Chim. Miner. 1984,21:456—461.

17. Kawakita J,Miura T,Kishi T. Lithium insertion into $Li_4V_3O_8$. Solid State Ionics, 1999,120:109—116.

18. Kawakita J,Majima M,Miura T,et al. Preparation and lithium insertion behaviour of oxygen—deficient $Li_{1+x}V_3O_{8-\delta}$. J. Power Sources,1997,66:135—139.

19. Sun J L,Jiao L F,Yuan H T,et al. Preparation and electrochemical performance of $Ag_xLi_{1-x}V_3O_8$. J. Alloys and Compounds,2009,472:363—366.

20. Liu L,Jiao L F,Sun J L,et al. Electrochemical performance of $LiV_{3-x}Ni_xO_8$ cathode materials synthesized by a novel low—temperature solid—state method. Electrochimica Acta,2008,53:7 321—7 325.

21. Idris N H,Rahman M M,Wang J Z,et al. Synthesis and electrochemical performance of LiV_3O_8/carbon nanosheet composite as cathode material for lithium—ion batteries. Compos Sci Technol. ,2011,71:343—349.

22. Jiao L F,Liu L,Sun J L,et al. Effect of $AlPO_4$ Nanowire Coating on the Electrochemical Properties of LiV_3O_8 Cathode Material. J. Phys. Chem. C,2008,112:18 249—18 254.

23. 王海燕. 新型高性能钒酸盐电极材料的制备及锂离子脱嵌机理研究[博士学位论文]. 长沙:中南大学,2011.

（黄小兵、王海燕供稿）

实验 32　钒酸钠纳米线的合成及在锂离子电池中的应用

（10 课时 适用于材料科学与工程、应用化学、化学专业）

一、相关知识

钒氧化合物及相关的钒酸盐纳米材料由于具有易于制备、成本低廉、电化学容量高等特点吸引了研究者的广泛关注。其中，三钒酸锂（LiV_3O_8）具有较稳定的开放式结构，放电比容量超过 300 mAh・g^{-1}，是研究最多的钒酸盐嵌锂材料。同 LiV_3O_8 一样，NaV_3O_8 也具有单斜结构。由于 Na^+ 的离子半径要大于 Li^+，相比于 LiV_3O_8，NaV_3O_8 具有更大的层间距好的锂离子扩散通道。文献报道 NaV_3O_8 的层间距约 7.08 Å，而 LiV_3O_8 的只有 6.36 Å。因此，NaV_3O_8 具有更好的大电流充放电能力。此外，在充放电过程中，由于插入的锂离子的数量要少，NaV_3O_8 材料的结构形变要小于 LiV_3O_8，显示更佳的循环稳定性能。Yuan 等人以草酸为螯合剂，在 300 ℃下实现了 NaV_3O_8 的低温合成。制备的材料具有较高的比容量。在 30 mA・g^{-1} 电流密度下材料的首次放电容量高达 275 mAh・g^{-1}，10 次循环后保持在 259.9 mAh・g^{-1}。

Kawakita 等人考察了材料的结晶度对 $Na_{1+x}V_3O_8$ 的锂离子插入过程的影响。作者采用熔盐快速冷却的方法得到了无定型的 $Na_{1+x}V_3O_8$，分别与结晶度较好和较差的材料进行了比较。研究发现，无定型的 $Na_{1+x}V_3O_8$ 中的 Na^+ 会阻碍层间锂离子的迁移，而插入的部分锂离子也会与 O^{2-} 结合形成比较强的键，在充电过程不能脱出，因此，无定型的 $Na_{1+x}V_3O_8$ 电化学性能较差。而在结晶型的 $Na_{1+x}V_3O_8$ 中，Na^+ 起到层间支柱的作用，并不会阻碍锂离子的嵌锂。适当提高材料的热处理温度有利于提高晶体内部的有序化程度，材料的容量要高。另外，他们课题组还对比研究了 $Na_{1+x}V_3O_8$ 和 $Li_{1+x}V_3O_8$ 在结构与电化学性能上的差异。

相比于 LiV_3O_8，NaV_3O_8 虽然具有更好的结构稳定性能，但由于后者的容量要低得多，因此并没有引起学术界的重点关注，相关报道很少。然而中南大学王海燕等人通过特殊纳米薄片形貌的控制，制备的 $Na_{1.08}V_3O_8$ 纳米薄片具有优秀的循环稳定性能和超高的倍率性能，其在高倍率下的放电容量要优于目前所报道的所有钒酸盐材料，包括 V_2O_5、LiV_2O_5、LiV_3O_8 和 NaV_3O_8 等，甚至要高于大部分的碳包覆改性处理后的钒酸盐材料。

二、实验目的

1. 了解 NaV_3O_8 材料的基本制备方法；
2. 了解钒酸钠纳米线的生长机理；
3. 熟悉扣式电池 CR2023 的组装；

4. 掌握扣式电池的电化学性能测试方法；

5. 掌握材料结构与形貌的测试方法和所用仪器使用与操作方法。

三、NaV_3O_8的结构及充放电机理

1. NaV_3O_8的结构

NaV_3O_8与LiV_3O_8一样，也具有单斜结构。如图32.1所示，Na^+位于$V_3O_8^-$层与层之间，通过静电作用将$V_3O_8^-$层固定。$V_3O_8^-$层与层间有较大的弹性，其空隙中的四面体位置和八面体位置可以填充其他的客体原子。

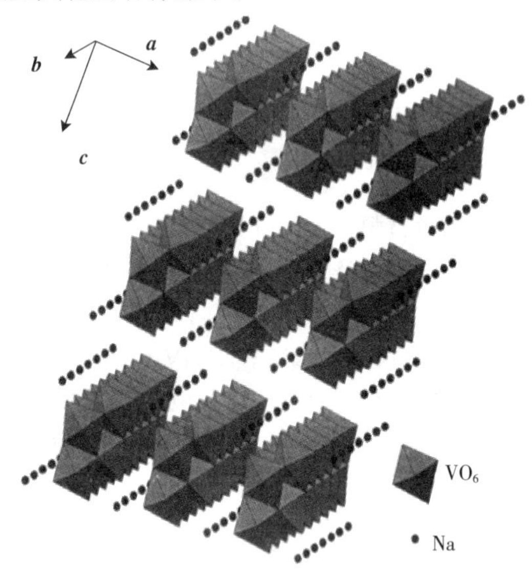

图32.1　NaV_3O_8的空间结构

2. 充放电机制

NaV_3O_8中的Na^+主要占据八面体的空隙位置，与LiV_3O_8中的Li^+一样，在充放电过程中不会脱出。锂离子可以嵌入NaV_3O_8层间的四面体间隙位置。其放电机制如下：

充电：$NaLi_xV_3O_8 - xLi^+ - xe^- \rightarrow NaV_3O_8$　　(1)

放电：$NaV_3O_8 + xLi^+ + xe^- \rightarrow NaLi_xV_3O_8$　　(2)

在$Na_{1+x}V_3O_8$中，当插入的锂离子$0<x<2.8$时，嵌锂过程为单相反应，而当$x>2.8$时出现多相反应。

四、实验器材

1. 主要原材料

五氧化二钒、氢氧化钠。

2. 主要设备

水热反应釜、离心机、管式炉、超声清洗仪、手套箱、真空干燥箱、LAND测试系统、电化学工作站、扫描电子显微镜、比表面积测试仪、X射线衍射仪。

五、实验内容及步骤

1. 材料的制备方法

首先，将一定量V_2O_5和NaOH分别加入适量的蒸馏水中，于80 ℃下加热并剧烈搅拌

半小时。然后将混合溶液移入 100 mL 聚四氟乙烯为内衬的不锈钢反应釜中，控制溶液体积约 70 mL。反应釜密封后置于干燥箱内加热至 180 ℃，反应 48 h 后关掉干燥箱自然冷却至室温。采用多次过滤的方式除去产物中被吸附的残余溶液，之后 80 ℃下过夜干燥沉淀物，经充分研磨后即得到目标产物。将目标产物分别在 400 ℃下热处理 2 h。煅烧条件如下：先以 3 ℃ • min^{-1}升温至目标温度，恒温 2 h，然后以 10 ℃ • min^{-1}降温至室温。

2. 材料的表征方法

(1) X 射线衍射

X 射线衍射(X－Ray Diffraction，XRD)是利用 X 射线在样品中的衍射现象来分析材料的晶体结构、物相组成以及晶胞参数等物理特性。本实验使用 XRD 来表征合成材料的晶体结构。使用的仪器为 DX2700 型号 X 射线衍射仪，采用 Cu－K_α辐射源，扫描的范围 2θ 为 5°～70°，扫描速度为 2° • min^{-1}。XRD 谱图通过 MDIJade 5.0 软件进行分析。

(2) 扫描电镜

扫描电镜(Scanning Electron Microscopy，SEM)是利用聚焦电子束在样品表面逐点扫描成像对样品进行微观形貌观察，并对粒径大小与尺寸分布进行分析。使用的仪器为 HITACHI SU1510 型扫描电子显微镜。

(3) 比表面积测试

比表面积(Brunauer Emmet Teller，BET)是根据吸附质对样品进行非选择性吸附来测定的。本实验使用的仪器为 Builder SSA－94 4200 型比表面积仪。先将样品在 300 ℃下进行脱气处理，再通过液氮吸附、脱附得到吸附/脱附等温曲线，最后利用 BET 方程计算样品的比表面积。

3. 电化学性能

(1) 电极片的制备及模拟电池的组装

将活性物质、导电剂和黏结剂按一定比例混合均匀后，涂布在铝箔上，自然晾干后打成直径约为 1.2 cm 的圆片。上述电极片经过真空干燥后，放入充有氩气的干燥手套箱中，以金属锂片为参比电极，Celgard 2400 为隔膜，1 mol/L 的 $LiPF_6$/EC－DMC－EMC(体积比 1∶1∶1)为电解液组装成 CR2032 钮扣电池。

(2) 恒电流充放电测试

电池的充放电测试是在 LAND 测试系统上进行。在不同倍率下进行充放电循环测试，电压范围为 1.5～4.0 V，测试温度为 25 ℃。

(3) 交流阻抗测试

交流阻抗法(Electrochemical Impedance Spectroscopy，EIS)是一种以小振幅的正弦波电位(或电流)为扰动信号的电化学测试方法。通过测试电化学体系达到稳定状态后的电位(或电流)或阻抗(导纳)，得到阻抗、相位、时间的变化关系，从而获得欧姆电阻、电化学反应、表面膜层以及电极过程的动力学参数等信息。本实验采用上海辰华厂家生产的 CHI760E 型电化学工作站对电极材料进行电化学阻抗测试，频率范围为 10^{-1}～10^6 Hz。

六、思考题

1. 钒酸钠纳米线的形成机理是什么？
2. 水热合成反应机理是什么？

附录 12　参考文献

1. Yang G, Wang G, Hou W H. Microwave solid—state synthesis of LiV_3O_8 as cathode material for lithium batteries. J. Phys. Chem. B, 2005, 109: 11 186—11 196.

2. Ju S H, Kang Y C. Morphological and electrochemical properties of LiV_3O_8 cathode powders prepared by spray pyrolysis. Electrochimica Acta, 2010, 55.

3. Pasquali M, Pistoia G. Lithium intercalation in $Na_{1+x}V_3O_8$ synthesized by a solution technique. Electrochim. Acta, 1991, 36: 1 549—1 553.

4. Yuan C, Li C, Ma B Q, et al. A facile method for low—temperature synthesis of NaV_3O_8 as cathode materials for lithium secondary batteries. Mater Sci., 2011, 17: 65—68.

5. Kawakita J, Miura T, Kishi T. Effect of crystallinity on lithium insertion behaviour of NaV_3O_8. Solid State Ionics, 1999, 124: 29—35.

6. Kawakita J, Miura T, Kishi T. Comparison of $Na_{1+x}V_3O_8$ with $Li_{1+x}V_3O_8$ as lithium insertion host. Solid State Ionics, 1999, 124: 21—28.

7. 王海燕. 新型高性能钒酸盐电极材料的制备及锂离子脱嵌机理研究[博士学位论文]. 长沙：中南大学，2012.

8. Nova K P, Scheifele W, Haas O. Magnesium insertion batteries—an alternativeto lithium. J. Power Sources, 1995, 54: 479—482.

（黄小兵、王海燕供稿）

实验 33　纳米材料合成与表征系列——CdS 量子点

（6 课时 适用于材料科学与工程、应用化学专业）

一、相关知识

在最近的几十年里，量子点（QDS）即半导体纳米晶体（NCS）由于具有独特的电子和发光性质以及量子点在生物标记、发光二极管、激光和太阳能电池等领域的应用成为大家关注的焦点。量子点的尺寸为 1～10 nm，它的尺寸和形状可以精确地通过反应时间、温度、配体来控制。当量子点尺寸小于它的波尔半径的时候，量子点的连续能级开始分离，它的值最终由它的尺寸决定。随着量子点的尺寸变小，它的能隙增加，导致发射峰位置蓝移。由于这种量子限域效应，我们称它为“量子点”。1998 年，Alivisatos 和 Nie 两个研究小组首次解决了量子点作为生物探针的生物相容性问题，他们利用 MPA 将量子点从氯仿转移到水溶液中，标志着量子点的生物应用时代的到来。目前，量子点最引人瞩目的应用领域之一就是在生物体系中做荧光探针。

与传统的有机染料相比，量子点具有无法比拟的发光性能，比如尺寸可调的荧光发射、窄且对称的发射光谱、宽且连续的吸收光谱、极好的光稳定性。通过调节不同的尺寸，可以获得不同发射波长的量子点。窄且对称的荧光发射使量子点成为一种理想的多色标记的材料。由于宽且连续的吸收光谱，用一个激光源就可以同时激发一系列波长不同荧光量子点。量子点良好的光稳定性使它能够很好地应用于组织成像等。

量子点集中以上诸多优点是十分难得的，因此这就要求我们制备出宽吸收带、窄且对称的发射峰、高的量子产率、稳定和良好生物兼容性的量子点。现在用作荧光探针的量子点主要有单核量子点（CdSe、CdTe、CdS）和核壳式量子点（CdSe/ZnS、CdSe/ZnSe）。量子点的制备方法主要分为在水相体系中合成和在有机相体系中合成。本实验主要涉及 CdS 量子点的水相合成方法及表征。

二、实验目的

1. 了解 CdS 量子点的性质和用途。
2. 掌握水相合成 CdS 量子点的方法。
3. 掌握 CdS 量子点的表征方法及所用仪器使用与操作方法。

三、实验原理

1. CdS 量子点的水相合成法

量子点的制备主要有物理方法和化学方法，以化学方法为主。目前量子点的软化学制备方法有两种：一种是采用胶体化学的方法在有机体系中合成，另一种是在水溶液中合成。在水相中直接合成量子点具有操作简便、重复性高、成本低、表面电荷和表面性质可控、容易引入功能性基团、生物相容性好等优点，已经成为当前研究的热点，其优良的性能有望成为一种有发展潜力的生物荧光探针。本实验采用巯基乙酸为修饰剂，在水相中合成稳定的CdS量子点。采用$CdCl_2$作为镉源，采用Na_2S作为硫源，用巯基乙酸进行亲水修饰。

2. CdS量子点的表征

量子点的表征主要包括荧光量子产率的考察(测量荧光光谱)、量子点尺寸的考察以及修饰基团的表征。荧光量子产率的考察主要通过荧光光度计进行分析。量子点尺寸的考察通过透射电镜进行考察。而修饰基团主要通过红外光谱进行表征。

与传统的有机荧光染料相比，量子点的荧光光谱主要有以下几个方面的特点：

(1) 激发带宽，发射谱窄。量子点的发射光谱覆盖从紫外到红外区域，而传统的荧光标记物则具有窄的激发谱和较宽的发射谱。量子点的这一特点使得能够进行多组分标记的同时检测，传统方法则只能对同一样品反复多次检测，浪费人力物力，有时候甚至是不可能的。

(2) 光稳定性远远高于传统荧光分子。量子点荧光光谱几乎不受周围环境(如溶剂、pH值、温度等)的影响，它可以反复多次被激发，这就有利于对某些生物过程的长时间跟踪。而传统的有机荧光分子容易发生荧光漂白。

(3) 量子点的荧光波长可以通过控制它的大小和组成来调整，因而可获得多种可分辨的颜色，同一种量子点可以实现多色标记。而传统的荧光标记物则因分子结构不同而荧光波长不同。

本实验主要使用荧光光度计对量子点溶液的荧光光谱进行测量，进而对荧光量子产率进行计算。

四、实验器材

1. 试剂

$CdCl_2 \cdot 2.5H_2O$、$Na_2S \cdot 9H_2O$、巯基乙酸、NaOH、异丙醇、去离子水。

2. 仪器和设备

超声波清洗机，微量进样器，高速冷冻离心机，荧光光谱仪，紫外可见分光光度计，三颈瓶，磁力搅拌器，氮气罐。

五、实验内容及步骤

1. CdS量子点的水相合成

在一定温度下，于盛有50 mL去离子水的100 mL三颈瓶中加入1 mL、0.058 5 mol/L的$CdCl_2$溶液，充氮气除氧20 min后加入100 μL巯基乙酸，调至pH=7.0，继续充氮气除氧10 min后，加入1 mL、0.058 5 mol/L的Na_2S溶液，继续通氮气除氧10 min，密闭用电磁搅拌器搅拌4 h后即得水溶性CdS量子点溶胶。其合成过程及装置图如图33.1所示。

2. CdS量子点激发波长的确定

取合成好的CdS量子点溶液装至比色皿约2/3体积，以蒸馏水作参比溶液，于紫外可见分光光度计中在200～450 nm波长范围内进行扫描，获得CdS量子点溶液的紫外可见光谱图，最大吸收波长即为CdS量子点的荧光测量时的激发波长。

3. CdS 量子点的荧光光谱测量

取合成好的 CdS 量子点溶液装至荧光比色皿约 2/3 体积，设置荧光光谱仪的激发波长，激发和发射狭缝宽度均为 5 nm，PMT 设为 700 V，扫描速率为 300 nm/min，在 450～700 nm 范围内测量 CdS 量子点溶液的荧光发射光谱。

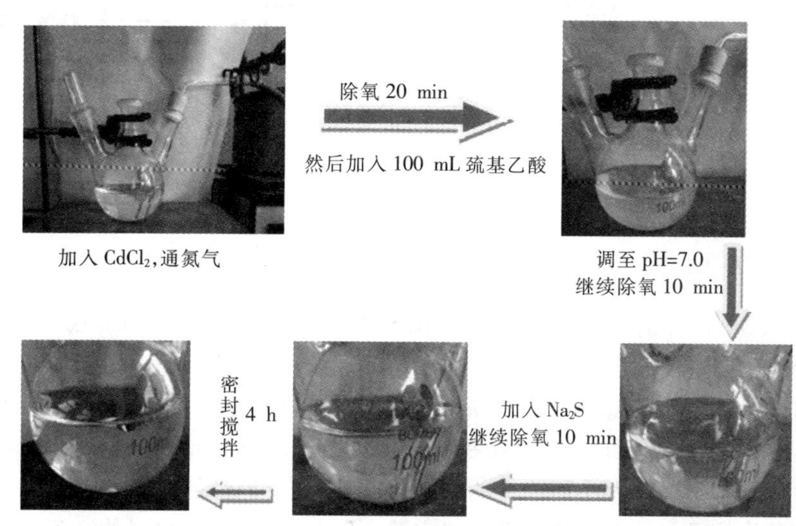

图 33.1　CdS 量子点合成过程示意图

4. CdS 量子点荧光量子产率的计算

荧光量子产率(Y)定义为荧光物质吸光后发射的光子数与所吸收的激发光的光子数之比。在实验中，一般用参比法测定物质的荧光量子产率。通过测量待测物质和参比物质的稀溶液在同一激发波长下的积分荧光强度和对该波长激发光的吸光度，然后按下式计算待测物质的荧光量子产率：

$$Y_u = Y_s \cdot (F_u/F_s) \cdot (A_s/A_u)$$

上式中，Y_u 和 Y_s 分别表示待测物质和参比物质的荧光量子产率；F_u 和 F_s 分别表示在选定的激发波长下，待测物质和参比物质对应荧光发射光谱的积分面积；A_s 和 A_u 分别表示参比物质和待测物质在该激发波长处的吸光度。

六、思考题

1. 合成 CdS 量子点有哪些方法？
2. 水相合成 CdS 量子点注意因素有哪些？
3. CdS 量子点有哪些表征方法？
4. 荧光量子产率如何计算？

（张松柏供稿）

实验 34　纳米材料合成与表征系列——PbS 量子点

（6 课时 适用于材料科学与工程、应用化学专业）

一、相关知识

量子点(QDs,俗称纳米晶 NCs 或纳米粒子 NPs)的合成和应用研究已有二十几年的历史。1993 年,美国麻省理工学院(MIT)的 Bawendi 研究组率先采用有机金属路线法系统地研究了 CdX(X=S、Se、Te)量子点的合成,从而引发了世界范围内的研发热潮。当量子点的尺寸小于其有效 Bohr 半径时,量子限制效应(Quantum Confinement Effect)十分明显,表现出独特的随着本身尺寸大小而改变的物理化学性能、光电性能和磁学性能。迄今为止,Ⅱ－Ⅳ和Ⅲ－Ⅴ族量子点的合成技术已日趋完善,其相关纳米结构材料的制备、表征和应用研究报导繁多。有关Ⅳ－Ⅵ族(如 PbS、PbSe)纳米粒子的报导多数集中在纳米棒、纳米线、纳米片、星型或树枝状结构的研究方面,而Ⅳ－Ⅵ族量子点的合成和应用,特别是采用水相法合成该类量子点的报导极少。与传统的有机金属路线法(常使用毒性原料和高沸点溶剂,反应温度高达 250～350 ℃,在手套箱中操作等)不同的是,水相法合成量子点具有方法简便、反应条件温和、无需使用高沸点溶剂、实验重现性好等诸多优点。

PbS 量子点的 Bohr 半径较大(18 nm),很容易制备出具有显著量子限制效应的纳米颗粒。由于其优良的非线性光学性能,电子能带跨越 900～1 600 nm 的红外光谱区域,正好和“通讯波长”(Telecommunication Fiber Window)部分重叠,因而以 PbS 量子点为基础的纳米结构材料在光电器件和通讯领域中具有广阔的市场前景。此外,PbS 量子点亲水性强,生物体相容,在生物和医学领域(如生物标记、疾病诊断等)中也得到广泛应用。

本实验通过水相法合成水溶性的 PbS 量子点。

二、实验目的

1. 了解 PbS 量子点的性质和用途。
2. 掌握水相合成 PbS 量子点的方法。
3. 掌握 PbS 量子点的表征方法及所用仪器使用与操作方法。

三、实验原理

1. PbS 量子点的水相合成法

量子点的制备主要有物理方法和化学方法,以化学方法为主。目前量子点的软化学制备方法有两种:一种是采用胶体化学的方法在有机体系中合成,另一种是在水溶液中合成。在水相中直接合成量子点具有操作简便、重复性高、成本低、表面电荷和表面性质可控,容易引入功能性基团、生物相容性好等优点，已经成为当前研究的热点，其优良的性能有望成为一种有发展潜力的生物荧光探针。本实验采用文献报道的水相合成制备方法，以硝酸铅和硫化钠为原料，在水相中直接合成被巯基乙酸修饰的水溶性硫化铅量子点，然后用光致发光光谱、红外光谱和透射电镜或扫描电镜对所合成的量子点进行分析与表征。

2. PbS 量子点的表征

量子点的表征主要包括光致发光光谱测量、修饰基团的表征以及量子点尺寸的考察。光致发光光谱主要通过荧光光度计进行检测。修饰基团主要通过红外光谱进行表征。而量子点尺寸则通过透射电镜进行考察。

四、实验器材

1. 试剂

$Pb(NO_3)_2$(分析纯)，$Na_2S \cdot 9H_2O$(分析纯)，巯基乙酸(分析纯)，氢氧化钠(分析纯)，异丙醇(分析纯)，去离子水。

2. 仪器和设备

超声波清洗机，微量进样器，高速冷冻离心机，荧光光谱仪，紫外可见分光光度计，三颈瓶，磁力搅拌器，氮气罐，透射电镜或扫描电镜。

五、实验内容及步骤

1. 溶液的配制

$Pb(NO_3)_2$溶液：用电子天平准确称取 0.331 0 g 的 $Pb(NO_3)_2$，溶解后用 50 mL 的容量瓶稀释定容。

$Na_2S \cdot 9H_2O$ 溶液：用电子天平准确称取 0.540 0 g 的 $Na_2S \cdot 9H_2O$，溶解后用 50 mL 的容量瓶稀释定容。

2. PbS 量子点的水相合成

用移液管取 1 mL 配好的硝酸铅溶液置于 250 mL 的三颈烧瓶中，然后加入 50 mL 的去离子水，搅拌均匀。用微量进样器取 11 μL 的巯基乙酸加入三颈烧瓶中搅拌均匀。然后用 0.2 mol/L 的 NaOH 溶液调节反应体系的 pH 值约为 7。刚加入一些 NaOH 溶液时，瓶内液体会变浑浊，继续滴加 NaOH 溶液，又会变澄清，这时再滴加几滴 NaOH 溶液，使反应体系的 pH 值约为 7，可用 pH 试纸大致测定。

将三颈烧瓶连接到氮气瓶上，通氮气 20 min 除氧(每秒钟几个气泡即可)。在通氮气时间快到时，用移液管取 1 mL 硫化钠溶液于 50 mL 的烧杯中，然后向烧杯中加入 30 mL 的去离子水，搅拌均匀。通氮气时间到后，在电磁搅拌器上，边搅拌边慢慢滴加稀释的硫化钠溶液，大约需要 30 min。滴加 Na_2S，混合液开始变成棕色，随着滴加量的增加，颜色逐渐加深，表示生成的量子点逐渐增多。

滴加完毕，继续通氮气 5 min，然后用塞子将三颈烧瓶密闭，持续搅拌 20 h 后停止反应。此方法合成的 PbS 量子点有较好的稳定性。整个反应过程及颜色变化，如图 34.1 所示。

3. PbS 量子点的光致发光光谱测量

参考“CdS 量子点”合成实验步骤确定 PbS 量子点溶液的激发波长，取合成好的 PbS 量子点溶液装至荧光比色皿约 2/3 体积，设置荧光光谱仪的激发波长，激发和发射狭缝宽度均为 5 nm，PMT 设为 700 V，扫描速率为 300 nm/min，在 800～1 400 nm 范围内测量 PbS 量子点溶液的光致发光光谱。PbS 量子点荧光量子产率的计算参考“CdS 量子点”合成实验。

(a) 未反应

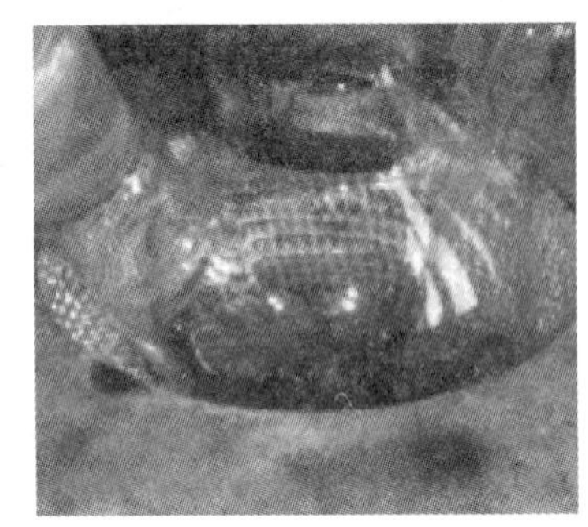

(b) 滴加一半 Na_2S 时

(c) Na_2S 滴加完毕

(d) 继续搅拌 20 h 后

图 34.1　PbS 量子点合成过程示意图

4. 红外光谱测定

用移液枪移取 700 μL 的 PbS 量子点样品，加入 1.5 mL 离心管中，然后再用移液枪取 700 μL 的异丙醇加入离心管，震荡均匀后离心，离心机的设定参数为：4 ℃、20 min、13 000 r/min。离心机一次可以离心 30 支。把所有样品离心完毕，保留离心管底部黑色 PbS 沉淀，弃去上层清液。取 100 μL 异丙醇加入一个离心完毕的离心管中，洗涤后转移至下一个离心管，如此反复把所有的 PbS 产品全部转移到一个离心管中，再次离心。倒掉上清液，然后将沉淀真空干燥，得到 PbS 固体样品。将得到的固体样品和 KBr 按照 1∶100 的比例研磨均匀，压片后测定其红外光谱。

六、思考题

1. 合成 PbS 量子点有哪些方法？
2. 水相合成 PbS 量子点注意因素有哪些？
3. PbS 量子点有哪些表征方法？
4. 红外光谱表征的目的是什么？

（张松柏供稿）

实验 35　纳米材料合成与表征系列——纳米金颗粒

（6 课时 适用于材料科学与工程、应用化学专业）

一、相关知识

纳米材料是 20 世纪 80 年代中期发展起来的一类新型材料，既具有一般宏观物质的性质，又具有一些微观粒子如原子、分子等特有的特性，尤其在超导、电磁、光学、化学、催化、标记、表面增强、生物免疫等方面呈现出优良的物理化学特性，故受到众多研究领域的极大关注。纳米材料作为目前新材料研究领域中最富有活力、对未来经济和社会发展有着十分重要影响的研究对象，是纳米科技中的重要组成部分。过去国际上将 1～10 nm 尺度范围内的超微颗粒或者是其聚集体，以及由纳米微晶所构成的材料，统称为纳米材料，包括金属、非金属、有机、无机和生物等多种材料。但是如果仅仅是尺度达到纳米量级而不具有特殊性能的材料，也不能称为纳米材料，如早已存在的粒径小于 10 nm 的超细粉。因此通常定义的纳米材料是指物质的粒径至少要有一维在 1～100 nm 之间，且要具有特殊物理化学性质的材料。从狭义上区分，所谓纳米材料就是纳米颗粒、纳米管、纳米线、纳米薄膜、纳米固体材料以及一些原子团簇的总称；而从广义上定义，显微构造能达到纳米尺寸水平的材料统称为纳米材料。通常具有原子簇和原子束结构的纳米材料，称为零维纳米材料即纳米颗粒。而纳米金颗粒作为最稳定的金属纳米粒子之一，由于其具有独特的物理化学性能，受到人们的广泛关注。

纳米金颗粒是指尺寸在 1～100 nm 范围内的金粒子，一般为分散在水中的水溶胶，故又称胶体金。几个世纪以前，纳米金属颗粒就作为染料被广泛使用。大约在 1600 年，中世纪杰出的医生 Parcelsus 用一种植物的醇提取物还原氯金酸制备得到"饮用金"，这就是纳米金。1857 年，法拉第对纳米金作了系统的科学研究。他制备的金颗粒可以在数十年仍保持原有的性质，极为稳定，并且发现在其中加入少量电解质后，可使它由红色变成蓝色，终至凝集为无色，而加明胶等大分子物质后便可阻止这种变化。这一重大发现奠定了纳米金颗粒在实际应用中的科学基础。1939 年，Kausche 和 Ruska 把烟草花叶病毒吸附在金颗粒上，在电子显微镜下观察到金离子呈高电子密度，这一发现为纳米金在免疫电镜中的应用奠定了基础。1971 年，Faulk W P 等人将纳米金颗粒与兔抗沙门氏菌血清结合，用直接免疫细胞化学技术检测沙门氏菌的表面抗原，开创了纳米金标记技术。

纳米金颗粒由于具有易于制备、易于生化修饰、密度高、介电常数高等特点，因此利用金纳米颗粒制备生物探针并进行生物分子检测研究，受到了人们的重视。随着纳米材料研究的不断深入，纳米金颗粒在生物技术领域中的巨大应用潜力已经得到了广泛的认同。纳米生物探针及其相应的检测技术受到了人们的高度重视。近年来，生物分子和球状金纳米颗粒的复合体系在多种生物分析中得到了广泛的应用，并取得了令人鼓舞的研究成果。

二、实验目的

1. 了解纳米金颗粒的性质和用途。
2. 掌握纳米金颗粒的合成方法。
3. 掌握纳米金颗粒的表征方法及所用仪器使用与操作方法。

三、实验原理

1. 纳米金颗粒的合成

纳米金颗粒具有制备方法简单、粒径均匀、化学性质稳定的特点。其制备的方法有许多，与大多数纳米材料一样，其制备方法主要可以分为物理法和化学法。物理法制备纳米金颗粒主要是通过各种分散技术将金直接转变为纳米粒子，主要包括真空沉积法、激光消融法等方法。但是物理方法对设备的要求较高，得到的粒子尺寸分布很广，大大地限制了这类方法的应用，远远没有化学方法应用广泛，正处在不断的发展中。化学法是以金的化合物为原料，利用还原反应生成金纳米粒子，通过控制反应条件，来制备所需尺寸的颗粒。

化学法主要包括：水相氧化还原法、晶种法、微乳法、模板法等。这些方法中，柠檬酸盐做稳定剂和还原剂的水热合成法是最为经典的和应用最广泛的。通过控制 Au(Ⅲ)和柠檬酸盐的比例，可以获得不同尺寸的单分散金纳米粒子。一般来说，柠檬酸盐用量越多，得到的纳米金颗粒直径越小。而且，由于柠檬酸盐稳定的 Au 纳米颗粒无细胞毒性，在生物医学领域中具有广泛的应用。本实验就是采用柠檬酸钠作为还原剂水热合成纳米金颗粒。

2. 纳米金颗粒的表征

直径在纳米级的纳米金粒子，其基本单元都是微小尺寸的粒子，故具有很多宏观粒子所不具备的物理特性，如光学效应、小尺寸效应、表面效应、宏观量子隧道效应、介电限域效应、久保效应以及一些其他的特殊效应。这些效应使得纳米金粒子广泛应用于材料、医学检验、临床医学、食品、化工、陶瓷、染料等各领域。根据粒径不同，纳米金可选择性地吸收和散射部分波长的光，其中以吸收为主，散射只占很小一部分。吸收的这部分光主要位于绿色光区域，波长范围在 520 nm 左右，根据补色原理，纳米金溶液因吸收绿色光而呈红色。

纳米金粒子最重要的小尺寸效应是表面等离子激元共振——粒子表面受到入射光电磁波影响而产生电子云共振，在 520 nm 可见光区域内出现表面等离子共振。对于不同粒径的纳米金，其表面等离子激元最大值是不同的，随着粒子尺寸的增大，表面等离子激元最大值向波长更长的方向移动。因此，通过测量纳米金溶液的紫外一可见光谱，可以通过峰位置反推纳米金颗粒的大概尺寸。当然，要获得纳米金颗粒准确的尺寸以及分散性质，还可以通过透射电镜 TEM 和粒径分析仪等仪器进行检测和表征。本实验通过分光光度计对纳米金颗粒的尺寸进行表征。

四、实验器材

1. 试剂

$HAuCl_4$，柠檬酸钠，蒸馏水。

2. 仪器和设备

722 s 分光光度计，500 mL 三颈瓶，冷凝管，移液管，试剂瓶，磁力搅拌器，电炉等。

五、实验内容及步骤

1. 溶液的配制

1%溶液：将 1 g $HAuCl_4$ 固体粉末用蒸馏水溶解，定容于 100 mL 容量瓶中。

1%柠檬酸钠溶液：用分析天平准确 1 g 柠檬酸钠固体样品，用蒸馏水溶解于 100 mL 小烧杯中，然后转移稀释并定容于 100 mL 容量瓶中。

2. 水热法合成金纳米颗粒

实验中所用的玻璃器具均用新配王水(体积比，硝酸：盐酸=1：3)浸泡，并在使用前用蒸馏水彻底清洗。将 500 mL 三颈瓶、冷凝管和磁力搅拌器组装成如图 35.1 所示的实验仪器。向三颈瓶中加入 100 mL 去离子水和 1 mL 的 1%的 $HAuCl_4$ 溶液，搅拌加热至沸腾。再迅速向三颈瓶中加入 3 mL 柠檬酸钠溶液，加热一段时间，溶液逐渐变成紫色，继续加热至溶液变成鲜红色，继续加热 40 min 后自然冷却至室温。将所得溶液转移至试剂瓶中于冰箱上层保存。

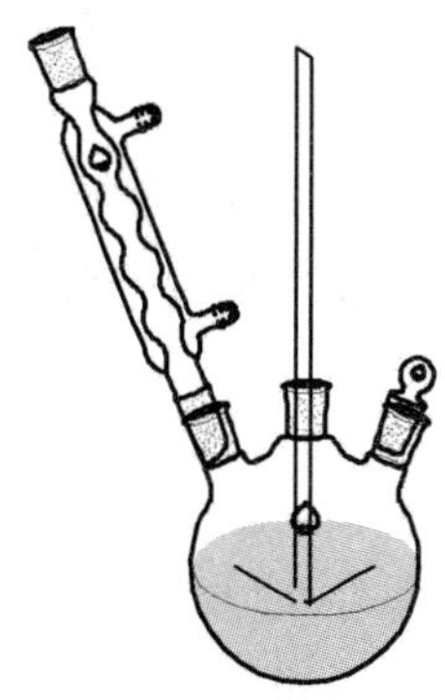

图 35.1　仪器组装示意图

3. 光度法表征

取合成好的纳米金溶液装至比色皿约 2/3 体积，以蒸馏水作参比溶液，于 722 s 分光光度计中在 450～600 nm 波长范围内，每隔 10 nm 测一次纳米金溶液的吸光度。绘制纳米金溶液的吸收光谱，并根据最大吸收峰位置确定纳米金颗粒的大概尺寸。

六、思考题

1. 合成金纳米颗粒有哪些方法？
2. 水热法合成金纳米颗粒关键因素有哪些？
3. 金纳米颗粒紫外一可见光谱表征时颗粒大小与峰位置有什么关系？

（张松柏供稿）

实验 36　用于铜离子检测的荧光传感器研究

（8 课时 适用于材料科学与工程、应用化学、化学专业）

一、相关知识

人类的活动增加了重金属对土壤、水体和空气的污染。土壤和地下水的污染源包括汽车尾气、废水和来自工业产品、化肥及杀虫剂的固体废弃物。铜能以几种不溶的形式存在于环境中：① 吸附在金属氧化物、黏土矿物、腐殖质和有机矿物复合体的表面；② 以次生矿物或非晶态的离子形式存在；③ 与自生的硫化物结合。根据 Anderson 提出的理论，环境中铜的其他存在形式包括存在于土壤溶液中的铜、可转换的铜、在某化合物特定位点上弱键合的铜、有机键合的铜、被吸收在碳酸盐和水合氧化物中的铜及残留在黏土晶格中的铜。Keller 和 Vedy 针对铜在环境中的存在形式提出了另一种分类方式。他们把铜的存在形式分为 6 类：水溶性的、可以置换的、与硅酸盐键合的、与铁锰氧化物键合的、与碳酸盐键合的，以及与有机物质键合的。在废水中发现的不溶性的铜大多数以复杂的复合物形式存在。另外，铜也可以以不稳定的易分解的金属化合物存在（如金属阳离子、无机复合物和弱的金属有机复合物）及中等强度键合的有机金属复合物（如与腐殖酸键合的金属复合物）和强键合的金属复合物（如通过多配位基配体键合的金属复合物）。

铜离子在被人体摄入后 15 min 即可进入血液中，同时存在于红血球内外，可帮助铁质传递蛋白，在血红素形成过程中扮演催化的重要角色。生物系统中许多涉及氧的电子传递和氧化还原反应都是由含铜酶催化的，这些酶对生命过程都是至关重要的。然而过量的铜却危害人和动物的健康。急性铜中毒表现为产生胃肠道黏膜刺激症状，如恶心、呕吐、腹泻，溶血作用特别明显，尿中出现血红蛋白，继而出现黄疸及心律失常，严重时可出现肾衰竭及尿毒症、休克。而慢性铜中毒同样危害严重，有报道称神经细胞单元中 Cu^{2+} 浓度过高可能会导致老年痴呆症或帕金森综合症等疾病。最近人类健康和环境的保护问题已经越来越多地被人们所关注，铜离子潜在的毒性以及其诱导的病因也越来越多地被人们研究和发现。例如，Cu^{2+} 的代谢平衡受到破坏就有可能导致一系列疾病，如缅克斯（Menkes）综合症和威尔森氏（Wilson）综合症等。因此，发展高选择性的 Cu^{2+} 离子传感器已经成为大势所趋。

检测铜离子的荧光传感器应具备两个基本的结构单元：用于信号传导的荧光团和用于选择性识别金属离子的离子团。这两部分是分子内键合的，这样当目标金属离子被连接上时能够引起荧光团光物理性质的一些改变，如发射强度、波长或者激发态寿命的改变。通过这些改变的强度实现环境中铜离子的检测，并在一定程度上对环境中的铜离子进行定量。这种带有金属螯合基团和荧光团的新型荧光传感器已经成功制备出来并在实验室水平实现了铜离子的检测。目前对铜离子的检测方法很多，主要有原子吸收光谱法、原子发射光谱法和电化学方法等，而荧光分析法灵敏度高、选择性好、响应时间短，且可以通过荧光成像技术进行定域观察及通过光纤实现远程检测，因此以荧光为输出信号的化学传感器颇受人们欢迎，荧光化学传感器越来越广泛地被应用于各种金属离子的检测中。20 世纪 90 年代以来，纳米技术飞速发展，具有分辨率高、响应时间短、制备简便及样品无需复杂的前处理过程等优点的荧光纳米颗粒传感器已在环境科学、生物医学和食品科学等诸多领域得到应用，各种结构新颖的铜离子荧光传感器层出不穷。目前，识别铜离子的荧光探针主要有以下几种：①香豆素类有机小分子荧光探针；② 喹啉类有机小分子荧光探针；③ 罗丹明类有机小分子荧光探针；④ 吲哚类有机小分子荧光探针；⑤ 其他类荧光探针。

根据目前检测铜离子的方法，结合相关文献的分析，本实验设计了一种新型的荧光探针的合成路线。同时，拟将所合成的萘酰亚胺类荧光探针以化学键的方式修饰于纳米二氧化硅的表面，合成一种可反复使用的荧光材料，用于铜离子的检测与分离。

二、实验目的

1. 理解制备荧光传感器的意义。
2. 掌握设计荧光传感器的原理。
3. 掌握表征荧光传感器的方法及性能测试。

三、实验原理

合成路线：用于铜离子检测的荧光传感器的合成路线如下。

反应一：1 $\xrightarrow[\text{EtOH,reflux,2h}]{H_2N(CH_2)_2OH}$ 2

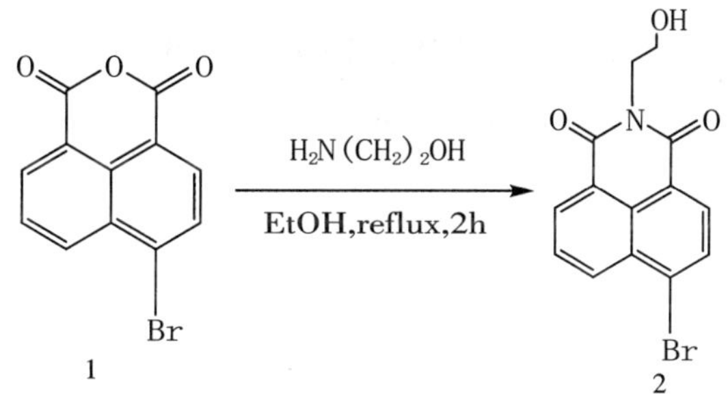

反应二：2 $\xrightarrow[\text{CH}_3\text{OCH}_2\text{CH}_2\text{OH}, N_2\text{,reflux,6h}]{\text{piperazine (HN–NH)}}$ 3

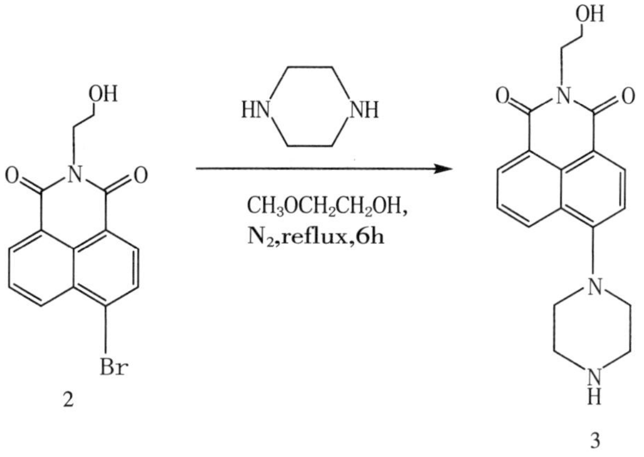

反应三：

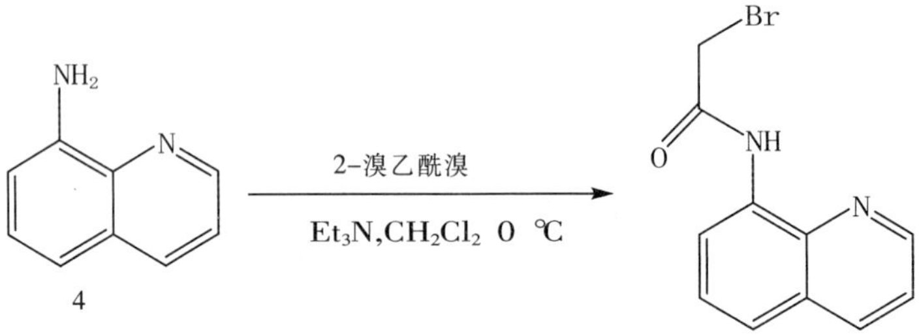

2-溴乙酰溴

Et_3N,CH_2Cl_2 0 ℃

4 5

反应四：

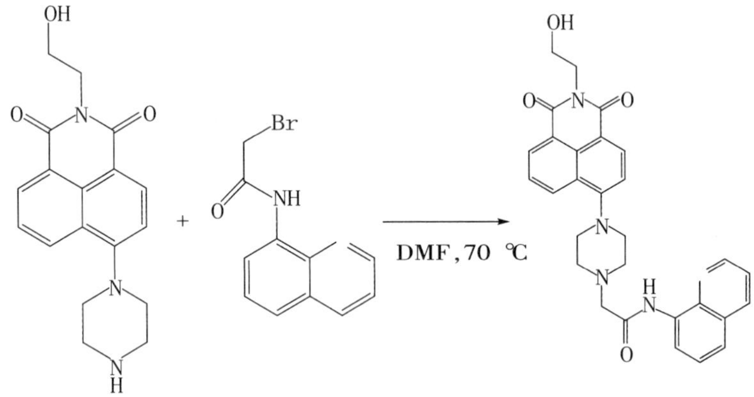

DMF,70 ℃

3 5 6

反应五：

$OCHCH_2CH_2CH_2Si(OEt)_3$

甲苯,回流

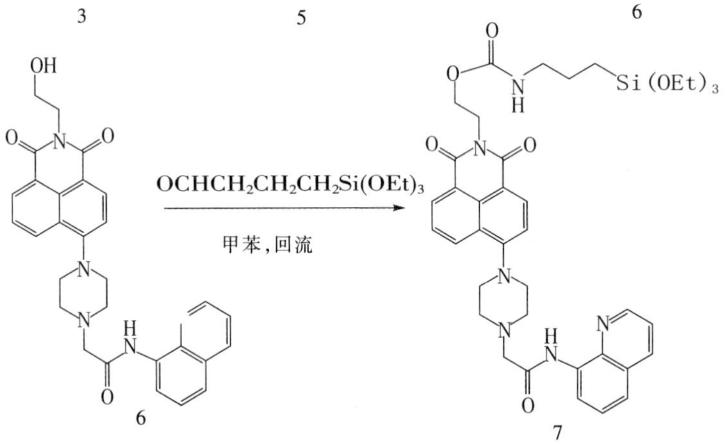

6 7

四、实验器材

1. 主要原材料

1,8—萘二胺(分析纯)、2—(2—胺基乙氧基)乙醇(分析纯)、乙醇(分析纯)、对二氮己环(分析纯)、乙醚(分析纯)、乙二醇单甲醚(分析纯)、2—溴乙酰溴(分析纯)、3—(三乙氧基硅)丙基异氰酸酯(分析纯)、甲苯(分析纯)。

2. 主要仪器

X—4B 显微熔点仪、ZF3 型紫外透射反射分析仪、ZF—2 型三用紫外仪、DF—101S 型集热式恒温加热磁力搅拌器、BS210 型电子天平、YW—1 型远红外电热干燥箱、KQ5200B 超声波清洗机、SHB—Ⅲ循环水式多用真空泵、R—1000 型旋转蒸发仪、PHS—3C 型 pH 计、荧光光谱仪、紫外光谱仪。

五、实验内容及步骤

1. 化合物 2 的合成

向 200 mL 圆底烧瓶中加入 4—溴—1,8—萘酐(10 g,36 mmol)、2—(2—胺基乙氧基)乙醇(3.8 g,36 mmol),加入 150 mL 乙醇,加热并搅拌,溶解完全后回流 2 h,自然冷却后放置过夜,析出晶体后过滤,再用 150 mL 乙醇重结晶,得 N—(2—(2—羟乙氧基)乙基)—4—溴—1,8—萘酰亚胺 11.8 g,收率 89.8%,熔点 132.3～133.0 ℃。

2. 化合物 3 的合成

在氮气保护下,往装有冷凝管的 100 mL 圆底烧瓶中加入 4—溴—N—(2—(2—羟乙氧基)乙基)—1,8—萘酰亚胺(2.01 g,5.5 mmol)、哌嗪(0.956 mg,11 mmol),加入 20 mL 乙二醇单甲醚,加热并搅拌,溶解完全后回流 6 h。停止反应后,旋干溶剂,用 $CH_3OH/CHCl_3$ (V/V,1∶3)混合溶剂溶解残留固体并过硅胶柱,然后旋转蒸发得到产物 1.51 g。收率 74%,熔点 198.1～199.9 ℃。

3. 化合物 5 的合成

向 150 mL 的圆底烧瓶中分别加入化合物 4(5 g,35 mmol)、2—溴乙酰溴(11 g,52.5 mmol)、三乙胺∶二氯甲烷=1∶1 的混合液 100 mL,在冰浴条件下反应 2 h,反应完全后,旋转蒸发得到产物 7.4 g,收率 80%。

4. 化合物 6 的合成

向 50 mL 圆底烧瓶中分别加入化合物 5(221.6 mg,0.68 mmol)、化合物 3(150.3 mg,0.68 mmol)、碳酸钾(93.9 mg,0.68 mmol)、15 mL 二甲基甲酰胺,将反应混合物加热至 70 ℃并搅拌 7 h。冷却至室温后,减压蒸馏除去溶剂,然后用水洗(6×30 mL)至中性,用二氯甲烷萃取(3×10 mL),合并有机层,并用 Na_2SO_4 干燥后过滤,滤液旋转蒸发除去溶剂后,对剩余物通过硅胶柱色谱进行硅胶柱分离提纯,以(乙酸乙酯∶二氯甲烷=3∶1,V/V)为洗脱剂,旋转蒸发得到橙色固体 190.6 mg,收率为 55%。

5. 化合物 7 的合成

取 50 mL 的圆底烧瓶,先准确称取化合物 6(51.0 mg,1.0 mmol)、3—(三乙氧基硅)丙基异氰酸酯(76.5 mg,1.5 mmol),将称取好的上面两种化合物都加入圆底烧瓶中,然后加入 5 mL 甲苯,搅拌使其溶解,回流 12 h,反应完全后用旋转蒸发仪除去溶剂,对剩余物通过硅胶柱色谱进行硅胶柱分离提纯,用湿法上柱,以(乙酸乙酯∶石油醚=1∶4,V/V)为洗脱剂,通过旋转蒸发仪收集产品,旋干溶剂后得到化合物 7。

6. 溶液的配制

(1) 探针化合物 7 的母液的配制

准确称取一定量的探针化合物 7 溶于适量的乙醇中,制成 5.0×10^{-2} mol・L^{-1}的储备液,使用时根据需要适当稀释。

(2) 测试用金属离子的母液的配制

依次准确称取以下各种金属盐 $Hg(NO_3)_2$、$Al(NO_3)_3$、$AgNO_3$、$CaCl_2$、$CdCl_2$、$CoCl_2$、$CrCl_3$、$Cu(NO_3)_2$、$Fe(NO_3)_3$、KCl、$Mg(NO_3)_2$、NaCl、$NiCl_2$、$Pb(NO_3)_2$、$ZnCl_2$,用蒸馏水将其配置成 2.0×10^{-2} mol・L^{-1}的储备液,使用时根据需要适当稀释。

(3) 探针测试溶液的配制

分别用微量进样器移取 4 μL 探针母液和适当量的各种金属离子母液于 10 mL 容量瓶中，加入 5 mL 乙醇，用 HEPES 缓冲液(pH=7.4)定容，振荡摇匀，配制成探针化合物 6 的(20 μM)的中性水溶液(50 mM HEPES 缓冲液，pH=7.4，包含 50% CH_3CN 作为共存溶剂)溶液。在室温条件下放置 5 min 后，测定该体系中汞离子不同浓度和不同离子条件下探针分子的荧光发射光谱。

六、思考题

1. 所合成的化合物如何进行表征?
2. 如何测荧光化学传感器的光化学性能?
3. 实验条件如何进行优化?

(张向阳供稿)

实验 37　基于双醛纤维素的免疫电化学传感器研究

（8 课时 适用于材料科学与工程、应用化学、化学专业）

一、相关知识

近年来，随着电化学免疫传感器在各方面的广泛应用，关于提高它的性能、优化其检测方法等方面的研究也越来越多。根据检测信号的不同，人们将电化学免疫传感器一般分为电位型、电流型、电导型、电容型免疫传感器。随着技术的不断完善，很多免疫测定法也不断在发展，如荧光技术、化学发光技术、石英晶体微天平、表面等离子体共振、侧流和电化学免疫测定等。由于电化学免疫测定法具有灵敏度高，结构简单，能够快速地进行检测识别，并且投入低成本等优点，它获得了高度的关注。电化学免疫传感器是一个基于抗原与抗体之间的特异性识别的过程。目前，在制备一个性能良好的电化学免疫传感器中，所面临的一个问题就是如何固定抗体。

通常将抗体固定在传感器的表面，可以采用简单的物理吸附和化学交联的方法。由于物理吸附的抗体对环境条件非常敏感，存在稳定性等方面问题。与物理吸附的方法相比较，化学交联的方法就不存在这些缺陷。因此，一般情况下采用化学交联的方法来固定抗体。化学交联是指将经过化学处理的抗原或抗体以共价键结合的方式固定在电极表面。在化学交联的过程中，需要含有双功能或多功能基团的试剂（如羧酸、胺等）用来固定抗体。固定抗体的步骤通常包含三步：第一步是创建一个含有功能性基团（羧酸、胺等）的膜；第二步是活化基团与 1－(3－二甲氨基丙基)－3－乙基碳二亚胺盐酸盐（EDC. HCl）和 N－羟基琥珀酰亚胺（NHS）或戊二醛反应；第三步是识别元件与连接剂反应。这些操作步骤在实践中非常麻烦，不仅费时并且表面容易失去抗体，抗体的活性降低，操作繁琐等。因此，为了解决这些困难，研究一种新的固定抗体的方法或者可用于制备电化学免疫传感器的新基质就显得非常重要。

纤维素分子是由许多 β－D－葡萄糖分子通过 β－1，4－甘键连接而成的一条没有分支的长链。高碘酸能选择性地将纤维素的 C2、C3 位上的羟基氧化为醛基，同时打开相应的吡喃葡萄糖环上碳一碳键，从而可以获得 2，3－二醛纤维素（DAC）。纤维素可以通过酯化、甲硅烷基化和氧化等反应进行改性后，制备含特殊官能团的纤维素，从而它的应用更广泛。由于纤维素的衍生物具有良好的生物相容性和稳定性，在过去的几十年中，它们被广泛用于生物大分子的固定，如酶、细胞、细菌等。然而，双醛纤维素（DAC）在电化学免疫传感器方面的应用研究还鲜有报道。

双醛纤维素（DAC）是一种氧化纤维素衍生物，其中的醛基基本不以游离醛基形式存在，其主要结构为水合半醛醇和分子内及分子间的半缩醛，因此它具有很高的化学活性，能发生醛类和半缩醛的许多反应，也能与酸类、醇类、胺类、肼类、酰类等物质反应。由于双醛纤维素（DAC）在物理机械性能、生物相容性及生物可降解性方面的优越性，并且对环境友好和无毒等优点，其已在许多领域得到广泛的应用，利用双醛纤维素分子链中的高活性醛基，不仅可以通过纤维素与其他官能团反应而进行功能化改性，还可以将双醛纤维素与其他功能材料、生物活性材料等物质进行合成，进而应用于新领域中。

二、实验目的

1. 掌握制备双醛纤维素的操作方法。
2. 理解测定双醛纤维素中醛基的原理。
3. 掌握制备免疫电化学传感器的制备过程。

三、实验原理

1. 双醛纤维素(DAC)的制备，其合成路线，如图 37.1 所示。

图 37.1　双醛纤维素的合成路线

2. 电化学免疫传感器的制备过程，其制备原理图，如图 37.2 所示。

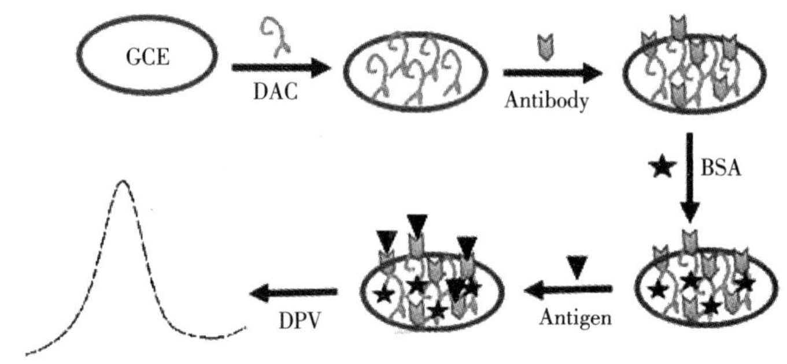

图 37.2　电化学免疫传感器的制备原理图

四、实验器材

1. 主要原材料

微晶纤维素粉(分析纯)、高碘酸钠(分析纯)、氢氧化钠(分析纯)、硝酸钠(分析纯)、硫酸(优质纯)、磷酸氢二钠(分析纯)、磷酸二氢钠(分析纯)、DMF(分析纯)、盐酸、氧化铝粉(分析纯)、牛血清白蛋白(BSA)、羊抗人免疫球蛋白 G 抗体(Ab)、乙醇(分析纯)、碳酸钾(分析纯)。

2. 主要仪器

X－4B 显微熔点仪、ZF3 型紫外透射反射分析仪、ZF－2 型三用紫外仪、DF－101S 型集热式恒温加热磁力搅拌器、BS210 型电子天平、YW－1 型远红外电热干燥箱、KQ5200B 超声波清洗机、SHB－Ⅲ循环水式多用真空泵、R－1000 型旋转蒸发仪、PHS－3C 型 pH 计。

五、实验内容及步骤

1. 双醛纤维素(DAC)的制备

这个氧化反应是一个由纤维素的非结晶区逐步向结晶区进行的反应，反应初期，氧化反应主要发生于纤维素的非结晶区，反应速度较快，氧化度迅速增加。以后的反应主要在微晶区表面进行，反应速率降低，而到了反应后期，反应则是在晶区中进行，反应速度显著降低，醛基的含量则不再明显增加。双醛纤维素的合成路线如图 37.1 所示，操作步骤如下：

(1) 向洁净干燥的 150 mL 烧杯中，加入 14wt%的氢氧化钠溶液 100 mL，然后缓慢地加入微晶纤维素粉 10 g，混匀，浸泡 24 h 后过滤。滤饼用蒸馏水洗涤至中性，在真空 50 ℃条件下干燥 24 h，得到化合物被氢氧化钠活化的双醛纤维素。

(2) 向 250 mL 的棕色三口烧瓶中，加入高碘酸钠 10 g 和 100 mL 水，然后加入浓硫酸，调节反应液的 pH 值达到 1。然后快速加入 5 g 的活化纤维素(化合物 1)。在黑暗 37 ℃条件下混合搅拌 4 h 后，加入过量的乙二醇分解剩余的高碘酸，然后过滤，滤饼用蒸馏水多次充分洗涤至和去离子水的 pH 值相等。最后的产物在真空 50 ℃条件下干燥 24 h，得到白色粉末状产物。

2. 双醛纤维素中醛基含量的测定

通过肟化反应测定双醛纤维素的醛含量。用盐酸羟胺的水溶液与醛基定量反应生成肟，释放出的盐酸用标准的氢氧化钠水溶液滴定，反应式如下：

$$R-CHO+NH_2OH\cdot HCl\longrightarrow R-CH=NOH+HCl+H_2O$$

实验步骤：称取样品 0.1 g 放入 100 mL 烧杯中加入 30 mL 蒸馏水，用氢氧化钠水溶液调节 pH 值至 4.5 得到双醛纤维素的悬浮液。盐酸羟胺溶液(0.43 g，20 mL 水，调节 pH 值至 4.5)被添加到双醛纤维素的悬浮液。混合物在室温下搅拌 24 h。在恒定的 pH 值为 4.5 条件下进行反应，通过记录 0.1 M NaOH 的用量，确定是否转化为乙醛肟。此外，称取同等质量的双醛纤维素进行空白滴定。

3. 电化学免疫传感器的制备

在氩气保护下，双醛纤维素添加到干燥的 DMF 溶液中，溶液在 80 ℃搅拌 2 h。然后溶液冷却至室温，得到双醛纤维素的溶液。修饰电极(直径 3 mm)按 0.3 μm 和 0.05 μm 氧化铝的顺序重复抛光，其次分别在蒸馏水和乙醇中连续超声波洗涤。GCE 在室温干燥，然后取 10 μL 0.1%双醛纤维素的溶液经过 DMF 稀释的溶液缓慢均匀地滴加在电极表面，竖直放置在空气中，且在室温中干燥 5 h。然后取抗体溶液 10 μL(150 μg/mL)滴在已修饰的电极上反应 1 h，随后用超纯水洗涤，除去非特异性吸附的抗体。为了消除非特异性结合带来的误差和阻止活性位点停留，滴加 1wt%的牛血清白蛋白(BSA)至抗体修饰电极上，在室温下反应 30 min。所制备的免疫传感器保存在 4 ℃低温下，为进一步检测分析物 IgG 抗体提供方便。

4. 电化学的测量

所有的电化学实验是在一个含有标准三电极装置中进行的。在 10 mM 的 $K_3Fe(CN)_6/K_4Fe(CN)_6$ 体系溶液中进行 EI 和 DPV 测量。DPV 测量标准如下：设置默认的范围是从－0.6 V 到 0.1 V，脉冲幅度为 0.05 V，脉冲宽度为 0.05 s，试样宽度为 0.02 s。

六、思考题

1. 双醛纤维素的结构如何进行表征？
2. 如何测试修饰电极的电化学性能？
3. 实验条件如何进行优化？

(张向阳供稿)

实验 38 用于汞离子检测的纳米荧光探针研究

（8 课时 适用于材料科学与工程、应用化学、化学专业）

一、相关知识

重金属一般以天然浓度广泛存在于自然界中，但由于人类对重金属的开采、冶炼、加工以及商业制造活动的日益增多，造成大量重金属在这些过程中进入大气、水和土壤，引起严重的环境污染。重金属具有富集性，很难在环境中降解，可以通过食物链进入人体内，对人体造成极大的伤害。汞是一种广泛分布于环境中的毒性金属元素，主要以单质汞（或汞蒸气）、汞离子以及有机汞三种形态存在，其中以有机汞的毒性最大。在水生环境中，经过微生物的催化作用，无机汞可以转化为亲脂性的有机汞，这种转化可使汞在食物链中更易发生富集，进而由食物链进入人体后导致汞中毒。汞在体外与硫化物具有高亲和性，两者易发生化学反应生成难溶的硫化汞。汞进入生物体内后，也有类似的特性，与体内的巯基（—SH）同样具有很强的亲和性，易与其结合形成硫醇盐。在体内含巯基最多的是蛋白质，如脑的灰质部分的巯基含量最多，因此汞也就最易积存在大脑中，引起以神经损害为主的疾病。随废水排出的汞离子，即使浓度很小，也可在藻类和底泥中积累，被鱼和贝类的体表吸附后，进入生物体内并富集，从而造成严重危害。环境科学家认为沉积物中的汞污染是环境中的一颗“定时炸弹”，当外界条件合适时就可能“爆炸”。

2011 年 4 月初，我国首个“十二五”专项规划——《重金属污染综合防治“十二五”规划》获得国务院正式批复，这体现出我国对于治理重金属污染的巨大决心。重金属离子检测是治理重金属污染的重要环节，因此，对自然环境和生物体内汞离子的定性检测和定量分析对生命、环境和医学科学以及工农业生产等都显得非常重要。

检测和定量分析水溶液中汞离子的传统方法有：原子吸收光谱法、电感耦合等离子体质谱法、冷原子荧光光度法、电感耦合等离子体原子发射光谱法、电化学方法以及紫外一可见光谱法等。它们具有测定准确、干扰少、测量范围广并适用于环境水样的定量分析等优点，但是它们一般需要复杂多步的样品准备以及尖端的实验仪器，分析成本比较昂贵。最近，为了避免长时间枯燥复杂的样品准备，以及增强响应灵敏度，人们还开发了小分子发色团结合液相色谱或毛细管电泳的方法检测溶液中的汞离子和有机汞，这种方法大大提高了响应灵敏度，使检测更加准确高效。

虽然上述仪器检测方法通常能够直接定量给出样品中汞离子浓度，但是它们一般不适用于快速、实时、原位定量检测和分析。荧光检测技术是一种灵敏度高、选择性好、检出限低的微量分析技术，荧光分子探针可以对单（多）种对象进行实时、在线检测，可以选择性地将分析对象的化学信息转变为分析仪器易测量的荧光信号，简单有效地实现了微观世界和宏观世界的信息沟通，克服了传统方法的缺点。因此，研制具有专一选择性、高灵敏度及良好抗环境干扰能力的汞离子荧光分子探针具有重要意义。

荧光分子探针通常由以下三个部分组成：① 识别目标的接受体部分(Receptor)，即键合基团或识别基团，它的功能是结合客体并将结合信息传递给荧光团，使其所处的化学环境或本身的性质发生改变；② 荧光团部分(Fluorophore)，即信号基团，它的功能是吸收光能，发出荧光信号且它的发射强度与识别基团的结合状态有关，可以直接把识别基团与被分析物结合所引起的化学环境变化转变为容易观察到的输出信号(主要指荧光、颜色等)；③ 连接体部分，也称间隔基团(Spacer)，它的功能是负责连接荧光团和接受体，使识别信息有效地转化为荧光强度的变化，实现对待测物的定性定量检测。探针分子的基本设计思路是在信号基团上引入识别基团，金属离子与受体单元相结合或发生化学反应，并最终影响荧光团的光物理性质，选择性地将分析对象的信息(如酸度、浓度、化学或生物活性等)转化为分析仪器易测量的荧光信号(如荧光强度的变化、荧光光谱的移动、荧光寿命的变化，尤其是荧光强度的变化)，直观地体现金属离子的存在，从而实现被测物的分析检测。

根据荧光信号变化的不同，荧光探针主要分为"Turn－On"型、"Turn－Off"型和比率法检测三种类型。由于 Hg^{2+} 的 d 轨道充满电子，能和荧光分子自旋轨道进行耦合，猝灭荧光分子的荧光，是一种常见的荧光猝灭剂，故大多数测定汞离子的荧光探针都是基于荧光猝灭机理进行的。但是，"Turn－Off"型荧光探针不利于高通量信号输出，猝灭过程易引起干扰，灵敏度受到限制。

人们发现可以利用发色团与 Hg^{2+} 结合导致其荧光信号的改变来检测环境或生物体系中的汞含量。从结合方式看，虽然 Hg^{2+} 的 d 轨道充满电子，但它的最外层有空的 s 轨道和 p 轨道，在轨道能级图中，它们与次外层的 d 轨道在同一能级，也可以杂化参与配位氮、氧、硫等具有孤对电子的原子。将这些具有孤对电子的原子作为识别单元引入到探针分子中，通过与 Hg^{2+} 以配位键的形式结合，使探针分子产生相应的光物理性质变化，达到检测的目的。另外，还可以通过 Hg^{2+} 引起的探针分子的直接脱硫反应，即化合物中 S 原子(或 Se 原子)与 Hg^{2+} 结合，脱去 HgS(或 HgSe)，改变探针分子的荧光信号以达到检测目的。这种利用化学反应实现检测的方法被称为化学剂量测定法(Chemodosimeter)。

近年来，纳米粒子荧光探针和聚合物传感膜的制备及应用受到了学术界的广泛关注，其中聚合物胶束作为一种组装纳米粒子，能赋予荧光探针水溶性、生物相容性、多功能性以及高灵敏度等优越性能；而传感膜具有使用方便、快捷和易回收等优点。这些性能和优点使得它们比小分子有机探针更适合于实际应用，因而有望在环境检测、生命科学以及医学等领域发挥积极的作用。

根据上述的基本原理和探针分子设计理念，本实验合成了基于荧光增强的汞离子荧光探针，研究了该探针分子对汞离子识别的荧光光谱性质，通过荧光离子滴定实验对其选择性和抗干扰能力进行了系统研究，为进一步设计和优化汞离子荧光探针奠定了基础。

二、实验目的

1. 理解制备纳米荧光探针的意义；
2. 掌握设计纳米荧光探针的原理；
3. 掌握表征纳米荧光探针的方法及性能测试。

三、实验原理

1. 识别基团的制备

识别基团的合成路线，如图 38.1 所示。

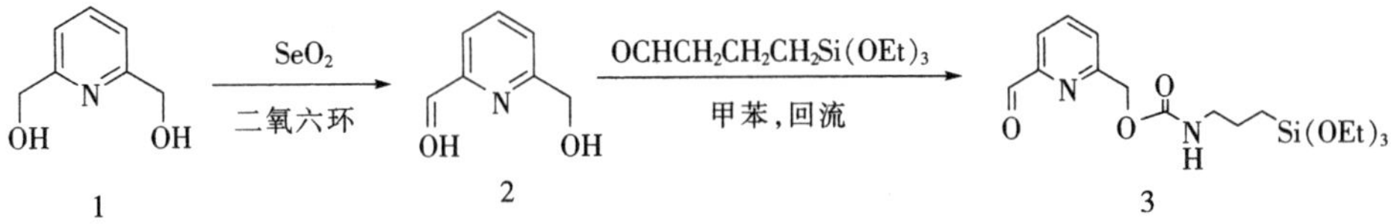

图 38.1 识别基团的合成路线

2. 荧光基团的制备

荧光基团的合成路线，如图 38.2 所示。

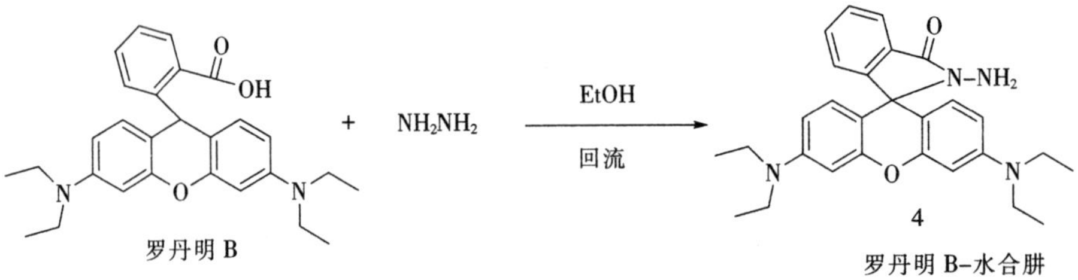

图 38.2 荧光基团的合成路线

3. 纳米荧光探针的制备

纳米荧光探针的合成路线，如图 38.3 所示。

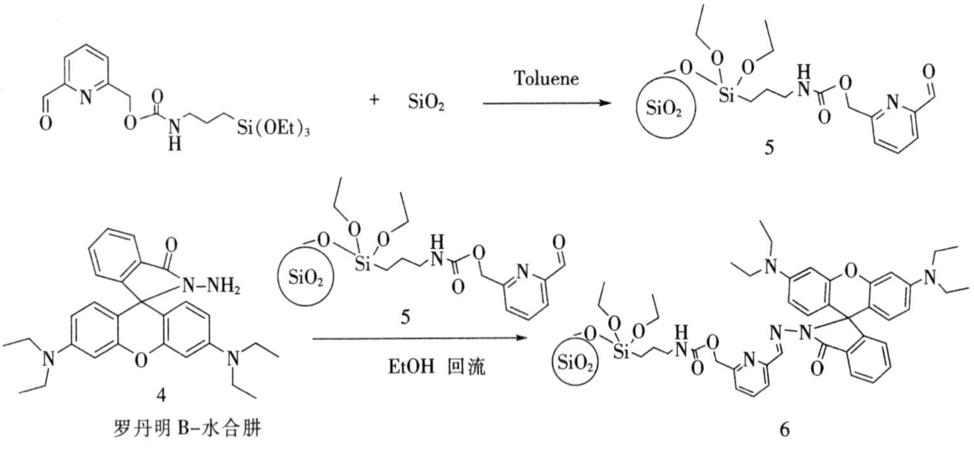

图 38.3 纳米荧光探针的合成路线

四、实验器材

1. 主要原材料

纳米二氧化硅、罗丹明 B(分析纯)、水合肼(分析纯)、乙醇(分析纯)、甲苯(优质纯)、2,6—二羟甲基吡啶(分析纯)、二氧化硒(分析纯)、3—(三乙氧基硅)丙基异氰酸酯(分析纯)。

2. 主要仪器

X—4B 显微熔点仪、ZF3 型紫外透射反射分析仪、ZF—2 型三用紫外仪、DF—101S 型集热式恒温加热磁力搅拌器、BS210 型电子天平、YW—1 型远红外电热干燥箱、KQ5200B 超声波清洗机、SHB—Ⅲ循环水式多用真空泵、R—1000 型旋转蒸发仪、PHS—3C 型 pH 计、荧光光谱仪、紫外光谱仪。

五、实验内容及步骤

1. 化合物 2 的合成

向 100 mL 圆底烧瓶加入化合物 1(3 g,21.5 mmol)和二氧六环 50 mL,在氮气保护下,搅拌下向其中缓慢加入二氧化硒(1.2 g,10.8 mmol),然后升温至 65 ℃,搅拌 24 h,TLC(薄层色谱)跟踪反应进程,确认反应完全后水洗至中性,采用二氯甲烷萃取 3 次(3×20 mL),旋转蒸发除去溶剂后,对剩余物通过硅胶柱色谱进行硅胶柱分离提纯,湿法上样,以(二氯甲烷∶甲醇=98∶2,V/V)为洗脱剂,通过旋转蒸发收集产物,旋去溶剂,得到黄色固体化合物 2(2.3 g,产率 78%)。

2. 化合物 3 的合成

在氮气保护下,往装有冷凝管的 100 mL 圆底烧瓶中加入化合物 2(1.4 g,10 mmol)和 3—异氰酸酯基丙基三甲氧基硅烷(2.5 g,12 mmol),加入 50 mL 甲苯,然后升温至 100 ℃,搅拌 24 h,TLC(薄层色谱)跟踪反应进程,除去溶剂后,对剩余物通过硅胶柱色谱进行硅胶柱分离提纯,用湿法上柱,以(乙酸乙酯∶石油醚=1∶2,V/V)为洗脱剂,旋转蒸发得到淡黄色固体化合物 3(2.72 g,产率 85%)。

3. 化合物 4 的合成

罗丹明 B(5 g,10.46 mmol)溶解在 150 mL 无水乙醇中,然后快速加入 10 mL(过量)水合肼(85%)。加完后,在氮气保护下,磁力搅拌混合物并加热至回流温度反应 2 h。反应完成后,冷却至室温,用旋转蒸发仪在减压条件下除去部分溶剂,缓慢加入氢氧化钠溶液(5% wt)搅拌,直到溶液的 pH 值达到 9～10,有大量白色固体析出。将所得的沉淀物过滤,并用水洗涤 3 次。将粗产物用柱层析法纯化(展开剂:$CH_2Cl_2/EtOH/Et_3N$,5∶1∶0.1),得到白色产物罗丹明 B—水合肼(RhB—hydrazine),产率为 50%。

4. 化合物 5 的合成

往装有氮气保护装置的 50 mL 圆底烧瓶中加入 20 mL 甲苯,抽真空后,将 200 mg 纳米二氧化硅加入其中,搅拌溶解后将化合物 3(100 mg,0.3 mmol)加入所得溶液中。在氮气保护下加热升温至 100 ℃,回流过夜。TLC(薄层色谱)跟踪反应进程,确认反应完全后用旋转蒸发仪除去溶剂,离心分离,得到白色粉末状的固体,产率为 82%。

5. 化合物 6 的合成

往装有氮气保护装置的 50 mL 圆底烧瓶中加入 20 mL 甲苯,抽真空后,将 200 mg 纳米二氧化硅加入其中,搅拌溶解后将化合物 3(100 mg,0.3 mmol)加入所得溶液中。在氮气保护下加热升温至 100 ℃,回流过夜。TLC(薄层色谱)跟踪反应进程,确认反应完全后用旋转蒸发仪除去溶剂,离心分离,纯化,得到白色粉末状的固体。

6. 溶液的配制

(1) 探针化合物 6 的母液的配制

准确称取一定量的探针化合物 6 溶于适量的乙醇中，制成 5.0×10^{-2} mol·L^{-1}的储备液，使用时根据需要适当稀释。

(2) 测试用金属离子的母液的配制

依次准确称取以下各种金属盐：$Hg(NO_3)_2$、$Al(NO_3)_3$、$AgNO_3$、$CaCl_2$、$CdCl_2$、$CoCl_2$、$CrCl_3$、$Cu(NO_3)_2$、$Fe(NO_3)_3$、KCl、$Mg(NO_3)_2$、NaCl、$NiCl_2$、$Pb(NO_3)_2$、$ZnCl_2$，用蒸馏水将其配置成 2.0×10^{-2} mol·L^{-1}的储备液，使用时根据需要适当稀释。

(3) 探针测试溶液的配制

分别用微量进样器移取 4 μL 探针母液和适当量的各种金属离子母液于 10 mL 容量瓶中，加入 5 mL 乙醇，用 HEPES 缓冲液(pH=7.4)定容，振荡摇匀，配制成探针化合物 6(20 μM)的中性水溶液(50 mM HEPES 缓冲液，pH=7.4，包含 50%CH_3CN 作为共存溶剂)。在室温条件下放置 5 min 后，测定该体系中汞离子不同浓度和不同离子条件下探针分子的荧光发射光谱。

六、思考题

1. 所合成的化合物如何进行表征？
2. 如何测试荧光纳米探针的光化学性能？
3. 实验条件如何进行优化？

(张向阳供稿)

实验 39　含吡啶吡咯类四配位 N,N一硼化物光物理性质的理论研究

——理论计算与结果处理实验

(6 课时 适用于材料科学与工程、化学、应用化学专业)

一、相关知识

1987 年,C W Tang 等人利用八羟基喹啉铝作为发光层,芳香胺化合物作为空穴传输层,镁铝合金作为阴极,获得一种效率高的绿光有机电致发光二极管(OLED)器件,从此,OLED 的研究成为有机光电领域内的热点课题。近年来,OLED 更是以其无与伦比的优势吸引了众多的目光。

从 OLED 器件的层数可以将其分为单层型和多层型器件(每层膜厚均为几十纳米)。单层器件中阴阳两极之间只有一层有机发光材料。三层器件中两电极之间分别由空穴传输层、发光层和电子传输层构成。多层器件是在三层器件的基础上加入其他功能层,包括空穴注入层和电子注入层以改善空穴传输层和电子传输层与电极之间的界面,空穴阻挡层与电子阻挡层以防止激子向发光层以外扩散,提高器件效率。三层结构器件的电致发光原理可视为在电压驱动下,电子和空穴分别从金属电极(阴极)和 OTO 透明电极(阳极)注入电子传输层(ETL)和空穴传输层(HTL),然后电子和空穴分别经由 ETL 和 HTL 迁移至发光层(EL)相遇,形成激子并使发光分子激发,后者经过辐射弛豫而发出可见光,辐射光可以从透明电极一端发出。

有机发光材料为 OLED 的核心材料,通常具有刚性平面结构的共轭小分子,金属配合物和聚合物均可作为有机电致发光材料。理想的有机电致发光材料在性能上具有如下特点:① 荧光量子效率高;② 载流子传输能力强;③ 易于成膜;④ 对光和热稳定好;⑤ 具备适宜的分子能级,可与器件中其他材料的分子能级相匹配。

目前发光层所用的材料主要分为两类:小分子发光材料和聚合物发光材料,其中有机小分子发光材料因为结构可控性好、容易提纯、光谱色纯度高、良好的热稳定性和化学稳定性等优点被广泛用于发光材料和应用到 OLED 中。有机小分子发光材料可通过化学修饰,如延长分子的共轭度,提高分子平面和刚性,提高传输能力和发光效率;可改变 HOMO 和 LOMO 能级,调控分子的发光颜色,使得分子的发光峰位蓝移或者红移,从而得到三基色有机电致发光器件。现在应用广泛的小分子发光材料包括 8—羟基喹啉类配体、苯并杂环类配体、席夫碱类配体的离子配合物、过渡金属配合物、硼发光配合物等。

高性能的发光材料是实现OLED高性能的根本。在有机分子体系中引入硼元素，设计并合成三配位和四配位的有机硼化合物近年来吸引了科研工作者的研究兴趣。B为ⅢA族元素，价电子构型为$2s^2 2p^1$，价电子有3个。硼原子的价电子数(3)＜价层轨道数(4)，因此它是缺电子原子，而硼元素的缺电子性质常常可以给体系带来意想不到的性能。近年来，具有π共轭结构的有机硼发光化合物因其独特的性能在有机电子学、化学传感等领域得到了人们的广泛关注。

由于三配位硼中硼原子具有空的2p轨道，N、O等原子的原子轨道中的孤对电子可以填充到硼的p轨道中而形成配位键，从而使硼原子达到四配位。因此，可以选择具有特殊结构的化合物作为配体来制备具有发光性能π共轭四配位有机硼化合物。与三配位硼化合物相比，四配位硼化合物通常具有比较高的化学稳定性，并且易于制备。最著名的四配位硼化合物为氟硼二吡咯(BODIPY)类染料分子。BODIPY具有较高的摩尔消光系数和荧光量子效应(基本在0.6以上)，吸收在可见光区，发射可以调节到近红外区，光谱性质稳定且谱峰较窄，易于形成结构修饰。四配位有机硼配合物已经被广泛报道，通常都具有较高的荧光量子效率、良好的热稳定性和化学稳定性，并逐渐应用到电致发光器件中。目前四配位硼螯合物主要包括N、N—B、N、O—B、N、C—B、C、C—B、O、O—B等。

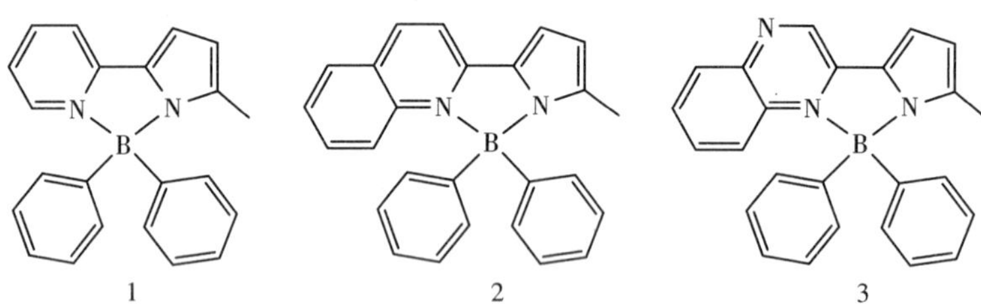

图39.1 研究体系分子结构示例

本实验中，我们选择三种典型的N，N—B螯合物，使用密度泛函理论(DFT)和含时密度泛函理论(TD—DFT)方法研究它们的基态结构、电子结构、激发态结构、吸收和发射光谱，从分子水平揭示它们的结构—性质关系，如图39.1所示。

二、实验目的

1. 了解Chemoffice和Origin等软件的基本操作。
2. 理解理论计算的基本流程。
3. 掌握理论建模的基本方法及所用软件的使用与操作方法。

三、主要软件

1. 理论建模

Gaussian View或Molden。

2. 计算软件

Gaussian。

3. 结果处理软件

Chemoffice、Origin、Gaussian View、Gauss Sum。

四、计算内容及步骤

1. 基态构型优化

选用 B3LYP 泛函和 6－31＋G(d,p)基组首先对化合物 1、2、3 的基态结构进行优化，之后使用相同的泛函和基组进行频率计算，以确认计算得到的几何位于全局能量最低点。

2. 第一单重激发态构型优化

在基态几何优化的基础上，使用 TD－DFT 方法 B3LYP/6－31＋G(d,p)水平对最低激发单重态(S_1)结构进行优化，并分别用同样的方法计算激发态的频率。所有的计算步骤下都没有采用结构对称限制。

3. 光谱计算

为研究物质的电子跃迁性质，在优化好的基态和激发态构型的基础上，使用 TD－DFT 方法 BMK/6－31＋G(2d,p)水平计算化合物的吸收和发射光谱，并在光谱计算时使用连续介质模型 PCM 模拟 CH_2Cl_2 的溶剂化效应。

4. 结果处理

对所计算的结果进行处理，计算出最高占据轨道(HOMO)和最低空轨道(LUMO)能级水平并绘出其布局，绘出吸收和发射光谱。

五、思考题

1. 前线分子轨道是如何影响物质的吸收光谱性质的？
2. 查阅相关资料，思考前线分子轨道能隙与吸收跃迁能的关系。

（靳俊玲供稿）

实验 40　含 2′—羟基查耳酮的 BF_2 配合物光电性质的理论研究

——理论计算与结果处理实验

（6 课时 适用于材料科学与工程、化学、应用化学专业）

一、相关知识

有机发光二极管（Organic Light Emitting Diode，OLED）作为 21 世纪新型平面显示产品，它有着自发光、高发光率、广色域、广视角、短反应时间、低工作电压、面板薄、可制作大尺寸和可挠曲的面板及制作简单等优点，已被业界普遍认为是最具有发展前途的新一代显示技术。整体上看 OLED 的应用大致可以分为 3 个阶段：① 1997 年～2001 年，OLED 的试验阶段，在这段时期 OLED 开始逐渐走出实验室，主要应用于汽车音响面板、PDA 及手机方面，但产品很有限，产品规格少，均为无源驱动，单色或区域彩色，很大程度上带有实验和试销的性质，2001 年 OLED 的全球销售额仅约为 1.5 亿美元；② 2002 年～2005 年，OLED 的成长阶段，在这段时期人们开始逐渐接触到更多带有 OLED 的产品，如车载显示器、PDA、手机、数码相机、头戴显示器等；③ 2005 年以后，OLED 开始走向一个成熟化的阶段，相信几年后这种成熟化更会加速，包括技术、市场等都将在市场的带动下突飞猛进。提高 OLED 发光效率、大尺寸及使用寿命将成为今后 OLED 技术的主要突破方向。

OLED 的基本结构是由一薄而透明具有半导体特性的铟锡氧化物（ITO），与正极相连，再加上另一个金属阴极，包成如三明治的结构。整个结构层中包括：空穴传输层（HTL）、发光层（EL）与电子传输层（ETL）。当电力供应至适当电压时，正极空穴与阴极电子便会在发光层中结合，产生光子，依其材料特性不同，产生红、绿和蓝三原色，构成基本色彩。

从 OLED 的发光机理可看出，有机发光材料为 OLED 的核心材料。发光材料可分为小分子发光材料和聚合物发光材料。有机小分子发光材料具有化学修饰性强、选择范围广、易于提纯、光谱可控性强、色纯度高等优点。

有机小分子电致发光材料的研究近年来取得了较大的进步，出现了一系列性能优良的材料。在有机分子体系中引入硼元素，设计并合成三配位和四配位的有机硼化合物近年来吸引了科研工作者的研究兴趣。B 为ⅢA 族元素，价电子构型为 $2s^2 2p^1$，价电子 3 个。硼原子的价电子数＜价层轨道数，因此它是缺电子原子，而硼元素的缺电子性质常常可以给体系带来意想不到的性能。相比于三配位硼化物，四配位硼化合物通常具有较高的化学稳定性，最为知名的四配位硼化合物是氟硼二吡咯（BODIPY）类染料。目前四配位硼螯合物包括 N、N—B、N、O—B、N、C—B、C、C—B、O、O—B 等螯合物。

然而迄今报道的用于电致发光器件的四配位硼化合物中，绝大多数在溶液中及固态下的发光效率都不高。因此，开发高效率的硼化合物是一个挑战，相关的研究工作也显得至关重要。另一方面，量子化学模拟方法已经逐渐成为一种可靠的表征手段。利用量子化学方法可以得到实验上所无法获得的有用信息，如激发态性质以及光谱的指认等。建立合理的理论模型，运用传统的量子化学方法计算电子结构和性质，进而可设计具有理想性能的有机光电分子，将为光电器件如有机电致发光二极管、太阳能电池的设计与改进提供有益的支持。基于这种思路，我们选取几种 2′－羟基查耳酮的 BF_2 化合物作为研究体系，使用密度泛函理论方法计算化合物的基态结构、电子结构、光谱性质，系统分析这类配合物的光电性质，为这类有机光电材料的设计和应用提供理论参考，如图 40.1 所示。

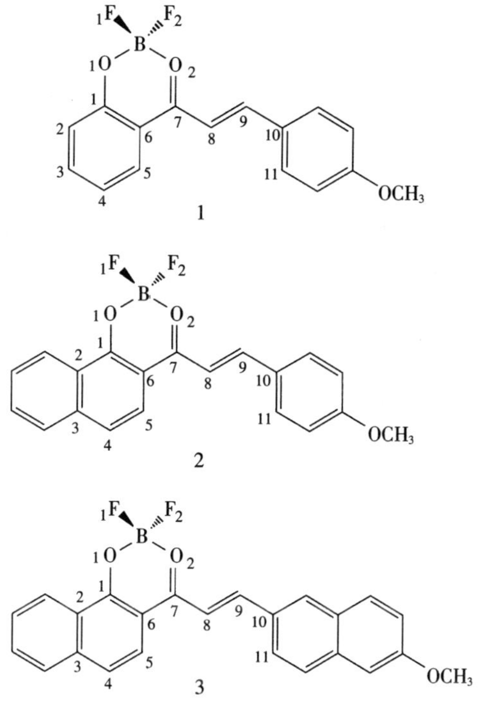

图 40.1　研究体系分子结构示例

二、实验目的

1. 了解 Chemoffice 和 Origin 等软件的基本操作。
2. 理解理论计算的基本流程。
3. 掌握理论建模的基本方法及所用软件的使用与操作方法。

三、主要软件

1. 理论建模

Gaussian View 或 Molden。

2. 计算软件

Gaussian。

3. 结果处理软件

Chemoffice、Origin、Gaussian View、Gauss Sum。

四、计算内容及步骤

1. 基态构型优化

选用 B3LYP 泛函和 6－31G(d)基组首先对化合物 1、2、3 的基态结构进行优化，之后使用相同的泛函和基组进行频率计算，以确认计算得到的几何位于全局能量最低点。

2. 第一单重激发态构型优化

在基态几何优化的基础上，使用 TD－DFT 方法 B3LYP/6－31G(d)水平对最低激发单重态(S_1)结构进行优化，并分别用同样的方法计算激发态的频率。所有的计算步骤下都没有采用结构对称限制。

3. 光谱计算

在优化好的基态和激发态构型的基础上，使用 TD－DFT 方法 B3LYP/6－31G(d)水平计算化合物的吸收和发射光谱，并在光谱计算时使用连续介质模型 PCM 模拟 CH_2Cl_2 的溶剂化效应。

4. 结果处理

对所计算的结果进行处理，计算出最高占据轨道(HOMO)和最低空轨道(LUMO)能级水平并绘出其布局，绘出吸收和发射光谱。

五、思考题

1. 给电子基团和吸电子基团如何影响这类物质的光谱性质？
2. 如何提高计算结果的准确性？

（靳俊玲供稿）

实验41 含B—N多环芳烃反应活性的理论研究

——理论计算与结果处理实验

(6课时 适用于材料科学与工程、化学、应用化学专业)

一、相关知识

近年来,在有机场效应晶体管、荧光探针、非线性光学材料以及有机电致发光二极管领域中,有机共轭低聚物一直被广泛应用,这类分子因具有结构多样性、可设计性、可调控的光物理性质等优点而备受研究人员的青睐,成为一类重要的光电材料。其中,含硼有机光电材料越来越得到广泛关注。在有机硼化学近200年的发展历史中,Berzelius于1824年注意到了三氯化硼和乙醇混合时竟然发出了与乙醚相类似的气味。20世纪中叶,在有机合成及材料研究领域,硼氢化物还原试剂、含硼火箭燃料、含硼耐热高分子等领域的研究,加快了其发展的步伐。值得注意的是,在过去的50年中,有机硼化学深深地影响了化学研究和化学工业,不断拓展它的应用领域。

近年来,化学家们的目光投向了有π共轭体系的具有独特性能的有机硼发光化合物。有机共轭分子材料的发展在很大程度上决定了有机电子学和光电子学的发展。其中,B—N共轭分子由于其特殊的刚性平面结构,从而带来高热稳定性和高载流子迁移率等优良特性,在有机发光二极管、场效应晶体管、太阳能电池、生物与化学、传感电致发光器件、光伏器件等方面得到广泛的应用。

最近几年,科研人员一直致力于研究和设计具有新颖性质的三配位有机硼化物。例如,Yamaguchi等人最近证实了三苯基硼化物可以作为有效的荧光传感器;Shirota、Wang、Jäkle等人在三苯基硼化物发光材料方面也开展了广泛的研究,并且已经证明了三苯基硼化物在发光以及电子传输方面的潜在应用价值。近年来,含硼共轭化合物已被证实是一类高效率有机发光固体,同时具有良好的电子迁移率,可以作为发光材料和电子传输材料提高电致发光器件的性能。在含硼的共轭体系中,硼基团通过与Lewis碱原子的配位进入共轭骨架,形成并环结构,并环刚性的共轭骨架可以提高材料发光效率和电子传输能力。

由于硼的配位反应易于进行,硼桥联梯形分子性能优越,分子设计简单多样,掺杂硼原子的有机共轭材料是一类很有发展前景的新型有机光电材料。在这方面,引入缺电子的硼元素到有机共轭结构中是最首选的策略之一,并且最近合成了很有应用潜力的OLED材料和非线性光学材料。在三配位硼化合物中,硼原子的空p轨道为化合物带来了很多独特的性质:① B原子的p轨道与π体系的π^*轨道形成p—π^*共轭,降低了体系的LUMO能级;② 化合物具有Lewis酸性,空p轨道容易接受Lewis碱(如氟离子)的孤对电子打破p—π^*

共轭从而引起体系光电性能的变化；③ 为了保证三配位硼化合物的稳定性，经常通过在硼原子上引入大空阻取代基以保护空的 p 轨道不受其他亲核基团的进攻，因此硼取代基在结构中会表现出大位阻效应。根据这些特点，将三配位硼体系引入到 π 体系的不同位置或不同的电子结构中，可以得到具有独特光电性能的有机光电材料，包括发光材料、电子传输材料、非线性光学材料、化学传感材料等。

缺电子的三配位硼中心常常需要通过使用大的取代基如苯、2，4，6—Trimethylphenyl 等基团进行保护，以免受外来亲核试剂的攻击。近年来，一类新型的平面化三配位硼化物吸引了人们的研究兴趣，这类化合物中三配位硼原子完全裸露在外，没有体积较大的基团进行保护。另一方面，量子化学计算可从分子水平揭示物质的各种性质，在协助新材料设计和揭示化学和物理性质的根源方面已经成为一种重要研究手段。因此本实验中，我们选取 4 种典型的含硼多环芳烃，研究含 B—N 键的多环芳烃的反应活性。我们将结合密度泛函理论（DFT）方法系统研究这 4 种化合物的几何和电子结构、轨道特征、内重组能、福井谦一函数等性质，建立这类物质的结构—性质关系，为这类有机光电材料的设计和应用提供理论参考，如图 41.1 所示。

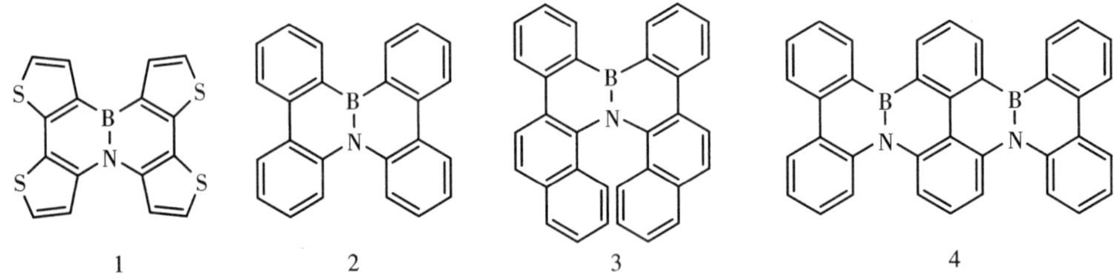

图 41.1 研究体系分子结构示例

二、实验目的

1. 了解 Chemoffice 和 Origin 等软件的基本操作。
2. 理解理论计算的基本流程。
3. 掌握理论建模的基本方法及所用软件的使用与操作方法。

三、主要软件

1. 理论建模

Gaussian View 或 Molden。

2. 计算软件

Gaussian、Multiwfn。

3. 结果处理软件

Chemoffice、Origin、Gaussian View。

四、计算内容及步骤

1. 基态构型优化

选用 B3LYP 泛函 6－31＋G(d，p)基组首先对化合物 1、2、3、4 的基态结构（分子结构如图 41.1 所示）进行优化，之后使用相同的泛函和基组进行频率计算，以确认计算得到的几何位于全局能量最低点。

2. 第一单重激发态构型优化

在基态几何优化的基础上，使用 TD－DFT 方法 B3LYP/6－31＋G(d,p)水平对最低激发单重态(S_1)结构进行优化，并分别用同样的方法计算激发态的频率。所有的计算步骤下都没有采用结构对称限制。

3. 光谱计算

为了研究它们的反应活性，在优化好的基态构型基础上，结合概念密度泛函理论方法使用 B3LYP/6－31＋G(d,p)水平计算这类物质的福井谦一函数。另外，使用 B3LYP/6－31＋G(d,p)水平计算这 4 种化合物的内重组，对它们的反应活性予以交叉论证以及对传输性能进行定性判断。

4. 结果处理

对所计算的结果进行处理，计算出最高占据轨道(HOMO)和最低空轨道(LUMO)能级水平并绘出其布局，并绘出福井谦一函数布局图。

五、思考题

1. 如何使用福井谦一函数判断物质的反应活性？
2. 查阅资料，思考前线分子轨道与福井谦一函数的相关性。

（靳俊玲供稿）

实验 42　聚酰亚胺纳米纤维的制备与性能研究

（6 课时 适用于材料科学与工程专业）

一、相关知识

静电纺丝是一种利用液态流体表面积累的静电荷间的相互排斥力和高压静电场拉伸力制备纳米尺度长丝的技术，是目前唯一一种制备纳米尺度连续长丝的简单高效的纺丝方法。从 1934 年第一篇关于电纺丝技术的专利算起，至今电纺丝的历史已经将近 80 个年头。直到 20 世纪 90 年代初，电纺丝技术在人们的观念中长期以一种理论形式存在，关于静电纺丝的报道在其诞生的近 60 年间屈指可数，该技术没有得到应有的重视和发展。20 世纪 90 年代初，通过世界上几个研究小组，尤其是 University of Akron 的 Darrell H Reneker 研究小组的努力，证明电纺丝技术可以制备多种聚合物纳米纤维，并掀起了一轮电纺丝研究的高潮。电纺法制备的聚合物纤维直径一般分布在数个至数千个纳米，因此电纺产品与传统纺丝产品相比，具有超高的比表面积和超高的长径比。通过调节电纺参数（电场强度、纺丝液黏度、溶剂特性等）或改换电纺方法，可以实现对纺丝形貌的控制。

静电纺丝不只是单单制备一维实心纤维的方法，经过全球多个课题组的潜心研究，目前，人们已经可以分别制备出类似珍珠项链的珠串结构微纳米纤维（Beads－in－Wire Structure）、中空的管状结构微纳米纤维（Hollow Interior Structure）、高孔隙率的多孔微纳米纤维（Highly Porous Fiber Structure）、蜈蚣状的接枝微纳米纤维（Grafted Ffiber Structure）、管线复合结构微纳米纤维（Wire－in－Tube Structure）、多孔道仿生微纳米纤维（Multi－Channel Nanotube）。不仅如此，采用电纺丝技术还可以制备具有中空结构的微纳米颗粒和小球。这些通过电纺制备的具有特殊微纳结构的纤维或者颗粒，在智能织物、生物组织工程、医药、催化、微反应器、表面浸润性等方面均有重要应用价值。

聚酰亚胺(PI)是指分子结构中含有环状酰亚胺基团的高分子材料，主要通过两步法制备，由芳香族四羧酸二酐与二胺为原料，经缩合聚合并经过高温或者化学亚胺化合成。具有代表性的 PI 材料是由美国 DuPont 公司于 1960 年开发成功、1965 年商业化的二苯醚型 PI——Kapton。其色泽金黄，机械强度高且耐高温，不溶于有机溶剂，不熔融。在经过市场 50 多年的检验后，Kapton 仍然是一种在耐热性塑料中保持领先地位的材料。从 Kapton 开始，一系列芳香族 PI 材料陆续研发成功并投放于市场。PI 能够受到市场青睐的原因主要在于 PI 出色的综合性能。PI 具有出色的耐高/低温特性、优异的机械性能、电学性能和较好生物相容性。除此之外，PI 宽广的分子设计窗口也是保证其快速发展的重要原因，通过改变芳香二酸酐与二胺的结构，目前可以制备具有可溶性、热可塑性以及具有各种功能的 PI 材料。经过多年的基础与应用研究，PI 材料广泛应用于航空、航天、电气、电子、生物领域并表现出强劲的发展势头。

1996 年，Reneker 首次谈及可利用电纺技术制备 PI 纳米纤维丝，2003 年 Nah 等人第一次较为详尽地叙述了利用电纺丝技术制备 PI 纤维的方法，宣告了 PI 超细纤维的成功制备。当一种综合性能优异的高性能聚合物材料遇上一种便捷高效、变化多端的纳米纤维材料制备手段，两者结合产生了一系列既有科研价值又有工业应用价值的成果。

二、实验目的

1. 掌握静电纺丝工艺原理；
2. 了解聚酰亚胺高分子材料性质；
3. 熟悉静电纺丝法制备非织造布的一般工艺；
4. 熟悉工艺参数对纺丝液静电纺丝性能的影响。

三、实验原理

静电纺丝法是聚合物溶液或熔体在高压静电场下克服表面张力而产生带电喷射流，借助静电作用对射流体进行喷射拉伸，溶液在喷射过程中干燥、固化，最终落在接收装置上形成纤维毡或者其他形状的纤维。采用静电纺丝技术制得的纤维直径一般在数十纳米到数百纳米之间，且具有连续性的结构。静电纺丝装置一般由注射器（挤出泵）、喷丝头、高压静电发生器和接收装置四部分组成。

四、实验器材

1. 主要试剂

均苯四甲酸酐（PMDA）、4，4′—二氨基二苯醚（ODA）、N，N—二甲基乙酰胺（DMAc）。

2. 主要仪器

静电纺丝仪、乌氏黏度计、热扫描电镜（SEM）。

五、实验内容及步骤

1. 聚酰胺酸的合成

在 10 ℃以下，按照二酐/二胺等摩尔比例称重，先将二胺加入到 250 mL 的三口瓶中，加入适量 DMF，使反应完成后的固含量为 16wt%、18wt%、20wt%和 22wt%，通入氮气进行保护，二胺全部溶解后，将二酐分多次逐步加入到溶液中，同时进行搅拌，加料时间控制在 1～2 h。从开始加入二酐进行计时，反应 5～6 h 后，最终得到澄清透明的黄色黏稠状的聚酰胺酸溶液，确定了最佳浓度后再进行其他实验。

2. 聚酰胺酸纳米纤维的制备

将配制得到的聚酰胺酸溶液装到 20 mL 的注射器中，注射器装配上 12＃、15 cm 的金属针头，将注射器固定于高压静电纺丝装置上，金属针头与高压电源的一极相连。在接收板上覆上一层铝箔，接收板与高压电源的另一极相连。通过不同的纺丝工艺参数进行纺丝，时间约为 6 h。

3. 聚酰亚胺纳米纤维的制备

采用热酰亚胺化方法在 350 ℃下对聚酰胺酸薄膜进行亚胺化，热处理氛围为空气，升温方式为阶段式升温，升温速率为 2 ℃/min，热酰亚胺化的具体步骤是首先加热到 80 ℃时停留 1 h，然后加热到 160 ℃时停留 1 h，然后加热到 250 ℃时再停留 1 h，然后加热到 300 ℃时再停留 30 min，最后加热到 350 ℃时停留 30 min 以完成亚胺化。

4. 测试与表征

利用扫描电镜对纳米纤维膜的表面形貌进行表征，分析纤维表面形态和直径均匀度。

六、实验结果与讨论

1. 溶液浓度对纤维形貌的影响；
2. 纺丝距离对纤维形貌的影响；
3. 纺丝电压对纤维形貌的影响；
4. 纺丝流量对纤维形貌的影响。

七、思考题

1. 聚酰亚胺纳米纤维的特点有哪些？
2. 如何控制聚酰亚胺纳米纤维的性能？
3. 聚酰亚胺纳米纤维有哪些用途？

（丁祥供稿）

实验 43　粉煤灰制备 4A 沸石分子筛的研究

（12 课时 适用于材料科学与工程、应用化学专业）

一、相关知识

粉煤灰是以煤粉为燃料的火力发电厂排放的固体废物，我国每年排放近亿吨粉煤灰，目前粉煤灰的利用率仅为 50%左右。粉煤灰会严重污染环境，给人类的生活、动植物的生长等造成严重的危害，因此粉煤灰的处置和利用问题一直为人们所关注。

沸石分子筛是一种结晶铝硅酸盐，具有比表面积大、水热稳定性高、微孔丰富均一等性能。利用粉煤灰的主要成分铝硅酸盐为原料添加一定量的其他物质可合成沸石分子筛。沸石分子筛广泛用作吸附剂、催化剂、各种载体、填料等。4A 型沸石分子筛由于对钙离子具有良好的交换性能，已被广泛用于洗涤剂中替代含磷洗涤助剂三聚磷酸钠，成为无磷洗涤剂的主要助洗剂。

二、实验目的

1. 了解粉煤灰的性质及危害；
2. 熟悉沸石分子筛的特点及应用；
3. 掌握粉煤灰合成 4A 沸石分子筛的原理及工艺；
4. 掌握 4A 沸石分子筛品质检测原理与方法。

三、实验原理

1. 沸石的水热合成

利用粉煤灰合成 4A 沸石分子筛，所用的化学原料主要有碳酸钠、氢氧化钠、氢氧化铝等。按比例加入原料，准确控制合成温度与时间，经过老化、晶化，再经过分离、水洗、干燥就可以得到 4A 沸石产品，其工艺流程如图 43.1 所示。

2. 钙离子交换量的测定

4A 沸石中的 Na^+ 可被 Ca^{2+} 置换，将定量的 Ca^{2+} 溶液与 4A 沸石在一定的控制条件下充分反应，剩余的 Ca^{2+} 以 EDTA－Cu－PAN 指示剂指示，Ca^{2+} 与 EDTA－Cu－PAN 指示剂生成紫红色络合物，以 EDTA 溶液滴定此溶液时，当溶液中钙离子全部被 EDTA 络合后，原来与指示剂络合的 Ca^{2+} 逐渐被 EDTA 夺取，游离出 EDTA－Cu－PAN 指示剂，溶液呈指示剂本身的亮黄色，即表示到达终点。根据消耗的 EDTA 标准液的体积测出剩余钙离子的量，从而计算出沸石的钙离子交换能力（参考 GB/T1768－2003）。

3. 相对结晶度的测定

使用 X 射线衍射仪测定衍射强度，以晶化完全的 4A 沸石样品作为结晶度 100% 的标样。取每一样品 XRD 谱的(100)、(110)、(111)、(210)、(410)五个特征衍射峰高的总和与标样相比较，得出该样品 4A 沸石的相对结晶度(%)。

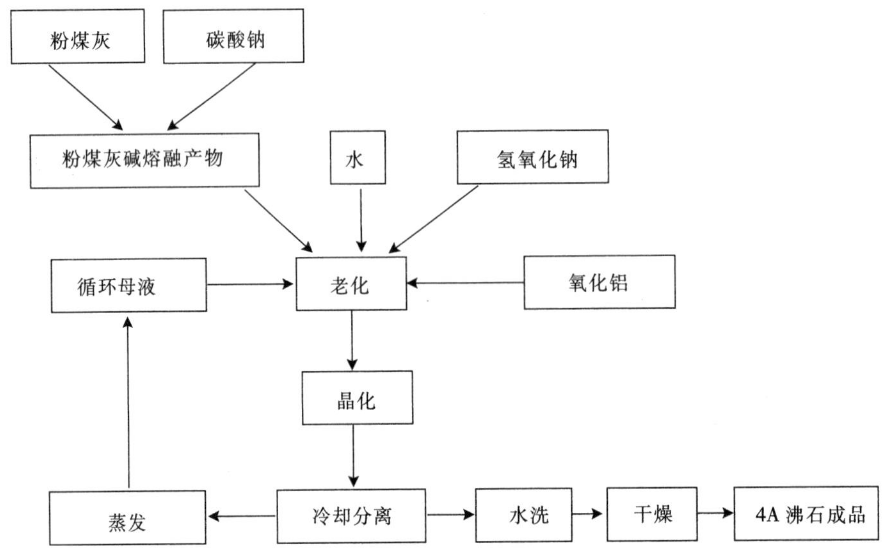

图 43.1　沸石的合成工艺流程

四、实验器材

1. 主要原材料

粉煤灰、无水碳酸钠、固体氢氧化钠、固体三氧化二铝、十六烷基三甲基氯化铵。

2. 主要仪器设备

控温电热板、恒温水浴锅、箱式电阻炉、精密电子天平、原子吸收光谱仪、X 射线衍射仪。

五、实验内容及步骤

1. 粉煤灰理化性质测定

(1) 粉煤灰含水量的测定：称取 1 g 粉煤灰，精确至 0.000 1 g。在 200 ℃下烘干 1.5 h，冷却，称重。重复操作，直至恒重。计算出粉煤灰含水量。

(2) 粉煤灰灼烧减量测定：称取 1 g 粉煤灰，精确至 0.000 1 g。在 950 ℃下烘干 1 h，冷却，称重。重复操作，直至恒重。计算出粉煤灰灼烧减量。

(3) 粉煤灰主要化学成分分析：称取约 0.50 g 试样置于坩埚中，精确至 0.000 1 g，将盖斜置于坩埚上，留有一定缝隙，在 950～1 000 ℃下灼烧 5 min，取出坩埚冷却至室温。用玻璃棒仔细压碎块状物，加入 0.3 g 无水碳酸钠，混匀。盖上坩埚盖，再置于 950～1 000 ℃的温度下灼烧 10 min，放冷。将烧结块移入 100～150 mL 瓷蒸发皿中，加少量水润湿，盖上表面皿，从皿口加入 5 mL 盐酸(1+1)及 2～3 滴硝酸，待反应停止后，取下表面皿，用平头玻璃棒压碎块状物，使试样充分分解。然后用少量盐酸(1+1)并以胶头扫棒擦洗坩埚内壁数次，洗液倒入蒸发皿中。将蒸发皿置于沸水浴上，在蒸发皿上放一玻璃三脚架，盖上表面皿，蒸发。当蒸发至糊状后，加入 1 g 氯化铵，充分搅拌均匀，在沸水浴上蒸发至干后继续蒸发 10～15 min。取下蒸发皿，加入 10～20 mL 热盐酸(3+97)，搅拌，使可溶性盐酸溶解。用中速滤纸过滤，用胶头扫棒以热水擦洗玻璃棒及蒸发皿，并洗涤沉淀 10～12 次。滤液及洗液保存在 250 mL 容量瓶中，摇匀并定容。

此溶液通过原子吸收可测定其中硅、铁、铝、钙、镁等离子的含量，进而计算出其中的二氧化硅、三氧化二铁、三氧化二铝、氧化钙、氧化镁的百分含量。

测得粉煤灰的理化性质记录于表 43.1 中：

表 43.1　粉煤灰的理化性质

性质	Al_2O_3	SiO_2	Fe_2O_3	CaO	MgO	烧失量	含水量
%							

2. *粉煤灰碱熔融分解产物制备*

称取一定量粉煤灰试样，作为合成反应的原料。按照助剂/灰之比值(摩尔比)为 2，加入 Na_2CO_3，在 800 ℃下焙烧 2 h。待冷却后，用水清洗去除剩余的 Na_2CO_3，得到粉煤灰碱熔融分解产物，作为合成 4A 沸石的原料备用。

3. *4A 沸石分子筛的合成*

称取约一定量粉煤灰碱熔融分解产物(使其中 SiO_2 含量约 0.4 mol)于 1 000 mL 三口瓶中，加入一定量的氧化铝、氢氧化钠及水调节反应液中各物质含量比，各原料物质的量之比为 $n(Na_2O):n(Al_2O_3):n(SiO_2):n(H_2O):n(A)=3:1:2:180:0.1$。其中 A 为阳离子表面活性剂(十六烷基三甲基氯化铵或十八烷基三甲基氯化铵)，搅拌均匀，陈化一定时间后，搅拌加热至晶化温度(100 ℃)，定时(60、120、180、240 min)抽取 100 mL 反应液，经过滤、水洗去除剩余的 NaOH(PH≈10)后，在 110 ℃下干燥 12 h，得到 4A 沸石晶体粉末。

4. *沸石样品的品质检测*

分别测定各沸石样品的钙离子交换量和相对结晶度，记录于表 43.2 中：

表 43.2　沸石样品的钙离子交换量和相对结晶度

结晶时间(min)	60	120	180	240
钙离子交换量(mg/g)				
相对结晶度(%)				

六、思考题

1. 粉煤灰的化学成分主要有什么？
2. 粉煤灰的碱熔融分解产物可能含有哪些成分？
3. 4A 沸石的钙离子交换量、相对结晶度随结晶时间延长会有什么变化，为什么？

(陈远道供稿)

实验 44　常压盐溶液法制备 α-半水石膏

（12 课时 适用于材料科学与工程、应用化学专业）

一、相关知识

目前国内燃煤电厂二氧化硫污染防治的主体技术是湿式“石灰石/石膏法”，脱硫石膏的产量将随着烟气脱硫装置的建设和投运而快速增长。脱硫石膏若得不到合理利用，已经并将进一步成为继二氧化硫、氮氧化物之后的又一大污染源。这种转换了形态的污染源含有重金属、酸性氧化物、有机污染物等化学物质，分解的石膏粉末被风带入空气中形成悬浮颗粒，经雨水冲刷流入农田，渗入土壤，污染地表水和地下水，会严重损害接触者的健康。脱硫石膏如果得不到充分合理的利用，不仅要占用大量土地堆放，对地下水资源造成污染，成为转化了形式的污染源——固体废弃物再次污染环境，陷入治污又生污的恶性循环。

针对我国湿式石灰石/石膏烟气脱硫技术产生大量废弃石膏的问题，开发新工艺，即利用电厂烟气脱硫产生的废石膏生产高强度 α-半水石膏，变废为宝，从而提高电厂及固体废弃物处理企业的综合效益。这不但有助于解决烟气脱硫石膏的二次污染问题，而且增加了烟气脱硫石膏资源化应用的可行性，这对于加快我国循环经济发展、建设资源节约型社会具有重要意义。

二、实验目的

1. 了解脱硫石膏的来源、特征及危害；
2. 熟悉 α-半水石膏的特点及常用制备方法；
3. 掌握常压盐溶液法制备 α-半水石膏的原理及工艺；
4. 掌握 α-半水石膏品质检测原理与方法。

三、实验原理

1. 常压盐溶液法制备 α-半水石膏

半水石膏为二水石膏脱去 1.5 个结晶水而形成的产物，其反应式为：

$$CaSO_4 \cdot 2H_2O = CaSO_4 \cdot 0.5H_2O + 1.5H_2O$$

根据二水石膏脱水条件的不同，可以得到 α-半水石膏和 β-半水石膏两种不同的变体，虽然它们都属于三方晶系，但其硬化体的各项性能却有明显的差异，α-半水石膏为短柱状结晶，具有较高的强度。生产 α-半水石膏的方法主要有蒸压法、水热法、折中法、常压盐溶液法。

常压盐溶液法是近二十多年发展起来的生产 α-半水石膏的新工艺，该法将磨细的二水石膏置于盐类溶液中煮沸一定时间后，进行过滤、洗涤、干燥，不需压力容器。在此种工艺中，适当的媒晶剂及添加方法是影响 α-半水石膏品质的重要因素。

2. 偏光显微镜观察结晶形态

偏光显微镜(Polarizingmicroscope)是用于研究透明与不透明各向异性材料的一种显微镜。主要特点是将普通光改变为偏振光进行镜检的方法,以鉴别某一物质是单折射(各向同性)或双折射性(各向异性)。双折射性是晶体的基本特性。因此,偏光显微镜被广泛地应用在矿物、化学等领域,在生物学和植物学也有应用。

两种半水石膏晶体在镜下的不同形态:

(1) α-半水石膏晶体

这种熟石膏是在饱和水蒸气中,或者在水溶液中烧成的。它是纯净的晶体。这种熟石膏晶体是透明的、双折射的,并且在交叉的偏光显微镜里可以观察到它的晶体颗粒。

(2) β-半水石膏晶体

这种熟石膏主要是干法烧成的。它没有清晰的晶体外观,都是圆形的、暗淡的和有条纹的晶体颗粒。

3. 差热分析

物质在受热或冷却过程中,当达到某一温度时,往往会发生熔化、凝固、晶型转变、分解、化合、吸附、脱附等物理或化学变化,并伴随有焓的改变,因而产生热效应,其表现为样品与参比物之间有温度差。记录两者温度差与温度或者时间之间的关系曲线就是差热曲线(DTA 曲线)。凡是在加热(或冷却)过程中,因物理或化学变化而产生吸热或者放热效应的物质,均可以用差热分析法加以鉴定。

对于含吸附水、结晶水或者结构水的物质,在加热过程中失水时,发生吸热作用,在差热曲线上形成吸热峰。

四、实验器材

1. 主要原材料

石膏、氯化钙、氯化钾、氯化镁、硫酸、氨水、丁二酸、丙三醇、硫酸铝钾、无水乙醇。

2. 主要仪器设备

油浴锅、1 000 mL 三口烧瓶、机械搅拌器、pH 计、烘箱、偏光显微镜、马弗炉、综合热分析仪。

五、实验内容及步骤

1. 实验步骤

将 250 mL 一定浓度(15%)的酸溶液(硫酸)加入三口烧瓶中,加入一定量(25 g)的盐(氯化钙),机械搅拌均匀,油浴加热至 40 ℃,加入一定量(50 g 即料浆比 1∶5)的石膏粉末、1.25 g 丁二酸、2.5 g 硫酸铝钾、2.5 g 丙三醇,然后用氨水调节溶液 pH 值(4.0),继续加热至沸腾,每隔 1 h 定时取样,直到反应 8 h。将样品快速过滤,沸水洗涤、无水乙醇固定,送入 80 ℃热风烘箱烘干 2 h,即得产品。在偏光显微镜下对产品进行形貌分析,用热重法对产品进行结晶水含量测定,对产物进行差热分析。

2. 影响 α-半水石膏晶体品质的主要因素研究

本实验主要研究盐的种类及浓度、酸的种类及浓度、石膏料浆比、反应时混合液的 pH 值等因素对 α-半水石膏晶体品质的影响,各影响因素的变化如下。

盐的种类:氯化钙、氯化镁、氯化钾。

盐的浓度:5%、10%、15%、20%。

酸的种类:硝酸、硫酸、盐酸、乙酸。

酸的浓度:5%、10%、15%、20%、25%。

料浆比:1∶3、1∶4、1∶5、1∶6。

反应 pH 值:4.0、6.0、8.0、10.0。

在实验过程中,考查某个因素的影响时,其他因素采用实验步骤中括号中的量。

3. 数据处理

(1) 根据热重分析结果,以含水率为纵坐标,反应时间为横坐标绘制脱水速度曲线。

(2) 对反应 6 h 后的产物用偏光显微镜在 400 倍下观察晶体形态。

(3) 对反应 6 h 后的产物进行差热分析,对产物种类进行定性判断。

六、思考题

1. 脱硫石膏有什么危害?
2. 两种半水石膏晶体在偏光显微镜下的形态各有什么特点?
3. 常压盐溶液法制备 α-半水石膏的原理及影响因素有哪些?

(陈远道供稿)

实验 45　茶叶渣去除水溶液中的 Pb^{2+} 离子

（8 课时 适用于应用化学、化学专业）

一、相关知识

环境中的铅污染物主要来源于电池、纸和纸浆、采矿、铅熔炼和冶金等工业废水。铅对人体健康会造成许多危害，如视觉障碍、痉挛、便秘、贫血、呕吐、恶心、剧烈腹痛以及面瘫等。另外，铅还影响中枢神经系统、末梢神经系统、造血功能、肾功能、消化道、心血管以及生殖系统。因此，饮用及生活用水必须去除铅离子。

去除水溶液中铅离子的方法主要有离子交换、溶剂萃取、膜分离、化学沉淀和吸附等。吸附处理与其他方法相比有许多优点：去除率高，选择性好，无污泥，成本低以及能满足严格的排放标准。近年来，低成本的天然产物吸附剂引起了广泛的研究兴趣。

二、实验目的

1. 了解铅离子的危害及主要去除方法；
2. 熟悉吸附实验的方法及铅离子浓度的测定；
3. 掌握吸附等温线模型及拟合方法；
4. 掌握吸附过程的动力学分析方法。

三、实验原理

1. 铅离子去除率($R\%$)和平衡吸附量(Q_e)

将一定量(m)处理好的吸附剂加入到一定体积(V)、一定浓度(C_i)的铅离子溶液中，在给定温度下振摇一定时间后过滤，采用原子吸收分光光度法测定滤液中的铅离子浓度(C_f)，吸附达到平衡时的铅离子浓度用 C_e 表示。按下式分别计算铅离子去除率($R\%$)和平衡吸附量(Q_e)：

$$R\% = \frac{C_i - C_f}{C_i} \times 100\%$$

$$Q_e = \frac{C_i - C_e}{m} \times V$$

2. 吸附等温线(Adsorption Isotherms)

将平衡吸附数据分别按 Langmuir、Freundlich 和 Tempkin 等温线模型进行非线性拟合。

$$\text{Langmuir:}\ \frac{C_e}{Q_e} = \frac{1}{Q_0 K_L} + \frac{C_e}{Q_0}$$

$$\text{Freundlich:}\ \ln Q_e = \ln K_F + \frac{1}{n}\ln C_e$$

$$\text{Tempkin}: Q_e = B\ln A + B\ln C_e \text{ , } B = \frac{RT}{Z}$$

其中，Q_e为平衡吸附量(mg/g)，C_e为平衡吸附浓度(mg/L)。Q_0和K_L为 Langmuir 常数，分别表示吸附容量和吸附能。K_F和n为 Freundlich 常数，分别表示吸附容量和吸附强度。A,B,Z为 Tempkin 常数，常数Z表示吸附热，R为气体常数，T为绝对温度。

吸附等温线模型的正确性进一步用归一化标准偏差 $\Delta Q(\%)$表示：

$$\Delta Q(\%) = 100 \times \sqrt{\frac{\sum [(Q_e^{exp} - Q_e^{cal})/Q_e^{exp}]^2}{N-1}}$$

其中，"exp"和"cal"分别表示实验和计算值，N为测定次数。

3. 动力学分析(Kinetic Analysis)

动力学分析在废水处理中也非常重要，它描述了溶质的吸附速率，从而为控制吸附时间提供依据。实验时温度、吸附剂用量、振摇速度等保持不变，每间隔一定时间取样测定铅离子浓度，计算吸附量Q和平衡吸附量Q_e，分别用准一级动力学和准二级动力学模型对数据进行拟合。根据回归系数确定动力学模型。

$$\text{准一级动力学模型}: \log(Q_e - Q) = \log Q_e - \frac{k_f t}{2.303}$$

$$\text{准二级动力学模型}: \frac{t}{Q} = \frac{1}{k_s Q_e^2} + \frac{t}{Q_e}$$

其中，Q_e为平衡时的吸附量(mg/g)，Q为吸附时间t时的吸附量(mg/g)，k_f为一级动力学吸附速率常数(min^{-1})，k_s为二级动力学吸附速率常数(g/mg · min)。

四、实验器材

1. 主要原材料

茶叶渣、硫化钠、硝酸铅、硝酸。

2. 主要仪器设备

恒温振荡器、酸度计、原子吸收分光光度计、烘箱、XRD。

五、实验内容及步骤

1. 吸附剂的制备

茶叶渣用沸水充分洗涤以除去残余茶汁，然后在阳光下干燥 8 h，磨碎。将 99.5 g 干燥并磨碎的茶叶渣浸没在尽可能少的蒸馏水(含 0.5 g 的 Na_2S)中，24 h 后进行过滤，滤渣室温下空气中干燥，干燥样品用蒸馏水洗涤数次，直到洗涤液中不含硫离子，然后 110 ℃下干燥 4 h，筛分成为不同粒径的样品，保存在真空干燥器中备用。

2. 吸附实验

将 5 mg/mL 的铅离子溶液 100 mL 置于 250 mL 具塞锥形瓶中，加入 1.5 g 平均粒径约 100 μm 吸附剂，放置于恒温振荡器中，调节温度为 293 K，振摇 15 min，用 Whatman 1 号滤纸过滤，滤液测定最终 pH 值和最终铅子浓度。

考查各因素对吸附的影响：振摇时间(15、30、45、60、75、90 min)，平均粒径(约 100、200、300、400、500 μm)，吸附剂用量(0.5、1.0、1.5、2.0 g/100 mL)，初始铅离子浓度(5、10、15、20

mg/L)，初始 pH 值(1.0、2.0、3.0、4.0、5.0、6.0、7.0)，吸附温度(283、293、303、313、323 K)。

吸附等温线测定时，采用 1.5 g 吸附剂，初始 pH 值 5.0，振摇时间 45 min，初始铅离子浓度(5、10、15、20 mg/L)，吸附温度(283、293、303、313、323 K)。

3. 数据处理

(1) 绘制各影响因素对铅离子去除率影响的曲线图；

(2) 按 Langmuir、Freundlich 和 Tempkin 三种模型拟合吸附等温线；

(3) 分别用准一级动力学和准二级动力学模型进行动力学分析。

六、思考题

1. 去除水溶液中铅离子的方法主要有哪些？
2. 吸附法去除水溶液中铅离子有什么优点？
3. 茶叶渣去除水中铅离子符合哪一种吸附等温线模型？

(陈远道供稿)

实验 46　第一性原理研究锂离子电池正极材料 $LiFe_{1-x}Mn_xPO_4$

（12 课时 适用于材料科学与工程、应用化学专业）

一、相关知识

电动和油电混合动力汽车等高功率电器需要充放电速率快、比容量高和热稳定性优异的能量储存和转化系统。由于能量密度高、循环寿命长，可充电锂离子电池已经成为最具应用前景的高功率储存系统。人们一直在研究开发廉价、安全、稳定、高能量和高功率的锂离子电池正极材料以取代传统的 $LiCoO_2$，1997 年 Padhi 等人提出的 $LiFePO_4$ 基本能满足这些要求，它具有以下优点：价格低廉、安全性能高、毒性低、高电位（3.45 V，VS Li/Li^+）下充放电曲线平坦等，然而其电子、离子导电性均较差。为了改善 $LiFePO_4$ 的导电性，可以采用将其制成纳米粒子、掺杂、包覆导电涂层等方法，其中掺杂可以从本质上改善其导电性能。

正极材料的研究方法通常包括实验和理论技术两种。实验技术主要研究“合成－结构－性能”关系，这种方法要耗费大量的人力、物力和时间，而且效率不是很高。基于求解量子力学和统计力学基本方程的第一性原理理论计算技术可以让我们在合成之前从微观尺度理解材料的物理、化学性质，揭示“结构－性能”关系，从而提高工作效率。

二、实验目的

1. 了解锂离子电池正极材料 $LiFePO_4$ 的优缺点；
2. 熟悉 DFT 方法研究正极材料的原理和方法；
3. 掌握 Castep 软件的操作；
4. 掌握几何结构优化、电化学性质理论计算的方法。

三、实验原理

1. $LiMPO_4$ 的晶体结构

$LiMPO_4$（M＝Fe，Mn）的晶体属于正交晶系，空间群组为 Pnma，具有橄榄石（Olivine）型结构特征：O 原子做六方最紧密堆积，M 原子占据 1/2 八面体位，P 原子占据 1/8 四面体位。单位晶胞中含有 4 个 $LiMPO_4$ 分子式单元（Formular Units）。

2. 几何结构优化与能量计算

第一性原理计算采用密度泛函理论（DFT）方法，能量交换－相关用广义梯度近似形式的 Perdew－Wang 函数（GGA－PW91）处理，引入 Hubbsrd U 参数处理电子极化强相关。平面波截断能量为 380 eV，布里渊区采样使用 Monkhorst－Pack 方法（$2\times4\times5$），总能量计

算收敛标准为 5.0×10^{-7} eV · atom^{-1}。几何结构优化采用 BFGS 算符。

3. 电化学性质计算

正极材料放电时假设发生如下半电池反应：

$$MPO_4 + xLi^+ + xe^- \rightarrow Li_xMPO_4$$

忽略体积和熵效应，嵌锂过程的开路电压(Open Circuit Votage，OCV)可按下式计算：

$$OCV \approx \frac{E(MPO_4) + xE(Li) - E(Li_xMPO_4)}{x}$$

能量密度 E_Ω 和比能量 E_m 按下式计算：

$$E_\Omega = -\frac{\Delta E}{\Omega}, E_m = \frac{\Delta E}{m}$$

Ω 表示一分子式单位反应物和一分子式单位产物的平均体积，m 表示一分子式单位反应物或一分子式单位产物的质量。

四、实验器材

Castep 软件，高性能计算服务器。

五、实验内容及步骤

1. $LiFe_{1-x}Mn_xPO_4$、$Fe_{1-x}Mn_xPO_4$ 几何结构优化与能量计算(x=0，0.25，0.5，0.75，1.0)；
2. OCV，E_Ω 和 E_m 的计算(x=0，0.25，0.5，0.75，1.0)；
3. $LiFe_{1-x}Mn_xPO_4$、$Fe_{1-x}Mn_xPO_4$ 电子态密度计算。

六、思考题

1. 锂离子电池正极材料 $LiFePO_4$ 有什么优点和缺点？
2. Mn 原子掺杂 $LiFePO_4$ 对几何结构有什么影响？
3. Mn 原子掺杂 $LiFePO_4$ 对电子结构和电化学性质有什么影响？

(陈远道供稿)

实验 47　樟树叶果中精提芳樟醇的研究

（8 课时 适用于材料科学与工程、应用化学、化学专业）

一、相关知识

樟树又名香樟(杭州)、木樟、乌樟(四川)、芳樟、番樟、香蕊、樟木子、小叶樟(湖南)，是亚热带常绿阔叶乔木，高度可达 50 m，樟树全株具有樟脑般的清香，可驱虫，是我国珍贵用材树种及芳香植物。樟树所散发出的松油二环烃、樟脑烯、柠檬烃和丁香油酚、芳樟醇等化学物质，具有净化有毒空气的能力及抗癌功效。据分析统计，每百公斤樟树枝叶可以提取樟脑油 2～3 kg。樟脑油可进一步分离出樟脑与樟脑精油，均是重要化工及医药原料，国内外市场日益走俏。樟脑精油又称挥发油或芳香油，主要成分包括芳樟醇、樟脑、1,8－桉叶油素、龙脑、异橙花叔醇和黄樟油素等。

芳樟醇是樟树叶果精油的主要成分，又称沉香醇、里那醇，分子式 I_0，芳樟醇的结构式：

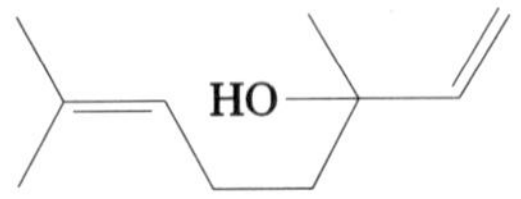

HO

芳樟醇分子量 154.25，沸点 198 ℃，闪点 78 ℃，比重(25 ℃/25 ℃)0.858～0.875，折光率 1.4600～1.4640。芳樟醇为一种具有较高价值的香料原料，具有浓青带甜的木青气息，似玫瑰木。其香气柔和，轻扬透发，不甚持久。它是一种无色或淡黄色透明液体，是生产维生素 E 和维生素 A 的主要原料，同时也是重要的高级香料。此外，芳樟醇在医药中用来止咳、平喘、发汗、解表、祛痰、祛风、镇痛、抑菌和杀寄生虫等；也可用于合成抗癌药——西松内酯类化合物的中间体(DOPS)。

二、实验目的

1. 从樟树叶果中通过改进后的水蒸气蒸馏方法提取芳樟醇；

2. 运用已掌握化学知识与技能，设计实验方案，创新从樟树叶果中通过改进后的水蒸气蒸馏方法提取芳樟醇的实验方法，为以樟树叶果为原料提取芳樟醇提供科学依据。

三、实验原理

1. 根据背景介绍相关知识，查阅相关文献资料，依据芳樟醇的化学结构与性质进行分离提纯实验；

2. 可根据单因素水平实验或正交实验法，探讨最佳实验条件。

四、实验器材

1. 主要仪器

电热干燥箱、控温型电热套、高速组织捣碎机、电子天平、气相色谱仪、圆盘旋光仪、阿贝折光仪、紫外分光光度计、常规玻璃仪器等。

2. 主要试剂与材料

石油醚、无水乙醇、乙醚、丙酮、蒸馏水、芳樟醇标样，樟树鲜叶、果实等。

五、实验内容与步骤(提示)

首先设计实验方案，交指导教师批阅。实验方案设计示例，如图 47.1 所示。

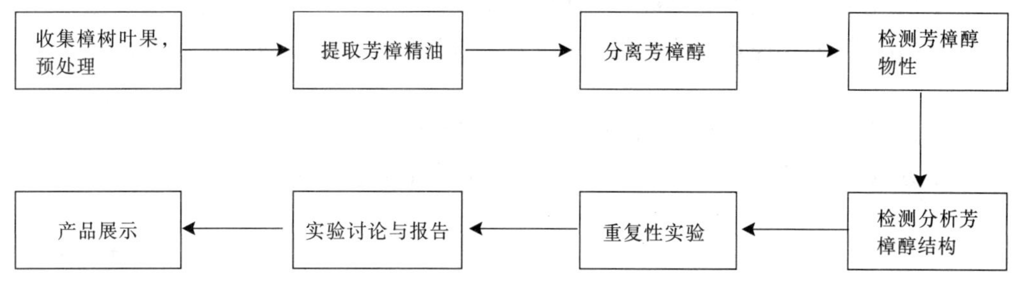

图 47.1　实验方案设计示例

六、实验结果与讨论

1. 芳樟醇提取分离条件的讨论与选择；
2. 芳樟醇物性检测结果与分析；
3. 芳樟醇结构表征结果与分析。

七、思考题

1. 你所了解的从天然植物中提取有机物有哪些方法和手段？
2. 如何分析和表征芳樟醇的化学结构？
3. 如何利用芳樟醇的物性来提纯它？

附录 13　参考文献

1. 王星.从樟树枝叶中提取樟脑油[J].现代日用科学.2002,3.

2. 史娟.香樟叶中精油的提取[J].江苏调味副食品,2011,28(2).

3. 张国防等.福建樟树叶油的化学成分及其含量分析[J].植物资源与环境学报,2006,4:69—70.

4. 刘亚,李茂昌.香樟树叶挥发油的化学成分研究[J].分析实验室.2008,27(1):88—89.

5. 王方敏等.气相色谱法测定千年健中芳樟醇的含量[J].中成药业.2006,7,28(7).

（陈贞干供稿）

实验 48　PVA 接枝淀粉改性纺织浆料

（8 课时 适用于材料科学与工程、应用化学专业）

一、相关知识

在纺织业中需要用到浆料浆纱，以提高纱线强度、韧度及布面光滑平整度。目前所使用的浆料黏合剂主要有三大类，分别是淀粉与变性淀粉类、聚乙烯醇（PVA）类和聚丙烯酸酯类浆料。PVA 浆料在成膜能力和浆膜性能上都很值得一提，聚乙烯醇（简称 PVA）外观为白色粉末，是一种用途相当广泛的水溶性高分子聚合物，性能介于塑料和橡胶之间。PVA 溶于水，水温越高则溶解度越大。黏接性 PVA 与亲水性的纤维素有很好的黏接力，而正是 PVA 的化学性质使其具有良好的上浆性能。相较其他浆料而言，PVA 浆料具有明显的优势，因此在纺织企业中使用量很大。PVA 浆料具有浆液黏度稳定、不易腐败、黏着力强、成膜性好、浆膜强度较大、弹性、伸长、耐磨性和耐屈曲性好等优点，使其一直被广泛地用作上浆的三大主浆料之一。但它也有不少缺点。PVA 浆料的主要缺点是易结皮，易起泡，退浆困难，完全醇解 PVA 水溶性差，因此，在上浆工程的应用受到一定限制，也带来了操作上的许多困难。同时 PVA 对环境有极大的污染力，其很难被生物降解，PVA 在自然环境下需近三年的时间才可以降解，这显然不符合绿色化学和环境保护的理念。

为了解决 PVA 的污染问题，必须开发出替代 PVA 的新型浆料。接枝变性淀粉浆料有着优良的上浆性能和生物降解性，是替代 PVA 的适宜浆料。目前接枝变性淀粉浆料的研究进展缓慢，还处于探索研究阶段，普遍存在接枝率偏低、生产工艺流程复杂、成本高、性能不完善等缺陷，以致替代 PVA 的程度有限。

二、实验目的

1. 将淀粉接枝到 PVA 上，以提高 PVA 的降解性能，同时提高浆纱性能；

2. 运用已掌握的化学知识与技能，设计实验方案，创新 PVA 接枝淀粉改性纺织浆料的制备方法。

三、实验原理

1. 根据 PVA（聚乙烯醇）与淀粉（多糖）的结构特征，要使 PVA 上接枝淀粉，一可氧化淀粉断链成酸，二可用有效催化剂，使淀粉或变性淀粉接到 PVA 上；

2. 根据现代分析仪器表征产物，探讨产物结构；

3. 接枝产物与单纯 PVA、淀粉比较，探讨上浆、退浆、降解性能。

四、实验器材

1. 主要仪器

恒温反应皿，强力电动搅拌机（上海标本模型厂），CS501 型超级恒温水浴锅，恒温烘箱，红外光谱仪，扫描电子显微镜，常规玻璃仪器等。

2. 主要试剂与材料

玉米淀粉、聚乙烯醇（1799）、乙醚、丙酮、蒸馏水、过硫酸铵（NPS）、硫酸铈铵、二甲基亚砜、硝酸、盐酸、氢氧化钠等。

五、实验内容与步骤（提示）

首先设计实验方案，交指导教师批阅。实验方案设计示例，如图 48.1 所示。

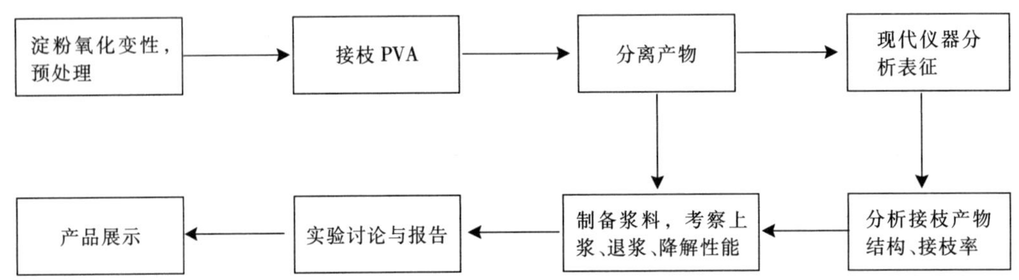

图 48.1 实验方案设计示例

六、实验结果与讨论

1. PVA 接枝淀粉实验条件的讨论与选择；
2. PVA 接枝淀粉产物结构与接枝率分析；
3. PVA 接枝淀粉作为纺织浆料的上浆、退浆、降解性能分析。

七、思考题

1. 请查阅文献，看看淀粉能接枝哪些类有机单体化合物？
2. 从哪几个方面考察浆料的上浆性能？
3. 还可通过哪些浆料助剂提高或改变上浆性能？

附录 14　参考文献

1. 董延茂，路建美，鲍治宇. 淀粉接枝聚合物的合成与性能研究[J]. 哈尔滨工业大学学报. 2004，36(9)：2.

2. 张斌，周永元. 替代 PVA 的接枝变性淀粉的研究[J]. 东华大学学报. 2005，31(6)：86—89.

3. 张晓东，李文英. 接枝玉米淀粉浆料的制备与性能研究[J]. 棉纺织技术. 2002，30(9)：25—2.

4. O S Lawal，K O Adebowale，B M Ogunsanwo，L L Barba and N S Ilo. Oxidized and acid thinned starch derivatives of hybrid maize：functional characteristics，wide—angle X—ray diffractometry and thermal properties[J]. International Journal of Biological Macromolecules，Volume 35，Issues 1—2，March 2005，Pages 71—79.

5. 张培娜，黄发荣. 改性脂肪族聚酯的生物降解性研究[J]. 华东理工大学学报，2001，27(1)：64—67.

（陈贞干供稿）

实验 49　聚甲基丙烯酸接枝淀粉浆料的研制

（8 课时　适用于材料科学与工程、应用化学专业）

一、相关知识

天然淀粉的资源丰富、价格低廉，很早就已作为经纱浆料，但由于受品种、土壤、气候、提取技术及方法等众多因素的影响，它的质量不稳定；又因为淀粉大分子本身的结构而使其不能符合众多纤维纱上浆的要求，应用受到许多限制。主要原因是：一般使用的天然淀粉在约4%这样低的浓度，经糊化后已成为十分黏稠的浆液，若冷却至室温便成为可塑性的凝胶；在稍高的浓度5%～10%成为半固态的胶，更高的浓度糊化操作相当困难，不适用于纺织工业浆纱工艺；天然淀粉糊生成的膜粗糙而脆，也不利于织造。

为适应现代高速浆纱机运行，要求浆液在较高浓度时有一定的流动性，即在经纱需要的强力下，要求浆液黏度低而稳定，浸透力强，具有良好的浆膜性能以保证织造效率，还要求易于退浆等。为了克服原淀粉存在的缺点，使淀粉的性能更好发挥，尤其是淀粉的生物可降解的特性，并为进一步适应疏水性纤维上浆的要求，人们对原淀粉进行了一系列的变性，使淀粉资源得了较充分的应用。现在它已在纺织工业、食品工业、造纸、医药等部门中成为不可缺少的原材料。

第一代变性淀粉：这类变性淀粉在变性过程中，淀粉大分子的聚合度发生了改变。这类淀粉又称作低黏度变性淀粉，即淀粉经变性后降低了糊的黏度而又基本保持淀粉分子的结构及其性质。淀粉通过低黏度化的理化作用产生相应的变性效果，主要为：① 削弱或破坏了淀粉的颗粒结构，溶胀作用大为减少；② 分子的结晶结构发生了一定的变化，如分子的重聚、重排、产生羰基等，改变了糊及凝胶的性质；③ 糖甙键的断裂造成分子量降低等。由此，它的主要特点是易于糊化，糊黏度比天然淀粉要低得多，流动性、浸透性及稳定性均好，胶黏力强，成膜性和膜的性能大为提高。主要包括酸变性淀粉、糊精和氧化淀粉。

第二代变性淀粉：这类淀粉经变性后，或强化了淀粉大分子间的联结，或主要在淀粉大分子上引入化学基团或低分子化合物。这类变性淀粉的研究虽也开始于20世纪末，但较系统的研究是在本世纪初，在20世纪40～50年代开始有工业性应用，我国主要在20世纪30年代初进行研究并逐步在纺织工业上应用。

第三代淀粉：大多是按自由基反应机理进行。首先是以一定的方式在淀粉大分子链上形成自由基。淀粉自由基随即引发烯类单体与它进行接枝共聚，从而在淀粉大分子链上形成具有一定聚合度的接枝支链。淀粉可与许多烯类单体接枝共聚，可形成疏水性单体接枝淀粉及亲水性单体接枝淀粉。接枝淀粉的接枝单体有许多，如丙烯酸、丙烯酸酯、丙烯酰胺、醋酸乙烯酯、苯乙烯、丁二烯、氨基取代单体等烯类单体。同时，淀粉可以与一种单体形成接枝支链，也可以与两种及以上单体接枝。因此，根据需要，选择不同性能、不同配伍、不同数量、不同比例的接枝单体，就可获得具有不同性能的接枝淀粉。接枝淀粉上的酯类支链对涤纶纤维具有良好的黏附性能，接枝淀粉中的淀粉部分的羟基对棉、黏胶、麻类纤维也具有良好的黏附性。因此，接枝淀粉可以用于涤/棉、涤/黏纱上浆。接枝淀粉上浆易于分绞，可减少浆斑次布，简化调浆操作，降低织机断头，提高织机效率和布的质量。

二、实验目的

1. 将甲基丙烯酸接枝到淀粉上，再进一步共聚，以提高淀粉接枝产物的浆纱性能。

2. 运用已掌握的化学知识与技能，设计实验方案，创新淀粉接枝甲基丙烯酸高效环保纺织浆料制备方法。

三、实验原理

1. 根据甲基丙烯酸与淀粉（多糖）的结构特征，要使淀粉上接枝甲基丙烯酸，一可将淀粉糊化，二可选用有效引发剂、催化剂，使糊化淀粉与甲基丙烯酸单体通过自由基聚合得到接枝共聚物。

2. 根据现代分析仪器表征产物，探讨产物结构。

3. 接枝产物与单纯丙烯酸类浆料、淀粉比较，探讨上浆、退浆性能。

四、实验器材

1. *主要仪器*

恒温反应皿，强力电动搅拌机（上海标本模型厂），CS501 型超级恒温水浴锅，恒温烘箱，红外光谱仪，扫描电子显微镜，黏度计，常规玻璃仪器等。

2. *主要试剂与材料*

玉米淀粉、甲基丙烯酸、无水乙醇、过硫酸钾化、无水亚硫酸钠、次氯酸钠、氢氧化钠、硫代硫酸钠、过硫酸铵、硝酸铈铵、乙醚、丙酮、蒸馏水等。

五、实验内容与步骤（提示）

首先设计实验方案，交指导教师批阅。实验方案设计示例，如图 49.1 所示。

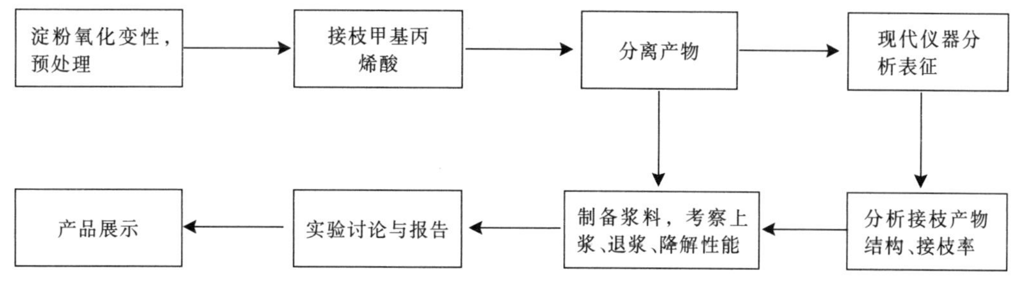

图 49.1　实验方案设计示例

六、实验结果与讨论

1. 淀粉接枝甲基丙烯酸实验条件的讨论与选择。

2. 淀粉接枝甲基丙烯酸产物结构与接枝率分析。

3. 淀粉接枝甲基丙烯酸产物作为纺织浆料的性能分析。

七、思考题

1. 请查阅文献,丙烯酸类浆料和淀粉类浆料各有哪些缺陷?

2. 试从自由基聚合机理说明除选用引发剂外,还有哪些方法引发自由基聚合?

3. 如何计算产物的接枝率?

附录 15　参考文献

1. 董延茂，路建美，鲍治宇. 淀粉接枝聚合物的合成与性能研究[J]. 哈尔滨工业大学学报. 2004，36(9)：2.

2. 张斌，周永元. 替代 PVA 的接枝变性淀粉的研究[J]. 东华大学学报. 2005，31(6)：86—89.

3. 张晓东，李文英. 接枝玉米淀粉浆料的制备与性能研究[J]. 棉纺织技术. 2002，30(9)：25—2.

4. O S Lawal，K O Adebowale，B M Ogunsanwo，L L Barba and N S Ilo. Oxidized and acid thinned starch derivatives of hybrid maize：functional characteristics，wide—angle X—ray diffractometry and thermal properties[J]. International Journal of Biological Macromolecules，Volume 35，Issues 1—2，March 2005，Pages 71—79.

5. 张培娜，黄发荣. 改性脂肪族聚酯的生物降解性研究[J]. 华东理工大学学报，2001，27(1)：64—67.

（陈贞干供稿）

实验 50　基于二醛纤维素/离子液体/碳纳米管免疫传感器的构建

（6 课时 适用于材料科学与工程、应用化学、化学专业）

一、相关知识

电化学生物传感器是一种将生物化学反应信号转换为电信号的装置。它主要由接收器、换能器、电子线路三部分组成。一般的生物活性成分，比如抗原/抗体、酶、植物或动物组织等被视为敏感元件，固定于载体电极上，即接收器。常用的信号换能器有电化学电极、离子敏场效应晶体管、热敏电阻等。生物电化学传感器在生物传感器中研究最早、种类最多，也是较为成熟的一个分支。免疫传感器是基于抗原和抗体的特异性反应而进行定量或半定量分析的集成器件，较其他生物和化学传感器有更高的专一性、选择性和较低的检测限。抗原和抗体是分子识别单元，当它们进行特异性反应时，换能器将被测物质的反应信息转变为相应的电信号，然后我们对得到的电信号进行分析，从而得到实验结果。

电化学免疫传感器主要分为电流型免疫传感器和电位型免疫传感器两种。电流型免疫传感器通常利用标记物将免疫反应的信号放大以后间接测定抗原或抗体；电流型免疫传感器是在膜电极表面形成一种夹心式化合物的方法。电位型免疫传感器测定在免疫反应进程中某种离子电位的变化来实现目标物质的检测。在免疫传感器制作过程中有一个非常重要的步骤是将抗体或抗原固定在传感器表面，常用固定抗体的方法有：夹心法、交联法、包埋法、共价键法和吸附法等。

二、实验目的

1. 了解电化学免疫传感器的原理。
2. 了解纳米材料及高分子材料在电化学传感器中的应用。
3. 熟悉差示脉冲法的测量方法。

三、实验原理

1. 构建电化学免疫传感器示意图，如图 50.1 所示。

2. 以修饰后的玻碳电极为工作电极，饱和甘汞电极为参比电极，铂电极为辅助电极，在铁氰化钾溶液中组成三电极系统。采用差脉冲伏安法（DPV）对上述电极系统进行扫描。同时记录下电极在免疫反应前后的峰电流值 I_0 和 I_1，其改变值 $\Delta I = I_1 - I_0$ 与检测物在一定范围内呈线性关系。

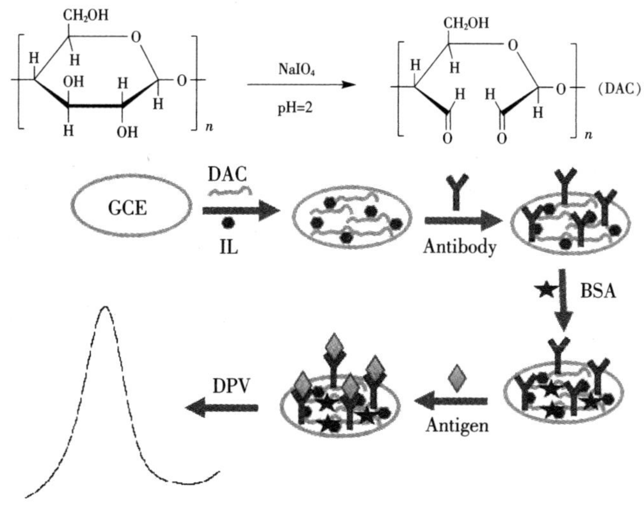

图 50.1　构建电化学免疫传感器示意图

四、实验器材

CHI 660A 电化学工作站(上海辰华仪器公司)、三电极系统、KQ5200B 型超声波清洗器(昆山市超声仪器有限公司)、电子分析天平、碳纳米管(CNT)。

0.1 mol/L 磷酸缓冲溶液(PBS)、5 mmol/L 铁氰化钾、羊抗人 LgG、人 LgG、碳纳米管、二醛纤维素和离子液体。其他试剂均为分析纯试剂,实验用水均为二次蒸馏水。

五、实验步骤

1. 电极的预处理

玻碳电极经过 0.3～0.05 μm 的 Al_2O_3 抛光成镜面后,放入 Pinaha 溶液($V_{分析纯H_2O_2}$ ∶ $V_{浓H_2SO_4}$ =1∶3)中浸泡 10 min 后,用蒸馏水冲洗干净,晾干备用。

2. 电极表面成膜

将 0.5 mg 碳纳米管、0.5 mL 二醛纤维素和 0.5 mL 离子液体混合,超声混合均匀。将 10 μL 的上述混合液滴加在预处理好的电极表面。在室温下干燥 6 h,备用。

3. 抗体的固定

在成膜后的电极表面滴加 10 μL 的 0.25 μg/mL 抗体,反应 1 h 后,检测差示脉冲信号。

4. 用 BSA 封闭电极表面

5. 抗原的固定

将一定浓度的抗原滴加在被抗体修饰的电极上,反应 1 h 后,检测差示脉冲信号。

六、思考题

1. 在电极表面固定抗体后,为什么要用 BSA 封闭?
2. 固定抗原后,差示脉冲信号是增加还是减小?
3. 在此传感器中,离子液体的作用是什么?

(沈广宇供稿)

实验 51　基于核酸适体电化学传感器用于凝血酶检测的研究

（6 课时 适用于材料科学与工程、应用化学、化学专业）

一、相关知识

电化学适体传感器是以适体作为分子识别元件修饰在电极表面，根据适体与目标分析物（配体）特异识别前后电化学信号的变化来进行检测的电化学传感器，具有灵敏度高、分析速度快、操作简便、可实现在线分析等特点，其研究越来越得到人们的广泛关注。目前，许多信号放大的方法已被报道，如滚环放大适体链取代放大和酶标放大。这些信号放大方法虽然能有效地提高电极的灵敏度，但是需要昂贵的成本和比较苛刻的环境温度。辣根过氧化物酶（HRP）是一种天然蛋白质酶，具有类似 BSA 的一些性质，比如体积接近、分子量相邻、生物相容性好、蛋白质组成相似和带有氨基。这些特点使得 HRP 可以作为封闭剂封闭电极表面的非特异性吸附位点。除了上述优点外，使用 HRP 作为封闭剂可以免除传感器酶的复杂标记过程，有效提高电极灵敏度。

电化学传感器是应用最广泛和最古老的传感器类型之一，具有成本低、快速检测、灵敏度高、便携、操作方便、灵活、能独立运行、能自动和实时监测等显著优点。将核酸适体识别元件与各种电化学转换器相结合构建的新一代核酸适体传感器，集成了核酸适体和电化学传感器两方面的优势，成为近年来的一个研究热点。各种新颖的设计思路不断涌现，使电化学核酸适体传感器的性能不断得到改善，来解决分析应用中所面临的一些问题。

核酸适体是一种能够与蛋白质、小分子、离子、核酸，甚至整个细胞等目标分子结合的人工合成寡聚核苷酸或肽分子。自从 20 世纪 90 年代 Joyce、Gold、Szosta 三个独立的研究小组做出了开创性工作之后，核酸适体的研究工作得到了快速发展。经过体外选择和扩增技术，从随机寡核酸文库中筛选出能与各种配体特异结合的寡聚核苷酸片段，Gold 小组把这种组合化学选择技术称为指数富集配体系统进化技术。

尽管关于核酸适体的研究目前还处于起始阶段，但作为生物传感器设计的传感元件方面，与抗体相比，核酸适体具有一定的优势。第一，高亲和力。据报道，一些核酸适体与目标蛋白的亲和力，可与单克隆抗体相媲美或比其更好。可通过提高筛选技术来提高亲和力、稳定性和结合特异性。一旦识别出寡核苷酸序列就可合成高纯度的核酸适体。第二，由于核酸适体的合成没有涉及动物宿主，所以那些没有引发最小触发免疫反应的分子可以用来制备核酸适体，一些辅基（磷酸腺苷、黄素单核苷酸等）、有机小分子（染料、药物、生长因子、氨基酸、糖类等），甚至是整个细胞、孢子和毒素也可用于核酸适体的合成。第三，可以对核酸适体链在精确位点上进行官能团的修饰达到固定化的目的，而不影响其亲和力。另外，具有高稳定性,核酸适体可以进行不破坏其结构的可逆变性,而且在长期储存和常温运输过程中也稳定。与抗体不同,核酸适体能够耐受非生理状态的 pH 值、温度和离子强度。此外,由于其小尺寸和低空间位阻,核酸适体在高密度微阵列传感器方面的应用优于抗体。

二、实验目的

1. 了解凝血酶的生理功能。
2. 了解凝血酶适体传感器的原理。
3. 熟悉电化学工作站的操作。

三、实验原理

1. 将适体的一端修饰巯基后,可将其固定到金电极表面,而凝血酶适体对凝血酶有识别功能,从而达到检测凝血酶的目的。以修饰后的金电极为工作电极,饱和甘汞电极为参比电极,铂电极为辅助电极,在铁氰化钾溶液中组成三电极系统。采用差脉冲伏安法(DPV)对上述电极系统进行扫描。同时记录下电极在固定凝血酶前后的峰电流值 I_0 和 I_1 ,其改变值与浓度存在一定的线性关系。

2. 构建凝血酶适体传感器示意图,如图 51.1 所示。

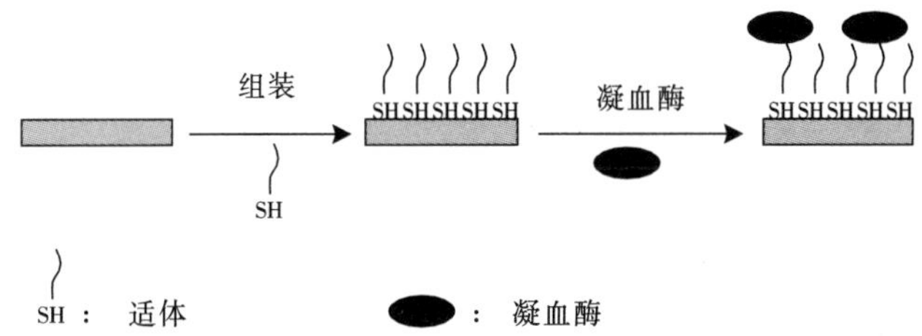

图 51.1　构建凝血酶适体传感器示意图

四、实验器材

金电极,饱和甘汞电极(SCE),铂电极,电化学工作站,微量注射器,超声波清洗仪,核酸适体,蒸馏水,凝血酶,铁氰化钾溶,0.1 mol/L 的磷酸缓冲溶液(PBS)。

五、实验步骤

1. 电极的处理

电极经过 0.3～0.05 μm 的 Al_2O_3 抛光成镜面之后,放入 Pinaha 溶液($V_{分析纯H_2O_2}$ ∶ $V_{浓H_2SO_4}$ =1∶3)中浸泡 10 min 后,用蒸馏水冲洗干净,晾干备用。然后再在 2 M 硫酸溶液里扫描 200 圈。

2. 固定适体

用微量注射器滴加 10 μL 的核酸适体于电极表面,在室温的条件下保持 3 h,然后用少许蒸馏水洗涤后,检测差示脉冲信号。

3. 抗原的固定

将一定浓度的抗原滴加在被适体修饰的电极上,1 h 后,测量检测差示脉冲信号。

六、思考题

1. 适体传感器与免疫传感器有何区别?
2. 适体与抗体比较有哪些优势?
3. 查阅资料,总结目前适体传感器的种类。

（沈广宇供稿）

实验 52　基于石墨烯的人 IgG 免疫传感器的构建

（12 课时 适用于材料科学与工程、应用化学、化学专业）

一、相关知识

生物传感器往往具有特异性生物识别功能，分析速率快，可与多种现代检测技术联用等优点，可构建一些灵敏度高、专一性好、成本低廉的快速检测方法，是当前生命分析科学研究领域中的研究热点。电分析化学是分析科学的主要分支，研究人员通过电化学手段对蛋白质和酶的电子传递过程进行了研究，研究证明存在于检测体系中的氧化还原和电极之间的电子传递过程更接近生物氧化还原系统的原始模型。由于电化学生物传感器往往比较容易实现生命分析所期望的微型化、集成化及原位、在体、实时、在线的检测，因此在包括临床诊断、环境监测和工业生产流程控制等多个与生命科学密切相关的领域中得以应用。

石墨烯是一种由碳原子构成的单层片状结构的新材料，是一种由碳原子以 sp^2 杂化轨道组成六角形呈蜂巢晶格的平面薄膜，只有一个碳原子厚度的二维材料。石墨烯是已知的世界上最薄、最坚硬的纳米材料，它几乎是完全透明的，只吸收 2.3%的光；导热系数可高达 5 300 W/m·K，高于碳纳米管和金刚石，常温下其电子迁移率超过 15 000 cm^2/V·s，又比纳米碳管或硅晶体高，而电阻率只有约 10^{-6} Ω·cm，比铜或银更低，为世界上电阻率最小的材料。因其电阻率极低，电子迁移的速度极快，因此被期待可用来发展更薄、导电速度更快的新一代电子元件或晶体管。由于石墨烯实质上是一种透明、良好的导体，也适合用来制造透明触控屏幕、光板，甚至是太阳能电池。

近年来石墨烯及其复合材料这一类新型功能化材料独特的电荷传输性能与良好的生物兼容性引起了分析工作者的关注，已发展了许多以这一类材料为固定化载体或电子媒介体的电化学传感器，应用范围较为广泛。此外石墨烯/氧化石墨烯及其功能化复合材料独特的催化性能为研究者所关注，将此类材料与其他光电活性物质相结合构建的复合体系也具有良好的光电活性，这一发现使得其在光电传感器中的应用迅速拓展，构建了许多新型的传感器，发展了许多高灵敏的检测方法，拓宽了光电化学生物传感器的应用范围，也为进一步探究光电化学传感器响应机制的机理研究提供了丰富的实验依据。

二、实验目的

1. 了解石墨烯在电化学传感器中的应用；
2. 了解电化学免疫传感器的原理；
3. 熟悉电化学工作站的操作。

三、实验原理

1. 构建电化学免疫传感器示意图，如图 52.1 所示。

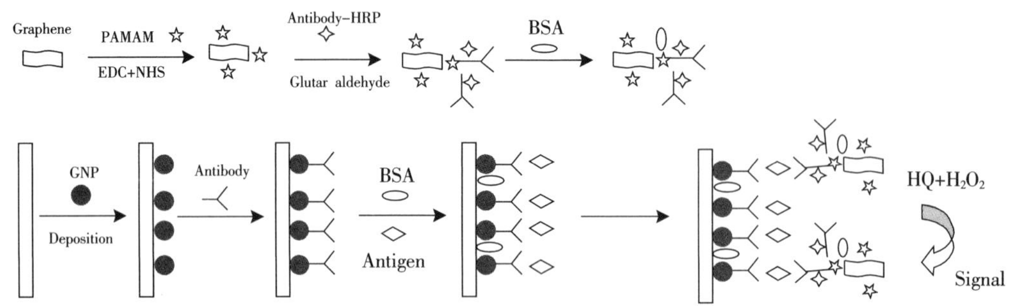

图 52.1 构建电化学免疫传感器示意图

2. 过氧化氢酶对双氧水的氧化还原反应具有很好的催化作用，在电化学传感器中，常常利用过氧化氢酶的此性质来放大检测信号。一般情况下，将抗体用酶标记，采用夹心法检测。为了进一步提高检测信号，将更多的酶标抗体固定到电极表面，该实验将酰胺聚合物与石墨烯结合，再将酶标抗体固定到酰胺聚合物上，从而达到提高检测灵敏度。将适体的一端修饰巯基后，可将其固定到金电极表面，而凝血酶适体对凝血酶有识别功能，从而达到检测凝血酶的目的。以修饰后的金电极为工作电极，饱和甘汞电极为参比电极，铂电极为辅助电极，在铁氰化钾溶液中组成三电极系统。采用差脉冲伏安法(DPV)对上述电极系统进行扫描。同时记录下电极在固定凝血酶前后的峰电流值 I_0 和 I_1，其改变值与浓度存在一定的线性关系。

3. 循环伏安法在含有 0.1 mol·L^{-1}KCl 和 5 mmol·L^{-1}$K_3[Fe(CN)_6]/K_4[Fe(CN)_6]$ 作为氧化还原探针的 0.01 mol·L^{-1}PBS(pH=7.2)中执行。免疫分析安培测量时在搅拌下通过－0.2 V 工作电位在含有 1 mmol·L^{-1}的对苯二酚的 5 mL 的 PBS 溶液中进行。当电流达到一个稳定值时，迅速加入 10 μL 的 1 mol·L^{-1} H_2O_2。循环伏安测量在加入 H_2O_2 后，电位范围从－0.5 V 到＋0.5 V 以 50 mV·s^{-1}的扫描速率进行。

四、实验器材

CHI 660B 电化学工作站。传统的三电极系统由一个 Pt 电极作为辅助电极，饱和甘汞电极(SCE)作为参比电极，一个修饰电极作为工作电极。

甲胎蛋白抗原(AFP)，甲胎蛋白抗体(anti－AFP)，酶标抗体(anti－AFP－HRP)，牛血清白蛋白(BSA)，人血清白蛋白(HSA)，人体免疫球蛋白(IgG)，羧化的石墨烯(Gr)，氯金酸，戊二醛(GA)，1－乙基－3－(3－二甲氨基－丙基)碳二亚胺(EDC)，N－羟基丁二酰亚胺(NHS)，对苯二酚，过氧化氢。磷酸盐缓冲溶液(PBS)由 0.01 mol·L^{-1} KH_2PO_4 溶液和 0.01 mol·L^{-1} Na_2HPO_4 溶液混合制备。

五、实验步骤

1. 制备纳米金

金纳米粒子的制备过程如下。快速地将 1 mL1% $HAuCl_4$ 溶液和 100 mL 重蒸馏水加入

到 250 mL 圆底烧瓶中。在搅拌下，将混合溶液加热到沸腾。然后，将 2.5 mL1%的柠檬酸钠迅速加入到溶液。溶液变成了红色后，继续煮 10 min，然后继续搅拌直至溶液达到室温。

2. 电极的预处理

玻碳电极经过 0.3～0.05 μm 的 Al_2O_3 抛光成镜面之后，放入 Pinaha 溶液（$V_{分析纯H_2O_2}$ ∶ $V_{浓H_2SO_4}$ =1∶3)中浸泡 10 min 后，用蒸馏水冲洗干净，晾干备用。

3. Gr—PAMAM/anti—AFP—HRP 复合物的制备

Gr—PAMAM/anti—AFP—HRP 复合物根据公布的修饰程序进行制备。通常情况下，2 mgGr，0.07 mmol・L^{-1}PAMAM，100 mmol・L^{-1}EDC 和 100 mmol・L^{-1}NHS 添加到 1 mLPBS 中。混合溶液进行超声处理 30 min 后，仍保持 4 h。然后在 12 000 转下进行离心并洗涤三次除去未被束缚的 PAMAM。得到的 PAMAM—Gr 复合物分散在 1 mLPBS 中进行温和的超声处理。随后，将 1 mL 的 100 μg・mL^{-1} 酶标抗体(anti—AFP—HRP)加入到作为交联溶液的 0.25%的戊二醛中静置 12 h。然后，将 BSA(0.25%)加入到溶液中阻止 Gr—PAMAM—anti—AFP—HRP 纳米复合材料可能的剩余活性位点。由此产生的 PAMAM—Gr/anti—AFP—HRP 悬浮液在 4 ℃离心再分散在 1 mLPBS 中为进一步利用。

4. 免疫传感器的制备

玻碳电极(3 mm 直径)首先用砂纸及氧化铝浆料抛光，在超声浴中先后彻底冲洗无水乙醇和蒸馏水，并在空气中干燥。电化学沉积是将电极浸入金纳米颗粒溶液在+1.5 V 电压下保持 750 s。电极从溶液中取出并用蒸馏水冲洗，得到纳米金膜修饰电极。在水洗和空气中干燥后，将 20 μL 的 100 μg・mL^{-1}anti—AFP 添加到电极上在 37 ℃下反应 40 min。之后，将 20 μL 的 AFP 溶液在特定的浓度下添加到电极上在 37 ℃温度下反应 40 min。最后，将 20 μL 酶标抗体加在电极表面，使其在 37 ℃下反应 40 min。紧随其后的是在酶底物的存在下进行电化学测量。

六、思考题

1. 石墨烯在此传感器中的作用有哪些？
2. 在纳米金颗粒的制备过程中，影响颗粒大小的主要因素是什么？
3. 查阅资料，总结固定酶标抗体的其他纳米材料。

（沈广宇供稿）

实验 53 CdTe/Mn－CdS 量子点敏化的 ZnO 光电极制备及其光电化学性能研究

（8 课时 适用于材料科学与工程、应用化学、化学专业）

一、相关知识

随着化石燃料逐渐枯竭，化石燃料燃烧所引起的温室气体、氮氧化物等环境污染问题日趋严重，核电站不仅投资惊人，还有核泄漏的潜在危险和核废料存放问题，人们转向利用太阳能来解决能源危机的目光已经越来越焦灼，越来越执著。因此在太阳能电池材料的选择和制备工艺上，人们倾注了极大的热情和努力，并因此而取得了令人可喜的成果。CdS 纳米材料由于具有良好的可见光光电性质而成为太阳能利用研究中的热点，特别是近年来对 CdS 进行修饰和改性构成具有异质界面的复合材料，能够提高光生电荷的分离效率，减缓光腐蚀，改善光电性能，从而受到国内外的广泛关注。

CdS/CdTe 薄膜太阳能电池的制备及其特性研究，是一项国际前沿课题，在光伏领域有广阔的发展前景。李灿等人研究发现，MoS_2/CdS 异质光催化剂的产氢速率比单独 CdS 光催化剂高出几个数量级，并且有效减缓了 CdS 光催化剂的光腐蚀作用。通过掺杂，在纳米晶体中引入杂原子比如 Mn^{2+}，可以进一步调节量子点的性质，拓展量子点的紫外吸收以及荧光发射可调范围，提高稳定性，甚至引入其他的一些性质，如磁性等。

当掺杂的过渡金属离子进入量子点后，会在量子点的禁带中引入掺杂离子的能级，而掺杂离子的能级决定着量子点的荧光发射波长，因此掺杂量子点的光谱可调范围较大。这些 CdS 异质结构材料光电活性的提高可能是由于界面电场的形成提高了光生电荷的分离效率所致。而对于它们所形成的界面电场的特性（界面电场的方向和大小）以及在这个界面电场的作用下光生电荷的行为（光生电荷的转移方向、分离效率和寿命等）对于构建高效的光电功能材料至关重要。

二、实验目的

1. 了解光电转换的原理及其实用意义。
2. 理解高效的光电功能材料的构建。
3. 掌握光电功能材料的性能测试方法及所用仪器使用与操作方法。

三、实验原理

材料的能带图以及光催化降解的机制，如图 53.1 所示。

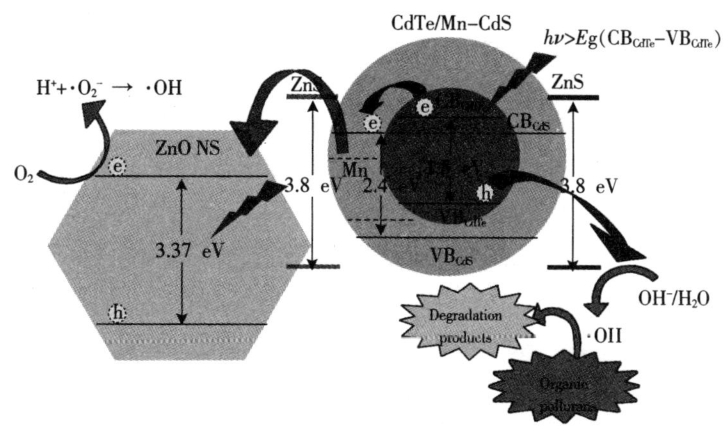

图 53.1 材料的能带图以及光催化降解的机制

四、实验器材

1. 主要原材料

$Zn(NO_3)_2 \cdot 6H_2O$，巯基乙酸（MAA），对苯二甲酸（TA），$Mn(CH_3COO)_2$，Na_2TeO_3，$NaBH_4$，$Cd(NO_3)_2$，Na_2S，Na_2SO_3，FTO 玻璃片。

2. 主要设备

电化学工作站、氙灯光源、管式炉。

3. 主要仪器

紫外吸收光度计、荧光光度计、扫描电镜。

五、实验内容及步骤

1. 制备三维多孔的氧化锌纳米片 ZnO Nanosheet(NS)

采用电化学工作站，以导电 FTO 玻璃基板为工作电极，饱和甘汞电极(SCE)为参比电极，铂片为对电极的三电极体系中，进行 ZnO(NS)的电沉积。实验条件如下：沉积电压－1.0 V；镀液组分 0.05 M 的 $Zn(NO_3)_2 \cdot 6H_2O$ 和 0.1 M 的 KCl；温度 70 ℃；时间 30 min。电沉积前，FTO 玻璃基板分别在丙酮、乙醇和蒸馏水中超声清洗各 10 min，自然晾干。将所制备的 ZnO(NS)在 450 ℃下置于空气中晶化 30 min，得到多孔的结构。炉温的升降速率均为 2 ℃/min。

2. ZnO/CdTe 的制备

在以所制备的 ZnO(NS)为工作电极，饱和甘汞电极(SCE)为参比电极，铂片为对电极的三电极体系中，进行 CdTe 的电沉积。实验条件如下：沉积电压－1.0 V；镀液组分：0.08 mol/L $CdSO_4$ 和 0.05 mol/L Na_2TeO_3（支持体系溶液用 1 mol/L H_2SO_4 调节 pH 至 2）。温度：室温。沉积完之后，将 ZnO/CdTe 复合材料在密闭条件下和氮气氛围中，保持 300 ℃晶化 2 h 以提高其晶型，减少表面缺陷，促进光生电荷的分离，因而使其光电性能显著提高。

3. ZnO/CdTe/Mn－CdS 光电极的制备

通过连续离子层吸附方法（SILAR），将 CdTe/ZnO(NS)表面覆盖一层 CdS 壳。具体操作如下：将 CdTe/ZnO(NS)基底连续地分别浸入到 0.05 M Cd(NO3)$_2$，0.05 M Na_2S 水溶液中各 30 s，重复 9 次获得 CdS 壳。为了比较，CdS/ZnO(NS)或 Mn－CdS/ZnO(NS)光电

极分别被制备，同以上步骤，分别重复 5 次。壳核结构的 Mn－CdS@CdTe/ZnO(NS)光电极制备采用类似方法(重复 9 次)，其中 0.05 M $Cd(NO_3)_2$ 包含 0.0375 M $Mn(CH3COO)_2$ 作为阳离子源。

4. 光电性能测试

电化学工作站上进行光电测试，在 74 mW/cm^2 的可见光照射下，使用电化学工作站(CHI660C，上海晨华)，在以 ZnO/CdTe/Mn－CdS 为工作电极，铂片为对电极，SCE 为参比电极的三电极体系中进行光电测试：电解液，0.35 mol/L 的 Na_2SO_3 和 0.24 mol/LNa_2S；偏压，0 V。ZnO/CdTe/Mn－CdS 在 200 ~800 nm 光谱范围内的吸收光谱曲线通过紫外可见分光光度计获得。

荧光光度计用来测试发射光谱，SEM 扫描电镜用来观看其表面形貌。

六、思考题

1. 如何改变纳米粒子的大小来调节其紫外吸收以及荧光发射波长的范围？
2. 通过什么方法可以提高太阳能的利用率？

(冯辉供稿)

实验 54　CdTe/Mn－CdS/ZnO 光电复合材料可见光催化降解有机污染物

（8 课时 适用于材料科学与工程、应用化学、化学专业）

一、相关知识

随着环境问题的日益严峻和环保法规的逐渐加强，设计并开发更加清洁、安全和环境友好的绿色工艺已成为目前化工业必须承担的首要任务。经过多年的研究，世界各国对化学废弃物的危害有了深刻的认识，并已采用多种手段对其进行了有效的治理。在此大环境下，综合考虑环保、社会、经济和化学工业本身发展的要求，崭新的“绿色化学”理念应运而生。绿色化学不但是要实现化学反应、原料、催化剂、溶剂和产品的绿色化，还要实现产品的清洁生产，优化过程工艺，采用环保的催化技术等，所有这些都是传统技术要面临的新技术的挑战。其中，作为化学工业基石的催化技术，在现代化学工业中占有举足轻重的地位。这是因为新的催化技术或新的催化材料大多能推动技术进步，继而引起现代化学工业上的重大变革。

近年来，工业废水排放量逐年增加，随着化学工业的迅猛发展，废水中的有机质类型也越来越多。这些废水中的有害物质严重危害人体，而且在自然界中能自行降解的只有其中少部分有机物，大部分都是难以自行降解的，所以必须经过处理之后才能排入自然环境中。目前化学法和物理法是我们常用的两大类污水处理技术。化学法包括化学法和生物法。该处理技术属于破坏性的降解方法，但此方法对某些有机物难以降解，而且设备占地面积大，处理周期长，因此距离实际应用尚存在一定差距。物理法包括吸附法、混凝法等。该方法拥有工艺成熟、操作简捷、配制简单等优势，其原理是经过物理方式将污染物由液相转移到固相。此方法效果虽然好，但缺点是再生费用昂贵及易造成二次污染等。

纳米材料由于具备奇特的纳米效应，导致材料的比表面积和反应活性明显提高，对于环境污染物的传感检测可以利用其优异的光电性能来实现；也可以通过去除和锁定环境中的污染物从而实现对环境污染的治理。为了消除纳米材料对环境的负面影响，实现我国资源节约型、环境友好型和谐社会可持续发展战略，人们采用环境友好的方式设计、生产、使用、循环和处置纳米材料，开展用纳米材料治理环境污染的基础技能和原理研究，为我们解决环境污染问题提供新工具，有望在污染治理科技领域获得重大突破。

二、实验目的

1. 了解光电降解有机污染物的原理及其意义。
2. 掌握有机污染物去除的测试方法及所用仪器使用与操作方法。

三、实验原理

实验原理同实验53"CdTe/Mn－CdS量子点敏化的ZnO光电极制备及其光电化学性能研究"。

四、实验器材

1. 主要原材料

$Zn(NO_3)_2 \cdot 6H_2O$，巯基乙酸（MAA），对苯二甲酸（TA），$Mn(CH_3COO)_2$，Na_2TeO_3，$NaBH_4$，$Cd(NO_3)_2$，Na_2S，Na_2SO_3，FTO玻璃片，9－羧酸蒽（9－AnCOOH）。

2. 主要设备

电化学工作站、氙灯光源、管式炉。

3. 主要仪器

紫外吸收光度计、荧光光度计。

五、实验内容及步骤

1. CdTe/Mn－CdS/ZnO光电极的制备

具体制备方法见实验53"CdTe/Mn－CdS量子点敏化的ZnO光电极制备及其光电化学性能研究"。

2. 降解9－羧酸蒽（9－AnCOOH）

在波长400~800 nm可见光下进行9－羧酸蒽（9－AnCOOH）的光催化降解。降解在40 mL的石英电解池中进行。35 mL、10 mg/L的9－AnCOOH作为样品溶液，在不断的电磁搅拌下，每30 min取样一次，每次取样体积为0.5 mL，平行测定3次。用紫外－可见分光光度计对溶液中的9－AnCOOH通过定波长模式进行定量监测，用扫描模式进行定性监测。检测完的样品再倒回原溶液继续反应。根据需要，在照射之前，样品溶液首先在黑暗中磁力搅拌1 h，以确保9－AnCOOH分子在光催化剂的表面建立一个吸附解吸平衡。为了对照比较，同样的样品溶液用光照射1 h，考察在没有光催化剂的条件下，9－AnCOOH的直接光降解效果。

六、思考题

1. 如何推测9－羧酸蒽（9－AnCOOH）可能的降解机理？
2. 影响降解效率的因素可能有哪些？

（冯辉供稿）

实验 55　分子印迹聚合物修饰的二氧化钛纳米管阵列光电检测 PFOS

（8 课时 适用于材料科学与工程、应用化学、化学专业）

一、相关知识

分子印迹技术在最近几年里发展十分迅速。它使用分子印迹聚合物（Molecular Imprinting Polymers，MIPs）来模拟抗体一抗原或酶一底物之间的相互作用，实现对印迹分子（Imprinting Molecular）即目标分子也称模板分子（Template Molecular）的专一识别功能。这类聚合物作为一种新型的仿生试剂，可以有效地识别分子结构类似的几种物质，其通常含有不同大小的化学官能团并具有一定的空间形状。因此，分子印迹技术已广泛用于化学仿生传感器、手性药物分离、固相萃取等领域。

分子印迹技术一般选取合适的功能单体和模板分子，使之形成复合物，并加入适当的交联剂和引发剂，使聚合反应在一定的条件下（如加热或低温光照）得以进行，最后再通过萃取洗脱的方法将印迹分子（模板）去除。这样便得到了与模板分子在三维空间形状上完全匹配的空穴，该空穴能够选择性地将模板分子从一定的基质中富集出来。MIPs 因为其特异的选择性和亲和性，使之在环境样品的采集、富集和分析中占有极大的优势。例如，用作固相萃取剂能够克服样品预处理程序的复杂性，经过这样的预富集处理后，毫摩尔水平下的痕量物质在色谱中也容易被检出了。

目前的生物传感器存在稳定性差、成本高以及缺少具有识别功能的抗体或酶等问题。而 MIPs 具有耐酸、碱和有机溶剂，抗高温、高压、不易被生物降解，识别能力优异并可多次重复使用等特点，因而科学研究人员视其为良好的材料而用于传感器技术中。

二、实验目的

1. 了解分子印迹技术的原理及其意义。
2. 掌握基于分子印迹的光电检测方法。

三、实验原理

PFOS 光电化学传感器的构建，如图 55.1 所示。

分子印迹聚合物制备示意图，如图 55.2 所示。

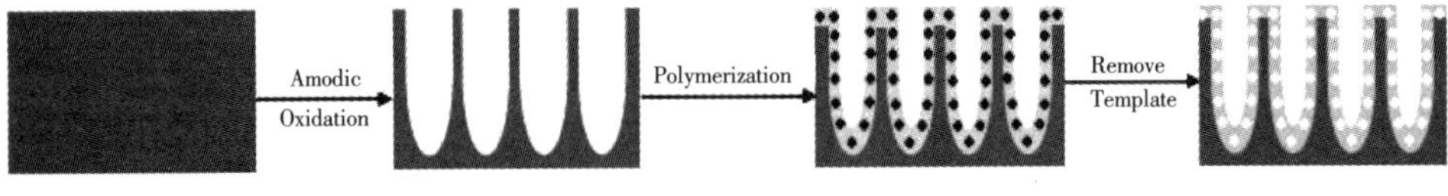

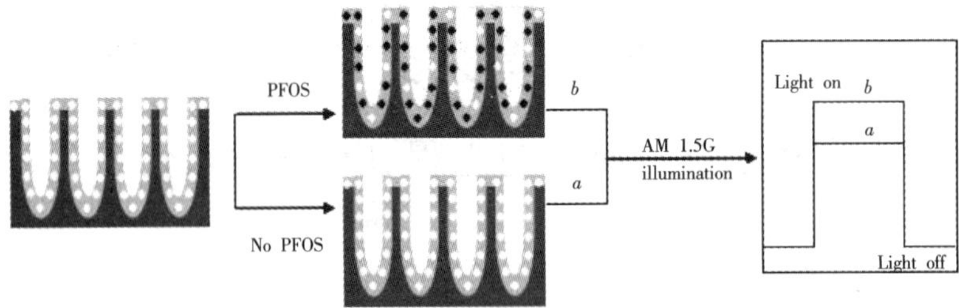

图 55.1 PFOS 光电化学传感器的构建

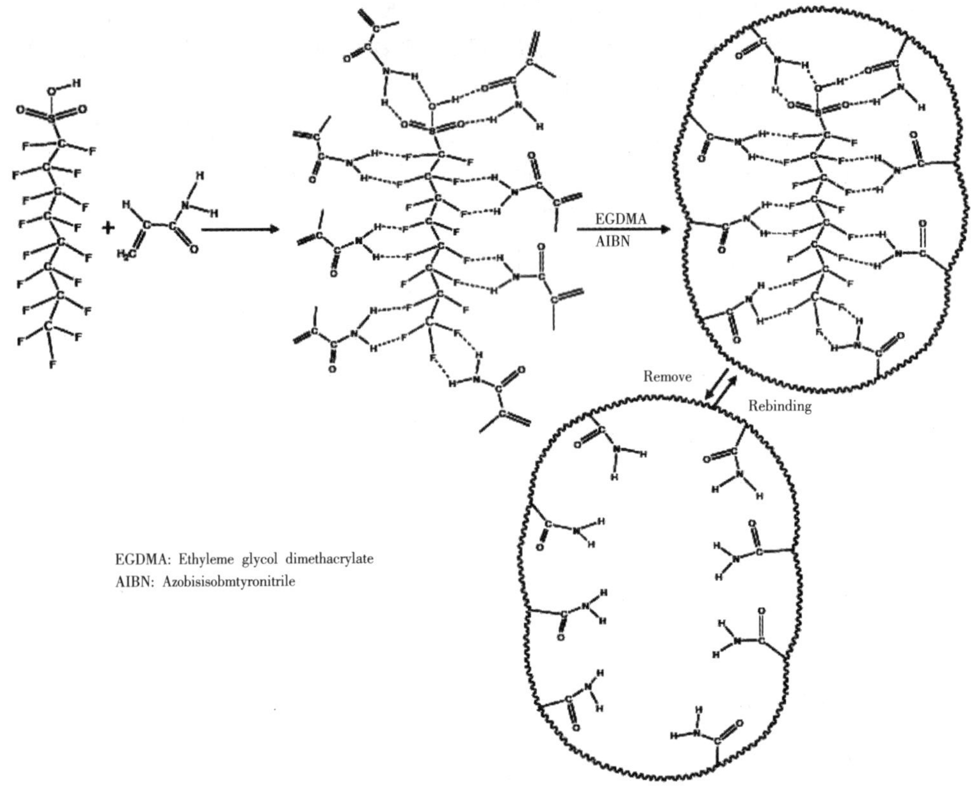

图 55.2 分子印迹聚合物制备示意图

四、实验器材

1. 主要原材料

钛片(99.8%,0.25 mm),全氟辛烷磺酸钠(PFOS),全氟辛烷磺酸(PFOA),丙烯酰胺,乙二醇二甲基丙烯酸酯(EGDMA),偶氮二异丁腈(AIBN),胺丙基三乙氧基硅烷(APTS),3—甲基丙烯酰氧丙基三甲氧基硅烷(MPS)。

2. 主要设备

电化学工作站、氙灯光源、管式炉、恒温水浴锅。

3. 主要仪器

红外光谱、荧光光度计。

五、实验内容及步骤

1. PFOS MIP@TiO_2 NTAs 光电化学传感器的构建

见原理图，如图 55.1 所示。将抛光的钛衬底进行阳极氧化，得到垂直对齐而高度有序的 TiO_2 NTAs。阳极氧化在一个两电极的体系里（铂金阴极）；电解液 0.1 M NaF 和 0.5 M $NaHSO_4$；电压 20 V；室温；$t=2$ h。将所制备的 Ti/TiO_2 NTAs 在空气氛围内灼烧 3 h，温度 500 ℃。接着浸入 0.5 M NaOH 中 30 min 进行预处理，使 TiO_2 表面形成 Ti－OH。用蒸馏水冲洗，晾干，浸入到 3 mL 无水甲苯溶液里，其中含有 30 μL APTS 和 30 μL MPS，该混合物首先经过 15 min 充氮除氧，然后 70 ℃加热 2 h，这样制备的 APTS－MPS－TiO_2 NTAs 分别用甲苯和乙腈洗涤，并用氮气吹干，用于分子印迹聚合物的生成，具体操作如下：

丙烯酰胺、EGDMA 和 AIBN 分别用作功能单体、交联剂和引发剂。3 mL 甲醇/乙腈（1/1，V/V）：10 mM PFOS，0.2 M 丙烯酰胺，1.4 M EGDMA 及 40 mM AIBN 加入到一个圆柱形的石英管里面，超声 5 min，将 APTS/MPS－TiO_2 NTAs 电极固定在圆柱形的石英管里面，密封，充氮 15 min，冰浴冷却。之后，在紫外光照射下发生聚合反应 10 h。将电极浸入到 1/1（V/V）的甲醇/去离子水溶液中清除模板分子，直到洗出液里检测不到 PFOS。非印迹聚合物 TiO_2 NTAs（NIP@TiO_2 NTAs）作为参照，采用同样的反应混合物，只是不加模板分子，方法同上。

2. 光电化学传感器的表征（红外、SEM）

功能基团的修饰以及模板分子的去除通过红外光谱证实。

3. 光电化学传感器应用于检测 PFOS

采用电化学工作站，先测定一系列标准 PFOS 溶液的光电流，然后在同样条件下测定样品的光电流，在标准曲线上找出其对应的浓度，实现检测实际样品中 PFOS 的含量的目的。

六、思考题

1. 如何提高分子印迹的效应？
2. 光电化学传感器的检测原理是什么？

附录 16 参考文献

1. J H Qiu, M Guo, X D Wang. Electrodeposition of Hierarchical ZnO Nanorod－nanosheet Structures and Their Applications in Dye－Sensitized Solar Cells. ACS Appl. Mater. Interfaces 2011, 3, 2 358－2 367.

2. P K Santra, P V Kamat. Mn－Doped Quantum Dot Sensitized Solar Cells: A Strategy to Boost Efficiency over 5%. J. Am. Chem. Soc. 2012, 134, 2 508－2 511.

3. X Zhao, X Liu, C Ding, P K Chu. In vitro bioactivity of plasma－sprayed TiO_2 coating after sodium hydroxide treatment, Surface and Coatings Technology, 200(2006), 5 487－5 492.

4. D Gao, Z Zhang, M Wu, C Xie, G Guan, D Wang. A surface functional monomer－directing strategy for highly dense imprinting of TNT at surface of silica nanoparticles, Journal of the American Chemical Society, 129(2007), 7 859－7 866.

（冯辉供稿）

实验56 反应精馏法制乙酸乙酯

——化学工程与工艺实验

（6课时 适用于材料科学与工程、应用化学专业）

一、相关知识

在化工生产中，反应和分离两种操作通常分别在两类单独的设备中进行。若能将两者结合起来，在一个设备中同时进行，将反应生成的产物或中间产物及时分离，则可以提高产品的收率，同时又可以利用反应热供产品分离，达到节能的目的。精馏是化工生产中常用的分离方法。它是利用气－液两相的传质和传热来达到分离的目的。对于不同的分离对象，精馏方法也会有所差异。反应精馏是精馏技术中的一个特殊领域。在操作过程中，化学反应与分离同时进行，故能显著提高总体转化率，降低能耗。此方法在酯化、醚化、酯交换、水解等化工生产中得到应用，而且越来越显示其优越性。但采用这种方法必须具备一定的条件：① 生成物的沸点必须高于或低于反应物；② 在精馏温度下不会导致副反应等不利影响的增加。目前，此方法在工业上主要应用于酯类（如乙酸乙酯）的生产。

二、实验目的

1. 了解反应精馏是既服从质量作用定律又服从相平衡规律的复杂过程，是反应和分离过程的复合，通过实验数据和结果，了解反应精馏技术比常规反应技术在成本和操作上的优越性。

2. 了解玻璃精馏塔的构造和原理，学习反应精馏玻璃塔的使用和操作，掌握反应精馏操作的原理和步骤。

3. 学习用反应工程原理和精馏塔原理，对精馏过程做全塔物料衡算和塔操作的过程分析。

4. 了解反应精馏与常规精馏的区别，掌握反应精馏法适用的物系。

5. 学习气相色谱的原理和使用方法，学会用气相色谱分析塔内物料的组成，了解气相色谱分析条件的选择和确定方法，并学习根据出峰情况来改变色谱条件。

6. 学习用色谱分析进行定量和定性的方法，学会求取液相分析物校正因子及计算含量的方法和步骤。了解气相色谱仪以及热导池检测器的原理，了解分离条件的选择和确定。

三、实验原理

1. 反应精馏原理

反应精馏是随着精馏技术的不断发展与完善而发展起来的一种新型分离技术。通过对精馏塔进行特殊改造或设计后，采用不同形式的催化剂，可以使某些反应在精馏塔中进行，并同时进行产物和原料的精馏分离，是精馏技术中的一个特殊领域。

在反应精馏操作过程中，由于化学反应与分离同时进行，产物通常被分离到塔顶，从而使反应平衡被不断破坏，造成反应平衡中的原料浓度相对增加，使平衡向右移动，故能显著提高反应原料的总体转化率，降低能耗。同时，由于产物与原料在反应中不断被精馏塔分离，也往往能得到较纯的产品，减少了后续分离和提纯工序的操作和能耗。此法在酯化、醚化、酯交换、水解等化工生产中得到应用，而且越来越显示其优越性。

反应精馏过程不同于一般精馏，它既有精馏的物理相变之传递现象，又有物质变性的化学反应现象。两者同时存在，相互影响，使过程更加复杂。在普通的反应合成、酯化、醚化、酯交换、水解等过程中，反应通常在反应釜内进行，而且随着反应的不断进行，反应原料的浓度不断降低，产物的浓度不断升高，反应速度会越来越慢。同时，反应多数是放热反应，为了控制反应温度，也需要不断地用水进行冷却，造成水的消耗。反应后的产物一般需要进行两次精馏，先把原料和产物分开，然后再次精馏提纯产品浓度。而在反应精馏过程中，由于反应发生在塔内，反应放出的热量可以作为精馏的加热源，减少了精馏的釜加热蒸气。而在塔内进行的精馏，也可以使塔顶直接得到较高浓度的产品。由于多数反应需要在催化剂存在下进行，一般分均相催化和非均相催化反应精馏。均相催化反应精馏一般用浓硫酸等强酸作催化剂，具有使用方便等优点，但设备腐蚀严重，造成在工业应用中对设备要求高、生产成本大等缺点。非均相催化反应精馏一般采用离子交换树脂、重金属盐类和丝光沸石分子筛等固体催化剂，可以装填在塔板上或用纤维布等包裹，分段装填在精馏塔内。一般说来，反应精馏对下列两种情况特别适用：

(1) 可逆平衡反应。一般情况下，反应受平衡影响，转化率最大只能是平衡转化率，而实际反应中只能维持在低于平衡转化率的水平。因此，产物中不但含有大量的反应原料，而且往往为了使其中一种价格较贵的原料反应尽可能完全，通常会使一种物料大量过量，造成后续分离过程的操作成本提高和难度加大。而在精馏塔中进行的酯化或醚化反应，往往因为生成物中有低沸点或高沸点物质存在，而多数会和水形成最低共沸物，从而可以从精馏塔顶连续不断地从系统中排出，使塔中的化学平衡发生变化，永远达不到化学平衡，从而导致反应不断进行，不断向右移动，最终的结果是反应原料的总体转化率超过平衡转化率，大大提高了反应效率和能量消耗。同时由于在反应过程中也发生了物质分离，也就减少了后续工序分离的步骤和消耗，在反应中也就可以采用近似理论反应比的配料组成，既降低了原料的消耗，又减少了精馏分离产品的处理量。

(2) 异构体混合物的分离。通常因它们的沸点接近，靠精馏方法不易分离提纯，若异构体中某组分能发生化学反应并能生成沸点不同的物质，这时可在过程中得以分离。

本实验为乙醇和乙酸的酯化反应，适用于第一种情况。但该反应若无催化剂存在，单独采用反应精馏操作也达不到高效分离的目的，这是因为反应速度非常缓慢，故一般都用催化反应方式。酸是有效的催化剂，常用硫酸，反应随酸浓度增高而加快，浓度在0.2%～1.0%(wt)。也可以采用酸性树脂作为催化剂，也有使用分子筛负载某些成分作为催化剂，但由于某些催化剂的活性温度较高，有些反应需要在加压下进行，才能同时满足反应温度和分离平衡的要求。

反应精馏的催化剂用硫酸，是由于其催化作用不受塔内温度限制，在全塔内都能进行催化反应，可应用固体催化剂，则由于存在一个最适宜的温度，精馏塔本身难以达到此条件，故很难实现最佳化操作。本实验是以乙酸和乙醇为原料，在浓硫酸催化剂作用下生成乙酸乙酯的可逆反应。反应的化学方程式为：$C_2H_5OH + CH_3COOH \rightarrow CH_3COOC_2H_5 + H_2O$。

2. 反应精馏塔原理

反应精馏塔是用玻璃制成的。直径为 20～25 mm，塔总高约为 1 400 mm，填料高度约为 1 300 mm，塔内装 ϕ2.5×2.5 不锈钢 θ 网环型填料(316 L)。一种是用于连续反应精馏实验的 500 mL 玻璃釜，用釜底电热板加热，加热电流可由仪表或手动控制，一般为 1～2 A，能看到釜底有足够的上升气体，但不能造成压力波动过大。

塔釜温度传感器在釜内，使用时也可以加入少量硅油，使测量的温度更准确，釜内液体的温度为自动控制，并在仪表上实时显示。在釜右侧有物料的连续排出口，釜内的物料可以连续排出。当液面超过排出口时，物料会自动流到右面的储罐内，从而保持塔内液位的恒定，而储罐内的液体可以每隔固定时间间歇排出，从而保持塔的连续操作。为了保证釜内传热和传质，在釜内壁增加了汽化中心，可以防止爆沸的产生。同时加热面和加热板完全接触，也提高了加热效率，并防止局部过热，为了使加热温度分布更均匀，塔釜不是直接在电热丝上加热，而是通过一个铝板，将加热量分散后再加热。另一种是用于间歇反应精馏实验的 500 mL(或 250 mL)玻璃釜。原料乙醇和乙酸、催化剂一次性加入到塔釜，塔加热方式同连续反应精馏一样。塔釜温度传感器在釜内，使用时也可以加入少量硅油，使测量的温度更准确，釜内液体的温度为自动控制，并在仪表上实时显示。

塔身分两段，上面是精馏段，下面是提馏段，长度各为 700 mm。全塔有 5 个取样口，也可以当进样口使用。取样口在常压操作时使用，里面用硅胶垫密封，每取样 20 次以上应根据密封情况，检查是否需要更换。塔身外壁镀有半导体金属膜，用于控制塔身的散热，并尽可能保持塔身和环境为绝热状态，保温电流能使塔身的半导体加热保温。加热温度的设定需要根据实验物系的性质决定，由仪表来控制加热的温度，加热电流可以用仪表或手动来调节，一般为 0.15～0.3 A。通常可以设定保温的温度比塔内的温度低 5～12 ℃。仪表采用 AI708 型，可以参考仪表使用说明书来调节或改变仪表设置，精馏段和提馏段各使用一块仪表测定。塔内蒸气到达塔顶后被冷凝器冷凝，塔顶气相的温度由仪表显示。

塔顶冷凝采用自来水，冷凝液体进入塔顶回流头，采用摆动式回流比控制器操作，一部分液体被从右面采出进入到塔顶储罐，另一部分进入到塔内回流。回流比由仪表面板的回流比控制器控制，实验中一般为 3～5，此控制系统由塔头上摆锤、电磁铁线圈、回流比计数拨码电子仪表组成。连续式是直接从连续塔釜(500 mL)进料或塔的下部某处(一般在从下数第一或第二个进料口处)加入乙醇，作为反应原料之一。乙醇用量一般为 2～5 mL/min，乙酸的用量可以按照理论值计算出来，一般乙醇和乙酸的摩尔比为 1.03～1.05∶1.0。乙醇和乙酸可以用蠕动泵、微量计量泵、高位瓶和玻璃转子流量计加入。采用泵加入时，流量可以直接设定，但采用高位瓶和转子流量计加入时，应该根据单位时间液体加入重量计算出平均流量。乙醇从塔釜或塔下部的某处连续加入的同时，已经按比例添加好浓硫酸催化剂的乙酸，在塔上部某处(一般在从上数第一或第二个进料口处)或从塔顶回流头处加入，浓硫酸加入量按应加入乙酸理论重量的比例加入，一般在 0.2%～0.5%(wt)，加入量越大，反应速度越快。在塔釜沸腾状态下，塔内轻组分乙醇汽化，逐渐向上移动，同时含浓硫酸的乙酸重组分向下移动，这样在填料表面乙醇和乙酸进行充分接触，并发生酯化反应，生成水和乙酸乙酯。

具体地说，在精馏塔内，乙酸浓度从上段向下段移动(越来越小)，与向塔上段移动的乙醇(越来越小)接触，在不同填料高度上均发生反应，生成酯和水。塔顶乙酸浓度最高，并形成过量，而塔釜或底部乙醇浓度也最高，并对乙酸过量。塔内此时有 4 组分乙醇、乙酸、水和乙酸乙酯。由于乙酸在气相中有缔合作用，除乙酸外，其他三个组分形成三元或二元共沸物。水—乙酸乙酯、水—乙醇共沸物沸点较低，为 64 ℃左右，醇和酯的共沸物能不断地从塔顶排出。反应中控制塔釜温度不超过 95 ℃，这样反应产生的水就不断流到塔釜，若控制反应原料比例为近似理论比，可使乙酸和乙醇几乎全部转化，因此，可认为反应精馏的分离塔也是反应器，最后塔顶不断得到浓度较高的乙酸乙酯水混合物，而塔釜不断排出反应生成的水。操作前在釜内加入 200 g 接近稳定操作组成的釜液，并分析其组成。检查进料系统各管线是否连接正常。无误后将乙酸、乙醇注入计量管内（乙酸内含 0.3%硫酸），开动泵缓慢调节泵的流量给定转柄，让液料充满管路各处后停泵。开启加热釜系统，开始时用手动挡，注意不要使电流过大，以免设备突然受热而损坏。待釜液沸腾，开启塔身保温电源，调节保温电流（注意不能过大），开塔头冷却水。当塔头有液体出现，待全回流 10～15 min 后开始进料，实验按规定条件进行。一般可把回流比拨码给定在 3∶1，酸醇分子比定在 1∶1.3，进料速度为 0.5 mol（乙醇）/h。进料后仔细观察塔底和塔顶温度与压力，测量塔顶与塔釜出料速度。记录所有数据，及时调节进出料，使处于平衡状态。稳定操作 2 h，其中，每隔 30 min 用小样品瓶取塔顶与塔釜流出液，称重并分析组成。

在稳定操作下用微量注射器在塔身不同高度取样口内取液样，直接注入色谱仪内，取得塔内组分浓度分布曲线。间歇式是在 500 mL（或 250 mL）间歇塔釜一次性加入原料的混合物和催化剂，然后加热到反应温度进行反应。一般来说，500 mL 塔釜加入乙醇 150 g，乙酸 180 g（250 mL 塔釜加入乙醇 50 g，乙酸 60 g），通常乙醇的摩尔数和乙酸摩尔数比为 1.03～1.05∶1.0，浓硫酸加入量按应加入乙酸理论重量的比例加入，一般在 0.2%～0.3%（wt），加入量越大，反应速度越快。可以根据学生的实验时间来调整浓硫酸的加入量，也可用滴管加入 5～8 滴。反应完全发生在塔釜内，反应生成的产物在塔内发生分离，轻组分乙酸乙酯和水的共沸物不断向上移动，并最终从塔顶排出。而塔釜内的乙醇和乙酸，随着反应的进行，浓度不断减少，水量不断增加，反应温度也开始慢慢升高。当温度达到 95 ℃时，可以停止实验。间歇和连续式反应，最后在塔顶得到的都是含水的乙酸乙酯，有时候能自己分层，但通常是加入少量的水（50～150 g），使它们分层，上层就是乙酸乙酯，下层为含少量乙酸乙酯的水。在实验中，也可以在塔身不同高度的取样口同时取样分析，并观察各组分浓度随时间的变化和在塔内的浓度分布，每隔 200 mm 设置一个取样口，全塔共 5 个取样口。如果不在塔身取样分析，也可以用设备附带的玻璃磨口塞将取样口封堵。

3. 色谱分析原理

产物的分析由于比较复杂，含有多种成分，一般不能用滴定或折光仪分析，而采用气相色谱法。实验所用的色谱柱固定相为 101 白色担体，固定液为邻苯二甲酸二壬酯，固定液含量一般为 10%。需要测定的样品分别为乙醇、乙酸、水和乙酸乙酯，色谱采用热导池检测器，出峰顺序为水、乙醇、乙酸、乙酸乙酯。汽化室温度 150 ℃，柱箱温度 130～140 ℃，检测器温度 150 ℃，桥电流 140 mA，衰减 1，进样量 0.2 μL。

四、实验器材

1. 主要原材料

无水乙醇（分析纯），含量 99.0%；冰乙酸（分析纯），含量 99.0%；乙酸乙酯（分析纯），含量 99.0%；浓硫酸（化学纯），含量大于 98.0%。

2. 主要仪器设备

反应精馏装置、气相色谱仪。

五、实验内容及步骤

1. 分别用量筒大约量取 110 mL 乙酸(99.5%)和 120 mL 乙醇(99.7%)加入到 250 mL 烧杯中,在天平上用滴管加入直到乙酸为 120.0 g,乙醇为 96.0 g,用滴管在乙酸中加入浓硫酸 20～30 滴,然后把乙醇和乙酸一起加入到 500 mL 的塔釜中。

2. 打开塔顶冷却水,观察是否有水,如果正常,则打开控制柜加热开关,分别打开塔釜、精馏段、提馏段加热控制温度仪表,并设定塔釜加热温度为 95 ℃,精馏段和提馏段加热保温温度为 80 ℃。调节塔釜加热电流为 0.3 A,保温电流暂时不打开。记录实验开始的时间,每隔 15 min 记录各种实验数据一次。

3. 分别准确称取 33、8、40、20 g 左右的蒸馏水、分析纯乙醇、分析纯乙酸、分析纯乙酸乙酯,混合后用气相色谱分析,并最少分析三次,用于计算每个组分的校正因子。

4. 在塔釜温度达到 60 ℃时,开始缓慢调节保温加热电流,精馏段为 0.15 A、提馏段为 0.20 A,注意不同季节和环境温度,可以适当改变加热电流的大小。

5. 在塔釜内蒸气开始上升时,能观察到塔壁从下到上慢慢被润湿,在蒸气到达塔顶时,塔顶温度仪表会快速上升,此时能观察到回流头有液体回流。

6. 在塔顶开始回流后,保持全回流 15 min,使塔内填料被充分润湿。打开回流比开关,设置回流比为 3,此时,能观察到回流头的摆锤开始来回摆动,有液体开始流到塔顶产品储罐中,保持这个回流比操作 30 min,然后把回流比改成 5。

7. 在塔釜温度开始从 74 ℃左右突然升高时,反应可能接近终点。在塔釜内液面不能足够循环时,可停止采出,把回流比关闭,使塔为全回流操作,关闭塔身保温加热电流,将仪表温度设定为室温。

8. 关闭塔釜加热仪表,将加热电流调节到零。将塔顶储罐的产品倒入到烧杯里,加入 100 mL 蒸馏水,充分震荡,然后加入到分液漏斗中,放置在试管架上静止分离 20～30 min。

9. 仔细放出分液漏斗下部的水准确称重,然后将上部的产品乙酸乙酯也准确称重,分别用色谱进行分析。最少重复两次。

10. 等待 15 min 使塔内液体完全流回到釜内,待釜液温度降低到 40 ℃时,可以打开塔釜,将釜内液体准确称重,并用色谱进行分析。

11. 将产品废液收集到废液瓶中,清洗各种玻璃仪器,结束全部实验。

六、实验结果与讨论

1. 反应产物用气相色谱分析,分析数据由色谱工作站处理。

2. 色谱分析条件及色谱分析标样混合物数据。

3. 色谱分析各组分校正因子 f_i 表和反应温度变化表。

4. 所得产物质量数及气相色谱分析结果。

七、思考题

1. 怎样改变色谱分析条件,才能使分析的峰形最好?结合自己分析的图形说明。

2. 反应精馏的原料转化率和收率受哪些因素影响？如何改变实验条件才能尽可能提高转化率和收率？

3. 与常规反应和精馏相比，反应精馏有什么优点？试从工艺和能耗两方面分析。

（李琳供稿）

实验 57　乙苯脱氢制苯乙烯

——化学工程与工艺实验

（6 课时 适用于材料科学与工程、应用化学专业）

一、相关知识

苯乙烯（Styrene，C_8H_8）是用苯取代乙烯的一个氢原子形成的有机化合物，乙烯基的电子与苯环共轭，不溶于水，溶于乙醇、乙醚中，暴露于空气中逐渐发生聚合及氧化，工业上是合成树脂、离子交换树脂及合成橡胶等的重要单体。

苯乙烯工业生产方法主要有乙苯催化脱氢法和乙苯共氧化法。

乙苯脱氢是一个可逆吸热增分子反应，加热减压有利于反应向生成苯乙烯方向进行。工业上采用的方法是在进料中掺入大量高温水蒸气，以降低烃分压，并提供反应所需的部分热量，水蒸气与烃的摩尔比（简称水比）视反应器类型的不同而异，范围在 6～14 之间。早期采用的有美国加利福尼亚标准石油公司的镁系催化剂和德国法本公司的锌系催化剂。第二次世界大战后，广泛采用荷兰壳牌石油公司开发的以氧化铁为主要成分的催化剂（Fe_2O_3：K_2O：Cr_2O_3＝87：10：3），乙苯转化率约 60%，选择性约 87%。1978 年，又出现了一种加有多种助催化剂的铁系催化剂，苯乙烯选择性可达 95%，加入的助催化剂多为碱金属或碱土金属，如钾、钒、钼、钨、铈、铬等。20 世纪 80 年代工业上仍在继续努力开发适用于低水比的催化剂，以节约能耗。乙苯脱氢反应器有等温和绝热两种。等温反应器为列管式，已很少采用。使用绝热反应器时，反应所需热量由提高进料温度（610～660 ℃）和加大水比（≈14）而带入。但温度过高将引起乙苯的热裂解，通常采用径向反应器，以减小气体通过催化剂层的温度降、压力降，并分段引入过热蒸气，使轴向温度分布均匀。

苯乙烯也通过 POSM 法进行商业化生产，以乙苯和丙烯为原料，得到苯乙烯和环氧丙烷。在该生产路线中，乙苯被氧气氧化生成乙苯的过氧化物，之后，该过氧化物被用来氧化丙烯，得到 1－苯基乙醇和环氧丙烷。最终，1－苯基乙醇脱水后就可以得到苯乙烯。此法的特点是生产每吨苯乙烯的同时，可以联产 0.4 t 环氧丙烷。它既不需脱氢法那样的高温，又可以避免氯醇法生产环氧丙烷的污染问题。但反应复杂、副产物多、工艺过程长，乙苯单耗较脱氢法高。

为有效保存苯乙烯，通常在其中加入阻聚剂对苯二酚，使用时可以通过减压蒸馏除去。先用 10%NaOH 溶液洗一到两次，再用水洗直至检测到水为中性，用无水硫酸镁干燥一夜，过滤以后再减压蒸馏。用水泵一直抽，温度为 68～70 ℃。纯的苯乙烯是无色液体，如果聚合了会变成淡黄色，并且液体黏度也会变大，所以需要低温保存。

同时，苯乙烯也对人体健康有一定危害：对眼和上呼吸道黏膜有刺激和麻醉作用。急性中毒：高浓度时，立即引起眼及上呼吸道黏膜的刺激，出现眼痛、流泪、流涕、喷嚏、咽痛、咳嗽等，继之头痛、头晕、恶心、呕吐、全身乏力等；严重者可有眩晕、步态蹒跚。眼部受苯乙烯液体污染时，可致灼伤。慢性影响：常见神经衰弱综合症，有头痛、乏力、恶心、食欲减退、腹胀、忧郁、健忘、指颤等。对呼吸道有刺激作用，长期接触有时引起阻塞性肺部病变，皮肤粗糙、皲裂和增厚。对环境危害主要表现在对水体、土壤和大气可造成污染。另外本品易燃，为可疑致癌物，具有刺激性。

二、实验目的

1. 了解苯乙烯制备过程，设计合理工艺流程，并安装好实验装置。
2. 掌握检查实验装置漏气的方法。
3. 学会稳定操作条件的方法，正确取好数据，并计算其结果，加深理解空速、转化率、产率及收率等概念。
4. 学会使用温度控制和流量控制的一般仪表、仪器。
5. 作出反应温度对转化率、选择性、收率的影响曲线图。

三、实验原理

主反应：$C_6H_5C_2H_5 \xrightarrow[\text{铁系催化剂}]{600\ ℃} C_6H_5CH=CH_2+H_2$

$\Delta H_{298\,K}=115\ kJ/mol$

副反应：$C_6H_5C_2H_5 \rightarrow C_6H_6+C_2H_4$ 等。

在水蒸气存在下还能发生下列转化反应：

$CH_4+H_2O \rightarrow CO+3H_2$，$C_6H_5C_2H_5+2H_2O \rightarrow C_6H_5CH_3+CO_2+3H_2$

$C_2H_4+2H_2O \rightarrow 2CO+4H_2$

此外还有芳烃脱氢缩合及苯乙烯聚合，生成焦油和焦炭，也可能有深度裂解生成 C 和 H_2 等副反应发生。

1. 温度的影响

乙苯脱氢反应为吸热反应，故温度对反应影响很大，本实验一般控制在 540～600 ℃。

2. 压力的影响

乙苯脱氢为增加体积的反应，降低压力有利于平衡向脱氢方向移动，本实验加水蒸气的目的是降低乙苯的分压，以提高平衡转化率。较适宜的水蒸气用量为水蒸气：乙苯＝8：1（摩尔）＝1.5：1（体积）

3. 空速的影响

乙苯脱氢反应系统中有平行副反应和连串副反应，随着接触时间的增加副反应也增加，苯乙烯的选择性可能下降，适宜的接触时间与催化剂的活性及反应温度有关，在实验所用的铁系催化剂上，乙苯的液空速以 $0.6\ h\cdot r^{-1}$ 为宜。

四、实验器材

1. 主要原材料

催化剂：采用氧化铁系催化剂，其组成为 Fe_2O_3—CuO—K_2O—Cr_2O_5—CeO_2。乙苯。

2. 主要仪器设备

乙苯脱氢装置、气相色谱仪。

五、实验内容及步骤

1. 实验装置

实验装置流程图，如图 57.1 所示。

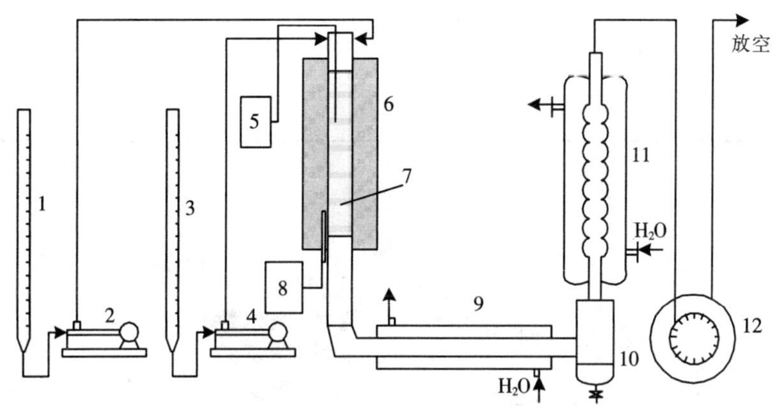

1-乙苯计量管；2-加料泵；3-水计量管；4-加料泵；5-温度显示仪；6-管式电炉；7-管式反应器；8-温度控制器；9-冷凝器；10-气液分离器；11-冷凝器；12-湿式流量计

图 57.1　实验装置流程图

2. 反应条件控制

预热温度 300 ℃，脱氢反应温度 540～600 ℃，水：乙苯＝1.5：1(体积比)，相当于乙苯加料 0.5 mL/min，蒸馏水 0.75 mL/min 左右(50 mL 催化剂)。

3. 操作步骤

(1) 安装好设备及电路，待教师检查后认为合格，方可开始操作。检查反应系统的密封性，用 0.1 MPa 压力表，数分钟内压力不变即符合要求，也可用肥皂泡试漏。

(2) 接通电源，使反应器的预热段、反应段分别逐步升温至预定温度，同时打开冷却水。

(3) 当预热温度达到 300 ℃，反应温度达到 400 ℃左右时开始加入蒸馏水，校正水流量(0.75 mL/min)，然后校正乙苯流量(0.5 mL/min)并使之稳定半小时。

(4) 反应开始每隔 10～20 min 取一次样品，每个温度至少取两个样品，产品液从分离器中放入量筒，然后用分液漏斗分去水层，称出烃液重量。

(5) 反应结束，停止加乙苯原料，反应温度维持在 500 ℃左右，继续通水蒸气，进行催化剂的清焦再生，约半小时后停止通水蒸气，并降温。

4. 脱氢液用液相色谱分析，然后计算出各组分的百分含量。

六、实验结果与讨论

1. 实验记录及计算

将实验数据进行记录并计算，填入表 57.1 中。

2. 原始记录

时间、温度、空速、尾气、脱氢产物、预热温度、投水量、乙苯量、水层量、烃层量、反应温度。

3. 产品分析结果

将产品分析结果填入表57.1中。

表57.1 实验数据记录表

脱氢温度/℃	原料乙苯重量	脱氢液重量			
		苯	甲苯	乙苯	苯乙烯
540					
560					
580					
600					

4. 计算结果

$$乙苯转化率=\frac{反应掉乙苯量(g)}{投入乙苯量(g)}\times 100\%$$

$$苯乙烯选择性=\frac{生成苯乙烯量(摩尔数)}{反应掉乙苯量(摩尔数)}\times 100\%$$

$$苯乙烯收率=转化率\times选择性$$

5. 作出图表

将转化率、选择性、收率对脱氢温度作出图表，找出最适宜的反应温度区。

七、思考题

1. 乙苯脱氢反应中对于等温式反应器与绝热式反应器，它们的催化剂床层反应温度分布情况如何，本实验装置中的温度差主要在哪里？

2. 若要进行反应物料衡算，需要一些什么数据，已有的数据如何来进行处理？

3. 为什么乙苯脱氢制苯乙烯反应需要控制适宜温度？

（李琳供稿）